中式菜肴调理食品

开发与加工技术

赵钜阳　著

化学工业出版社
·北京·

内容简介

本书主要介绍了中式菜肴调理食品的概念、种类、特点等相关知识，并对速冻、真空冻干、罐头类以及其他类型的菜肴调理食品的制作，以及改善其色泽、风味、质地和滋味的方法进行了综述。书中概括了中式传统菜肴调理食品工业化生产中的发展对策，并对其未来的发展趋势进行了展望。本书列举了一些中式传统菜肴调理食品工业化生产的工艺流程、操作要点和品质控制措施等，并通过正交实验、电子鼻、气相色谱 - 质谱联用技术、主成分分析等方法研究探讨了影响调理食品生产过程中感官、风味变化的主要影响因素，既具备一定的理论深度，又具有较强的实践性。

本书可供调理食品生产企业的技术人员阅读，也可作为食品、烹饪相关专业的师生参考读物。

图书在版编目 (CIP) 数据

中式菜肴调理食品开发与加工技术 / 赵钜阳著 .
—北京：化学工业出版社，2021.5

ISBN 978-7-122-38668-7

Ⅰ . ①中…　Ⅱ . ①赵…　Ⅲ . ①中式菜肴 - 食品加工
Ⅳ . ① TS972.117

中国版本图书馆 CIP 数据核字 (2021) 第 040953 号

责任编辑：彭爱铭　刘　军　　　　装帧设计：张　辉

责任校对：王鹏飞

出版发行：化学工业出版社 (北京市东城区青年湖南街 13 号　邮政编码 100011)

印　　刷：北京京华铭诚工贸有限公司

装　　订：三河市振勇印装有限公司

710mm×1000mm　1/16　印张 $12^1/_2$　字数 215 千字　2021 年 5 月北京第 1 版第 1 次印刷

购书咨询：010-64518888　　　　售后服务：010-64518899

网　　址：http://www.cip.com.cn

凡购买本书，如有缺损质量问题，本社销售中心负责调换。

定　　价：68.00 元

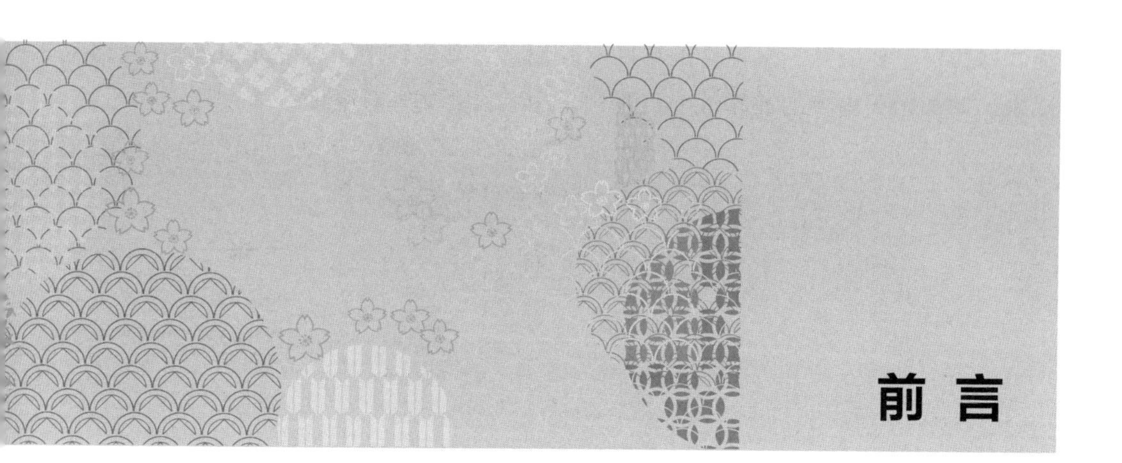

前言

随着生活水平的提高以及科技的发展，人们对传统食品依赖的同时对食物的追求也更趋向于营养、方便和安全化，中式菜肴调理食品越来越受到人们的青睐。但是中式菜肴调理食品相较于传统菜肴往往存在色泽、风味、质地和滋味不足的问题，因此，怎样改善这些问题是中式菜肴调理食品研究的热点。

《中式菜肴调理食品开发与加工技术》共七章，主要介绍了中式菜肴调理食品的概念、种类、特点等相关知识，并对速冻、真空冻干、罐头类以及其他类型的菜肴方便食品的制作，以及改善其色泽、风味、质地和滋味的方法进行了综述。书中阐述了中式传统菜肴方便食品生产的新方法、新技术、新问题，概括了中式传统菜肴方便食品工业化生产中的发展对策，并对其未来的发展趋势进行了展望。此外本书重点介绍了中式菜肴调理食品加工及品质控制新技术，通过研究实例的形式，对中式菜肴调理食品的开发与研究、加工与品质控制技术、杀菌与保藏技术及风味控制技术进行了详细的介绍与总结。

本书内容丰富，理论结合实践，系统介绍了现阶段中式菜肴调理食品加工领域的热点与研究成果，并介绍了近年来在中式菜肴调理食品加工与研究方面的新理论、新方法与新技术。适合各大专院校食品专业的研究人员、教师及研究生阅读。此外，还可供食品生产企业以及相关的企业技术人员学习参考。

本书的出版得到了哈尔滨商业大学旅游烹饪学院的支持，并在编写过程中得到了哈尔滨商业大学旅游烹饪学院院长石长波教授的大力支持与悉心指导，在此表示衷心的感谢。此外也感谢哈尔滨商业大学旅游烹饪学院的硕士研究生王萌、方伟佳、姚恒喆、孙昕萌、袁惠萍的帮助，感谢哈尔滨商业大学旅游烹饪学院的本科生倪萍、尹若涵、张琪、李春贺、何萍、张蔚、方红燕、余炜洋、杨莹、宁鑫、徐縢宇、林舒洁、蔡佳佳的帮助。我们在编写过程中，尽可能采用最新研究成果，增加相关内容的前瞻性，但是由于中式菜肴调理食品的飞速发展，相关新技术也不断涌现，部分内容难免有未尽之处，敬请谅解。此外，由于水平有限，书中难免存在不足之处，恳请读者提出宝贵意见和建议。

赵钜阳

2020 年 12 月

目录

第一章　调理食品概论

随着现代生活节奏的加快，繁忙的工作使得人们消耗在烹饪上的时间日益减少，而且人们生活水平的提高、消费者观念的改变也使得人们对食物的追求更趋向于营养、方便和安全，极大地促进了调理食品的发展。此外，人们更加注重休闲生活，烹调时间有所减少，调理食品因此而深受喜爱；另外，各国饮食文化交流增多，具有民族特色的调理食品进入大众视野，同时也吸引其他各族裔人群；最后包装方式及保鲜设备的更新迭代，微波炉和烤箱等二次加热设备的广泛应用，也促进了调理食品的发展。

第一节　调理食品的概念

一、调理食品的定义和相关规定

调理食品一般指以农产品为原料，经过适当的加工，以包装或者散装形式于冷冻、冷藏或者常温条件下储存、流通与售卖，可直接食用或者经过简单加工即可食用的产品。根据此定义，调理食品可包括开袋即食的传统风味食品、冷冻主副食品（传统米面制品和即制菜肴）与洁净蔬菜、沙拉、微波即食食品（成品化中式菜肴）、脱水蔬菜（即食汤）、工业化营养配餐、保鲜净菜等。在中国，除了开袋即食的传统风味食品、冷冻主副食品发展较好之外，其他的调理食品还处于起步发展阶段。国外用 prepared foods 或者 ready-to-eat foods（也叫预制食品、预加工食品或方便食品）代表此类食品。

下面以我国和日本为例介绍有关调理食品的相关规定。

1. 我国对调理食品的规定

① 以农产品为主要原料，经调制加工，以冷冻、冷藏或者常温条件下储存、流通与售卖。

② 成品外观形态完整、清洁，无破裂、压碎或其他损伤。同一批成品的形状应一致。

③ 应具有良好的色泽，不得有显著变色。

④ 不得有不良气味，如硫化氢、三甲胺、氨等臭味物质。

⑤ 不得附有泥沙、毛发、虫体等外来夹杂物，其本身夹杂物总含量（以质量计）不得超过 0.5%。

⑥ 包装材料应无毒，并能耐一般调制温度。

2. 日本对调理食品的规定

日本关于冷冻调理食品有详尽的规定，如冷冻调理食品的日本农业标准，它规定了某些调理食品的定义、具体的产品标准及其表示方法，冷冻调理食品的成分、测定方法及标记示例，甚至会根据相关产品的主要成分来规定检测内容，如是含猪肉类的，要求检测瘦肉精、氯霉素、呋喃类等理化项目；如含蔬菜，要求检查农药残留。

二、调理食品的种类与特点

1. 调理食品的种类

调理食品种类较为繁多，有各种分类方法，例如根据储藏要求可分为低温型与常温型；根据原料与成品特点可分为点心类、分割肉及肉制品类、调味配菜类及其他类；根据原料来源可分为肉类调理食品、水产类调理食品、米面类调理食品、蔬菜类调理食品以及其他调理类食品。此外根据最终产品分类，调理食品可分为以下的种类。

（1）米面类 如各种花色的炒饭、烩饭、炒面、烩面、粥类、米粉、比萨饼、水饺、包子、汤圆、云吞、馒头、花卷、炒粉、春卷、葱油饼、珍珠丸子、米糕、粽子、八宝饭、年糕、萨其马、芝麻球、糯米球、椰蓉球、冷冻面团等。

（2）裹面油炸类 指各类肉及果蔬裹面油炸类调理食品，如速冻鱼排、虾饼（球）、鱿鱼圈、鸡块（串）、鸭块（串）、肉排（串）、可乐饼、薯条、马铃薯片（球）、芋片（球）、甘薯片（球）等产品。

（3）乳化肉糜类 指冷冻畜禽肉制成的丸类、饼类、肠类及糜滑类调理食品，如鱼丸、撒尿牛丸、虾丸、肉饼、虾饼、台式烤肠、黑椒猪肉肠、虾滑、鸡肉滑、鱼饺、蛋饺、虾饺、花枝饺、猪肉饺、鱼糕、仿蟹肉、人造干贝、人造虾肉、仿鱼子、仿鱼翅、鱼卷、方块火腿、肉糕、蟹腿、调味鱼浆等。

（4）菜肴类　指各式生制、半熟制及熟制中式和西式菜肴等产品，如肉酿丸子、速冻鱼香肉丝、速冻番茄牛肉、脱水蔬菜、黑椒牛排、奶酪焗通心粉等。

（5）烧烤（烟熏）类　指冷冻烤鱼、烤（熏）肉、烤（熏）禽、肉肠、素肠、烤蛋等产品，如烤鳗鱼、烤鱼片、熏肉、黑椒烤肠、调味烧烤肉串等。

（6）火锅汤料类　指各种海鲜、麻辣、酸辣口味等火锅汤料（锅底）产品，如番茄火锅底料、香辣火锅底料、麻辣香锅底料、麻辣烫底料等。

（7）汤羹类　指冷冻畜禽汤、海鲜汤、蔬菜汤、杂烩汤、奶汤等中西式汤肴产品，如乌鸡汤、猪骨汤、奶油蘑菇汤、蔬菜海鲜汤等。

2. 调理食品的特点

（1）营养丰富　调理食品通常通过预处理，并利用调味配方工艺使原料致熟，产品形式虽然多样，但是往往保留了食材的营养价值。

（2）保存期较长，食用方便　调理食品一般以工业化生产形式为主，大多是真空包装或罐装并进行灭菌，有时也会在其中添加抗氧化剂或防腐剂，因此保质期长且食用方便，成品可直接食用或是经过简单加工即可食用。

（3）产品种类繁多　调理食品发展迅速，在发达国家已形成成熟的产业链，品种繁多。我国人口众多、地域辽阔，各地消费习惯和饮食习惯均有所差异，如南甜、北咸。

（4）加工技术是影响产品品质的关键因素　食材经预加工特别是热加工处理后会显著影响其嫩度、口感、色泽、风味、质地，因此加工技术是影响调理食品品质的关键因素。目前针对调理食品的研究也多是针对其热加工工艺的优化，使终产品品质达到最优状态，如针对预烹条件、方式、温度、时间等的优化。此外调理食品的杀菌、包装和贮藏工艺也会影响产品在食用时的品质，例如杀菌温度过高，时间过长，会产生“蒸煮味”，影响调理食品品质；再如包装方式不合理会影响产品的货架期，进而产生卫生问题，影响食用安全性。因此在实际加工过程中，应建立品质控制体系，对应该保持的质量标准加以明确规定，或用高水平的经营管理保证调理食品的品质。因此，应建立品质保障政策和品质控制基础，或是通过全面质量管理（TQW）、良好操作规程（GMP) 及品质跟踪追溯体系等管理体系，把控调理食品品质，研制、生产和销售优质的中式调理食品。

第二节　国内外调理食品的发展与研究状况

自进入21世纪以来，调理食品的出现是食品工业的一场革命，它以其方便、快捷的特点而深受消费者喜爱。美国和日本的调理食品起步比较早。欧美国家的调理食品于20世纪80年代开始发展，目的是为了减少家庭妇女的食物准备时间。欧美国家的调理食品工业非常发达，比如美国最大的连锁会员制仓储量贩店Costco超市里售卖的食品大多为调理食品，经冷链贮藏售卖，既便宜又实惠。再比如美国的康拜尔（Campbell）公司的速冻快餐食品，斯坦德（Standard）公司的炖肉类和牛排类产品以及皮利斯伯（Pillsberry）公司的可微波比萨等。日本早在20世纪80年代就开始着手研发出一系列可微波方便调理食品（如日本加藤吉公司生产的日式炸鸡便当），之后便迅速投入生产，由于可微波调理食品的方便性和创新性，在日本曾开拓了一个全新的市场，并命以“微波食品”。

如今调理食品的身影在国外超市和家庭中随处可见，国外的学者将其统称为“prepared foods”，对它们的研究也主要在食品的保鲜上，例如Shraddha等发现利用辐照杀菌处理真空包装的印度传统抛饼可以减缓油脂的氧化并延长货架期。Nomura等设计了一种贮藏调理食品的特殊装置，这个装置可在恒温下对食品进行微波或制冷，还可以通过控制内部环境的气体组成（如高真空）控制微生物生长，从而大大延长食品的货架期且不损坏食品的品质。另外，近年来的研究发现活性包装可以有效减少加工过程对调理食品的风味和质地的破坏，因此活性包装的即食食品在美国等地越来越多。例如Alexandros等的研究表明，将500MPa超高压处理结合活性真空包装，能够有效地减少鸡胸肉调理食品的病原体，而且不会影响这类产品的风味。再如Ali等研究发现由氧化锌纳米粒子制成的活性包装可以抑制禽类调理食品中金黄色葡萄球菌、鼠伤寒沙门菌及其相关病原体的生长。

我国调理食品的研究较为滞后，市面上调理食品的种类与数量与国外更是相差甚远。但是随着生活节奏的加快，中国调理食品已进入蓬勃发展阶段。2014～2018年中国速冻类预制调理食品人均消费额持续增长，2018年中国速冻食品人均消费额已达82.37元。在速冻类调理食品品类方面，美国、欧洲、日本均保持在2500种以上，而中国仅有600余种。据速冻食品行业协会统计，截至目前，中国各类速冻食品生产企业中大规模企业数量达522家，营业收入约为1040亿元，总产量约952万吨，占速冻行业总规模的84%左右。与此同时，常温型调理食品因其贮藏方便也越来越受消费者欢迎。以预包装螺蛳粉为例，据柳州市商务局提供的数据显示，柳州螺蛳粉全产业链发展初具规模，近5年以来预包装螺蛳粉销售收入年均增长率达 86.12%，配套及衍生产品销售收入年均增长率高达 140.28%。而据央视网报告，受新型冠状病毒肺炎疫情影响，仅 2020 年 1 ～ 4 月份预包装螺蛳粉出口额就达去年全年的两倍多。

尽管目前我国调理食品的发展日新月异、潜力巨大，即将成为中国食品加工业下一个蓝海市场，但仍存在许多不足。主要体现在调理食品的品种结构不全面；“西化”产品比重高，以中国特色的调理食品不多；主食多为面食，米制品较少；肉类主食多为油炸类、膨化类，中式菜肴类的调理食品市场占有量小，生产技术不完善，加工技术仍然相对滞后，大多以“小作坊”形式生产，生产工艺及设备落后，加工设备仍以半自动化为主，智能化水平和机械标准化程度低；生产企业规模与发达国家相比还有一定差距；某些关键设备尚不能国产化；大多数食品只能参照目前现有的一些地方标准或企业标准进行生产，而这些标准由于缺乏权威性，不能准确、全面地反映调理食品特点，指导企业规范化生产，故存在一定的食品安全隐患。而这些问题严重制约了我国调理食品在国际市场上的发展。因此加快推动预调理食品标准的制定与实施是保证调理食品生产企业将来能够健康良性发展的重要环节。

第二章　中式菜肴调理食品

中华美食色香味俱全，闻名中外；中式菜肴烹饪技术，种类繁多，包括炸、炒、煎、炖等。食物由生变熟，全仗火候，但火候常常需凭经验去运用，一般烹饪者很难理解。传统中式菜肴菜色丰富，菜品都是通过主料、辅料的搭配再加以调味而成的，正所谓是“一菜一格，百菜百味”，因此，将变化万千的一般人难以掌握的中式菜肴发展为快捷、卫生、营养的大众方便调理食品具有一定的市场需求，但同时也提高了中国传统菜肴调理食品生产的困难程度。

近年来随着科学技术革新化、食品加工工业化、生活社会化及相关技术的迅猛发展，以家庭自制为主的菜肴消费的格局正在被打破，中式传统菜肴调理食品应运而生，并逐渐出现在我国调理食品市场的舞台上。中国工程院院士、中国食品科学技术学会副理事长孙宝国曾指出方便调理食品行业的十大创新趋势，其中很重要的几条就是：坚守传统特色，彰显中国风味，地域美食工业化，满足厨房需求，简化烹饪程序。因此针对我国调理食品的发展状况和趋势，如何将具有本国特色、符合本国消费者需求的中式传统菜肴进行工业化、产业化，并进而推向国际市场正是亟待解决的问题。本章主要对中式传统菜肴调理食品生产的相关研究进行了综述，介绍中式传统菜肴调理食品生产的新技术、新方法、新问题，并对其未来的发展进行了展望。

第一节　中式菜肴调理食品的种类与特点

中式菜肴调理食品有不同的分类方法，其中常见的是按照其用途和制造方法进行分类。其中按其用途可以分为主食类、副食类（如肉类、水产品等）、辅食类（如方便米粉）、复合调味品类。主食类、辅食类和复合调味品中式菜肴调理食品在市面上较为常见，目前研究技术成熟，常见的有方便调理米饭、汤圆、包子、各种火锅底料及川菜调味料包等。此外，中式菜肴调理食品按其制造方法分为速冻及冷藏类、真空干燥类、罐头制品类、膨化类等。

一、速冻中式菜肴调理食品

自进入 20 世纪 90 年代以来，随着家用冰箱的普及，我国的速冻食品得到了迅猛的发展。速冻食品是指将食品原料经过一定的加工处理后，利用快速冻结法（在 40min 内使产品中心温度迅速降低至 -18℃）使之快速冻结并贮藏，从而达到长期贮藏的目的，具有防腐保鲜、方便、卫生的优点。通过一定工艺处理的速冻食品其残存微生物大多不能繁殖，食品内部酶活受限，生化反应变缓，可以说速冻比其他加工方法更能保持食品原料特别是蔬菜原有的色泽、风味和营养价值。但是对于速冻菜肴食品来说，菜肴在冻藏过程中会出现风味物质损失和质地变差的现象，进而导致随着贮藏时间的延长其感官品质随之下降。因此如何优化传统菜肴加工工艺以适应工业化生产，同时使其保持原有的色、香、味、形等优良感官品质是速冻中式菜肴调理食品的开发重心。

为了解决肉类菜肴在冻藏过程中质地发生的变化，一些研究者通过优化肉类菜肴在预加热前的上浆工艺，使得肉类主料在预加热结束时就达到“最嫩”的状态。例如徐恩峰发现添加 20% 的蛋清和湿淀粉比不添加两种物质更能提高青椒牛肉丝中牛肉丝的嫩度，从而进一步优化了其上浆工艺。除了在上浆工艺中常常添加的淀粉、水和食盐外，还可以添加肉类品质改良剂来增加肉类主料的嫩度，如复合磷酸盐和糖醇。对于一些中式蔬菜菜肴来说，在冻藏过程中质地最常见的变化就是蔬菜“失脆”，以典型蔬菜藕片为例，宋艳玲发现传统裹面油炸食品“藕夹”进行速冻后，藕片的脆度不足，但是在藕片裹面粉油炸前，浸泡在含有 0.4% 氯化钙的溶液中可以增加速冻藕片的脆度，并且在口感上与对照组无显著差异。另外还可添加 3% β- 环状糊精与 0.3% 氯化钙复配，达到提高软包装白萝卜脆度的目的。近年来，相应的保脆研究层出不穷，除上述保脆剂外还有乳酸钙、氯化镁和海藻酸钠等。除上述改善速冻过程菜肴质地的方法外，还可以对速冻菜肴的预加热手段及其加工参数进一步优化，例如采用低温油炸技术模拟传统中式菜肴中的“滑炒”，或者将菜肴的原料分别进行加热处理，可克服它们加热时间不一导致的受热不均的现象，从而使其品质均一且更有利于工业化生产。

速冻菜肴食品有两大重要操作程序——速冻和解冻。解冻过程是速冻菜肴在食用前必须要进行的操作过程。对于包装比较小的速冻菜肴食品而言，消费者往往采用直接烹饪或者放置室温下自然解冻的方法，但是在此过程中会发生另一个很重要的品质问题，即由于肌肉或细胞组织结构变化所导致的汁液流失现象。引起速冻菜肴食品汁液流失的主要原因是：水冻结成冰后体积增加 9%，而冰晶体会迫使细胞组织遭受一定的机械损伤；非水组分未被冻结而进一步被浓缩，使得蛋白质分子空间网络结构被破坏，菜肴中肉类主料的肌肉组织丧失了对水分子的再吸附与包埋能力，最终导致汁液流失。

国内外对速冻菜肴食品的研究也致力于改善此类情况，一方面是改善速冻食品的贮藏条件，如将食品进行玻璃态贮藏。玻璃态是指当非晶体温度低于玻璃化转变温度 (T_g) 时，分子链段运动由于没有足够的能量克服内旋能，也没有足够的自由体积，因此链段运动冻结，失去分子柔性，成为无定形的类似于玻璃状的固体。速冻食品贮藏温度往往未达到其玻璃态温度，虽然大部分水分子被冻结，但是食品内部分子链仍可以运动，甚至整个分子链都可运动，菜肴体系内多糖、蛋白质大分子物质发生构象重排，从而引起食品质构变化以及风味物质散失等现象，加上贮藏时有温度波动并且贮存时间较长，一些水分子未被冻结会加剧内部酶促反应和重结晶现象，致使菜肴食品质量进一步下降。而玻璃态贮藏正是基于这种理论，如果将食品在其玻璃化温度下保藏，多糖、蛋白质大分子链运动被抑制，从而提高食品结构和化学组成直至其质构的稳定性。如晏绍庆等发现在玻璃化温度以下 (–25℃) 贮藏的马铃薯片与普通速冻对照组相比其质地下降程度较小，其细胞结构破坏程度也较小。另外，胡庆兰发现相比于贮藏在 T_g 温度上的实验组 (>T_g 组)，将速冻带鱼制品贮藏在 T_g 或者低于 T_g 温度下，在相同的贮藏时间内，二者的菌落总数均显著小于高于 T_g 组，并且能在一定程度上能抑制蛋白质和脂肪的氧化变质，保持制品原有的品质。胡庆兰还发现，在玻璃态贮藏中还可以通过添加麦芽糖糊精、海藻糖和黄原胶的复合物提高产品 T_g 值，从而更容易在实际生产中达到其玻璃态贮藏温度。

另一方面则是改变速冻菜肴食品的解冻方式，如电解冻、真空解冻、微波解冻等。电解冻包括高压静电解冻（一般利用 10kV 的高压电并在 3℃下解冻）和不同频率（50 ～ 60MHz 下）的电解冻，这种方式的原理和后面要提到的微波解冻法类似，是利用物质本身的电性质发热解冻，这类方法虽然营养成分损失少，但是成本高、难以控制，因此相对来讲并不可行。真空解冻方式是利用真空中的水蒸气在速冻食品表面液化后所释放的热能进行解冻，这种方式和前面电解冻的缺点一样，虽然解冻后组织液损失少，但对消费者而言并不可行。而微波解冻由于其解冻效率高，解冻后营养损失少，对色泽的影响也较小，并且很容易在家庭中获得，成为近年来研究的热点。胡万兴通过测定多种配菜的色差、维生素C保留率以及汁液流失率，发现微波解冻方式明显要优于水浴加热解冻，且915MHz比2450MHz微波频率解冻配菜具有较好的均匀性、维生素C保留率，其汁液流失率较小。

二、中式菜肴罐头类调理食品

罐头食品根据内容物的不同可分为肉类、禽类、水产类、水果类等。另外还可以根据包装形式分为硬罐头类和软罐头类。

1. 中式菜肴硬罐头类调理食品

硬罐头食品是区别于软罐头食品而命名的，又叫刚性罐头，俗称罐头食品，通过密封容器包装，经适度杀菌后达到商业无菌状态，因此无需冷藏在常温下即可有较长货架期。其装罐材料有马口铁罐、玻璃罐等，具有一定真空度。中式菜肴调理食品最早就是以罐头食品的形式出现，大多都是开罐即食食品，目前制作这类形式的菜肴调理食品的产品技术已较为成熟，但是此类调理食品往往由于高压灭菌过程会使产品的营养部分流失并带有一定的“蒸煮味”。

近年来，许多研究者为了探索菜肴罐头食品的合适杀菌条件，采用了更为客观的检测手段，使产品质量均一，而且无明显“蒸煮味”。例如桑磊等通过测定海参几何中心固体冷点的F值、海参的羟脯氨酸含量、质量损失率、质构以及感官评价优化出海参罐头的杀菌工艺条件，最终绘制海参罐头的加热温度曲线、汤汁及海参冷点的致死率曲线，并确定了海参罐头的最佳杀菌工艺为121℃杀菌10min—12min—10min，使得产品最大程度地避免了营养损失且又能达到商业无菌的要求。

另外由于高压灭菌过程使罐头产品带有一定的“蒸煮味”，近年来一些研究者也致力于菜肴罐头食品减压灭菌工艺。例如王海军等发现包装后的扣肉会随着杀菌时间的延长而增加蒸煮异味，并增加了成品冷藏后出现的白色油脂凝结现象，若采用先100℃蒸煮60min，然后包装并在100℃下二次常压杀菌30min可获得具有原汁原味，无明显蒸煮异味和较少白油凝结的扣肉制品。王莉嫦将乳酸链球菌素（Nisin）添加到鸡汁鲍鱼罐头中，来降低罐头的杀菌强度，从而提高产品的感官质量，结果显示通过正交试验优化出Nisin浓度与杀菌强度的最佳组合为：添加300mg/kg的Nisin，杀菌温度为118℃，杀菌时间15min。

2. 中式菜肴软罐头类调理食品

软罐头的加工原理及工艺方法类似硬罐头，因其采用软质包装材料，故命名为“软罐头”。常见的软罐头包装材料有耐高温的复合薄膜食品包装袋（高温蒸煮袋）、由刚性或半刚性结构的底盘和一个可密封的软盖组成的蒸煮盒。软罐头食品除了具备硬罐头食品安全卫生、易储存、易携带的优点外，食用也更为方便，生产成本也更低，另外由于包装材料透明使得食品一目了然。因此近年来有关中式菜肴类软罐头调理食品成为研究热点。

中式菜肴类软罐头食品的一般生产工艺流程见图 2-1，这种生产方式是在菜肴预加热完毕后将其整体分装到一起。目前这种形式的中式菜肴调理食品在市面上较多，研究也较热，有畜禽肉类菜肴软罐头（如红烧肉、扣肉、香酥珍珠鸡、五香酱牛肉等）、水产品类菜肴软罐头（如酥㸆鲫鱼、即食龙虾、麻辣田螺等）、蔬菜类菜肴软罐头（如即食蒲菜、莲藕、食用菌等）、同时带有主食的菜肴软罐头（如方便米饭咖喱牛肉、方便米饭香菇鸡块等）等。

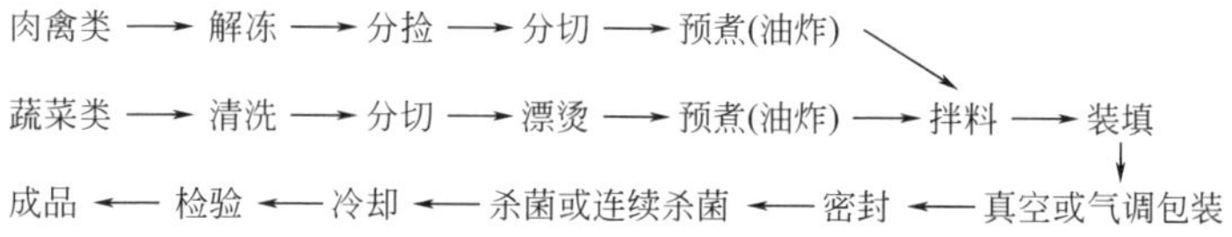

肉禽类 ⟶ 解冻 ⟶ 分捡 ⟶ 分切 ⟶ 预煮(油炸) ↘

蔬菜类 ⟶ 清洗 ⟶ 分切 ⟶ 漂烫 ⟶ 预煮(油炸) ⟶ 拌料 ⟶ 装填 ↓

成品 ⟵ 检验 ⟵ 冷却 ⟵ 杀菌或连续杀菌 ⟵ 密封 ⟵ 真空或气调包装

图2-1　中式菜肴类软罐头食品的一般生产工艺流程

但是这类软罐头食品由于软包装材料通常是透明材质，因此在贮藏时内部的菜肴食品往往由于光线照射、温度的变化以及时间的延长而发生褐变反应，出现变色现象，变色后的菜肴调理食品在色泽上就降低了消费者的购买欲，这也是中式菜肴调理食品的发展受到制约的主要问题之一。因此近年来，一些研究者致力于调理食品的“护色”研究上。研究发现，调理食品中的青菜呈现的绿色来源于叶绿素 a 四吡咯结构中的镁原子，食品在未经加热处理前叶绿素是与脂蛋白结合的，此时为稳定状态，但在酸性、光、加热等条件下会变为脱镁叶绿素，外观由绿色转变为褐绿色。因此要保护青菜的绿色，主要就要维持叶绿素结构的稳定。进一步的研究表明，脱镁叶绿素在一定的酸性条件下，可用铜、铁、锌等离子取代结构中的镁原子，不仅能保持或恢复绿色，且取代后形成的产物，在酸性、光、加热等条件下的稳定性增强，从而达到护色目的。这种护色方法通常是在菜肴调理食品预处理前在添加有护色剂的溶液内进行漂烫实现。国内早期“护色”研究多使用含硫金属离子化合物作为护色剂，例如 $CuSO_4$、$ZnSO_4$、Na_2SO_4 等，虽然亚硫酸盐护色效果优秀，但是自从 Donald Stevenson 和 David Allen 等在 1981 年首次指出了使用亚硫酸盐食品可诱发哮喘病和过敏性疾病，同时还会破坏维生素 B_1 的等一系列安全性问题后，美国 FDA 便禁止在新鲜蔬果中使用亚硫酸盐作为护色剂。此后许多国内外研究者致力于研发无硫护色剂替代传统亚硫酸盐类护色剂，例如张胜来采用 0.20g/kg L- 抗坏血酸、10g/kg 柠檬酸、0.20g/kg 植酸以及 0.20g/kg 乙二胺四乙酸二钠（EDTA-2Na）作为护色剂对蒲菜进行 4h 护色处理，之后协同 104℃高温蒸烫 8min 能够抑制导致蒲菜贮藏期间褐变的过氧化物酶的活性，从而使终产品软包装即食蒲菜菜肴的颜色在贮藏期内保持稳定。另外张婷婷发现一种新型的护色剂——柠檬酸亚锡二钠（DSC），研究结果表明，DSC 对双孢菇的护色效果甚至能达到与亚硫酸盐相同的护色效果，如果再将 DSC 与其他护色剂复配（0.03% DSC+0.3% 柠檬酸＋ 0.02% 植酸＋ 0.03% 维生素 C）护色效果将更好，而且由于 DSC 存在的 Sn^{2+} 为 2 价，能够消耗罐头内部残余的氧气变成 4 价，因此还具有一定的抗氧化效果，如果协同柠檬酸复配，抗氧化性还会进一步增效。

从图 2-1 中可以看出，经包装后的软罐头菜肴食品，如果冷藏或常温贮藏，要维持其货架期，还必须要经过杀菌处理。但是前面也提到，加热杀菌虽然能较大程度杀灭微生物，但会严重影响食品的质构、风味和色泽，并且还会造成对热敏感的营养成分的丧失。因此近年来软罐头调理食品也较多地采用冷杀菌技术，例如微波杀菌、超声波杀菌、紫外线杀菌、辐照杀菌以及超高压杀菌等。现阶段应用较为广泛的是微波杀菌，例如李秋庭等研究了高温杀菌和微波杀菌对真空软包装盐焗鸡品质的影响，结果发现经 640W 微波杀菌 9min 的样品在 28℃贮藏 8 天时，其菌落总数符合标准，且在质构和感官质量的方面均优于高温杀菌各组样品，另外贮藏期间内的过氧化物值也显著低于高温蒸汽杀菌。另外布丽君等也得到了类似的结论，相比于巴氏杀菌和沸水浴杀菌，经 2450MHz、670W 微波杀菌 6min 的软包装卤鹅在 8 天贮藏期内具有相同的杀菌效果，其汁液流失率最低，肌肉嫩度变化最小。

3. 新型软罐头调理食品

近年来，出现了一种新型的中式菜肴类软罐头调理食品，这类产品是由组成一道菜肴的肉类主料、蔬菜辅料以及调味料分别进行预加热后再分别单独包装而成的。相较于前面提到的整体包装，这类将主辅料分别包装的产品可以解决由于原材料的组织状态、厚度、大小的不同使得它们相同预加热时间内加热造成的加热不均，颜色和组织状态难以标准化的弊端。例如朱蓓薇等发明了这类分袋包装的中式传统菜肴类软罐头调理食品，包括口水鸡、宫保鸡丁、鸡肉盖饭、小鸡炖蘑菇、黑椒牛柳、红焖羊肉与豉汁蒸猪排。黄文垒将传统菜肴鱼香肉丝中的原材料主料（猪肉丝）和辅料（木耳丝、笋丝）分别进行包装并最终优化出辅料的硬化（用 0.1% $CaCl_2$ 和 1.0% NaCl 混合溶液处理辅料 25min）和护色工艺（0.3% 柠檬酸和 0.06% 抗坏血酸混合溶液烫漂处理笋丝 5min）以及产品的杀菌工艺（辐照杀菌，辐照剂量为 4kGy）。

三、真空冻干中式菜肴调理食品

真空冷冻干燥，简称真空冻干。其原理是将食品原料冷冻，使食品内部所含水冷冻成冰再在真空下使冰升华而达到干燥目的。真空冻干中式菜肴调理食品最初的设计理念源于改善航天员、无人区科考人员及登山运动员的饮食结构，解决他们的饮食和营养问题。由于真空冷冻干燥食品水分含量和水分活度较小，因此具有易保存、货架期长、食用简单方便、重量轻、便于运输的特点，另外也可在一定程度上保留食品原有营养成分与形状，现如今发展起来的真空冻干菜肴类食品往往还具有较好的复水性。

近年来国内研究者通过优化解冻和升华干燥温度使真空冻干食品在预冻前达到其口感和质地最“优”的状态，例如董铁有研究的鱼香肉丝菜肴的最佳真空冷冻干燥工艺参数为物料铺放厚度 5mm，升华干燥的真空度 140Pa，解析干燥的真空度 30Pa，解析时加热板温度 20℃。另外由于物料的差异，也有人采用电阻法通过分别测定红烧肉中瘦肉和肥肉的共晶点、共熔点及冷冻曲线来确定其预冻工艺，这对于前人仅通过感官评价优化冻干工艺要更为客观，其冷冻干燥工艺为：红烧肉分别经慢冻和快冻 4h，升华干燥搁板温度在 –20℃进行 13h，解析干燥搁板温度在 20℃进行 7h，真空度为 15Pa。

四、其他中式菜肴调理食品

除了上述几类常见的中式菜肴类调理食品外，还有一些菜肴类相关的调理食品同样具有良好的市场活力，例如速冻或冷藏的菜肴半成品，这种产品由某种菜肴的原材料合理搭配经加工包装而组成，消费者在临餐时只需将原材料经简单的加热处理（如微波加热、传统炒制等）即可食用，保证了菜肴原有的口感、口味、色泽和营养，且这类产品加工和运输成本低。再如中式菜肴复合调味料，这类产品专门用于烹调一种或一类中式菜肴的复合调味料，如鱼香肉丝复合调味料、酸菜鱼复合调味料、回锅肉复合调味料以及番茄口味复合调味料等。这类产品的加工工艺简便，通常只需将菜肴所需调味料简单加热即可包装成品，并且由于一些中式菜肴调味料本身就是天然的防腐剂，因此无需加入防腐剂，有的甚至无需真空包装。再如一些中式汤类制品，这类产品解决了以往中式汤类的制作局限于餐饮业和家庭现做现喝的弊端，采用科学、标准的保藏技术（如辐照杀菌、冷冻），使其工业化生产成为可能。再有就是一些膨化类调理食品，如鱼片、鱼皮等，这类产品多数以真空低温油炸和膨化技术代替传统的油炸工艺，使得产品获得较长的货架期以及较脆的口感，同时具有相应的色、香、味。

第二节　中式菜肴调理食品的研究现状与发展趋势

一、研究现状

我国菜肴类调理食品起步较晚，方便菜肴于20世纪50年代兴起于美国，但是近些年我国对方便菜肴的研究也日益普及，主要是一些具有我国特色的菜肴。关于菜肴类调理食品的研究多是针对菜肴工艺的优化，如回锅肉、葱香牛肉、鱼香肉丝、咖喱牛肉、调理带鱼等菜肴的配方和加工工艺的优化，或是诸如糊辣虾仁、速冻墨鱼、虾丸等菜肴预处理工艺的优化。此外还有针对菜肴制作的包装、贮藏工艺的优化等，如花椒鸡丁；或是针对成品菜肴复热工艺的优化，如红烧肉等。除上述以外，其他一些调理食品也颇受欢迎，如泡椒猪肝粒、罗非鱼片等。

例如胡少巧研究真空软包装红烧牛排生产工艺，利用真空与高压杀菌技术，研究加工出色香俱全的软罐头所需的工艺流程与操作要点。熊善柏等研究袋装榨菜肉丝的制作与保鲜，将其真空包装和微波杀菌处理，并研究其制作工艺及保鲜技术。张孔海等研制调味软包装田螺肉，田螺肉为主要原料，重点对调味田螺肉软包装罐头的色、香、味、形进行研究，并对影响其软包装罐头质量的因素进行分析。高伦江等对川味齿凤翅的生产工艺研究，主要讨论一些生产过程中的重要参数及其对产品质量的影响。张华等应用高温和真空包装技术探索梅菜扣肉的工业化生产工艺，并初步发现一条借助西方设备制作中式传统特色肉制品的方法。黄文垒研究鱼香肉丝工艺改良与综合保鲜技术，主要在传统加工烹巧的基础上加入现代工艺技术理念，改良鱼香肉丝的工艺流程，并对辅料进行护色和硬化处理，保证了原料在贮藏期内的良好色泽和口感。谢碧秀等通过感官评定在传统粉蒸肉的配方基础上，对粉蒸肉的配方及加工工艺进行了改良。邹盈等在新鲜马蹄中加入红油、柠檬酸和盐等调味料，采用先进工艺及科学的杀菌方法，研制出色香味俱全的软包装酸辣马蹄笋。

二、发展趋势

随着我国调理食品的大踏步发展，中式传统菜肴调理食品的工业化生产也迎来了重要的机遇期。发展适合我国居民饮食习惯的菜肴调理食品，第一，要做到具有一定的创新性，在开发新型产品的同时也要避免由于工业化生产使产品失去了传统菜肴的“本味”。第二，建立与发展标准化、科学化的菜肴检测技术，对中式传统菜肴的“色、香、味、形”进行标准化测试（例如利用电子鼻、电子舌、红外光谱对菜肴调理食品的气味、口味进行识别），检测菜肴的组成搭配以及每一步的制作过程对终产品的影响，进而设计出标准化的安全卫生菜肴调理食品。第三，要突破关键共性技术问题，例如改善中式菜肴制作时效率低，包装时汤汁、油渗出溢出的问题；解决中式菜肴在保存时颜色、口味出现感官质量下降的问题；解决中式菜肴产品的适用局限性，如容易刺破包装的带骨菜肴；解决中式菜肴食品货架期与菜肴气味、口感难以兼得的缺陷等。第四，采用适于量化控制的先进烹调手段，从而使中式菜肴更适于工业化生产，例如金述强等采用带有 CPU 微处理器的智能炉具，通过有线或无线通信方式，将食品烹饪加工数据下载至智能炉具中保存；加工时通过输入菜肴烹饪加工信息编码后，调用相应的食品烹饪加工数据，控制方便菜肴的制作过程。第五，将中式菜肴生产技术由手工化转变为自动化，形成菜肴从原料到终端包装产品的一体自动化生产技术，具体地说，就是在传统菜肴的加工过程中，以定量代替模糊，以标准代替个性，以机械代替手工，以自动控制代替人工控制，以连续化的生产方式代替传统间歇式小批量的烹制方法，生产出感官品质符合人们审美习惯的传统中式方便调理菜肴。例如中国农业科学院农产品加工研究所研制了这样的一类新技术，即由综合减菌化集成技术、传统工艺的工业化适应性改造技术、天然调味品的调香技术、智能炒制技术、过热蒸汽蒸煮技术、安全油炸与烤制技术、品质形成与保持、高阻隔包材与气体置换自动包装技术及温和式杀菌技术组成的菜肴制作自动化流水线。最后，还要注重相应企业的品牌建设，加强包装、冷链产业等的配套建设。

中式传统菜肴调理食品想要在方便、快捷、营养、安全、经济以及适口等方面进一步满足消费者的需求，就务必要解决以往产品相较于传统加工方式的菜肴在色泽、风味、质地、滋味不足的情况。目前，对于菜肴调理食品色泽和滋味方面的不足的研究较多并已具备可观的改善效果。但是由于中式传统菜肴本身和制作的复杂性，在其风味的形成的机理方面、预处理和贮藏后期风味补足方面的研究尚不够深入。另外，由于传统菜肴调理食品多数经过预加热和杀菌过程，菜肴的质地和口感也发生一定的破坏，但是现阶段的产品往往为了控制成本而沿用多年的生产手段，致使产生此类问题，一些较新的研究虽然能够通过开发新的处理方式或添加品质改良剂来改善菜肴调理食品的质地和口感，但是往往成本较高。将传统菜肴转变为方便菜肴就是在传统菜肴的加工中应用现代科学技术、先进生产手段、现代化管理，将其加工过程定量化、标准化、机械化、自动化、连续化。

第三章　中式菜肴调理食品加工及品质控制新技术

虽然我国目前有一部分传统菜肴已经工业化生产为方便类食品，但主要是炖的产品，其包装形式是可杀菌软袋，比如咖喱牛肉、香菇鸡块等，这类产品的一般流程是在食品工厂厨房中先以传统烹饪法调理菜肴，主要的固形物有肉块、马铃薯、胡萝卜等耐炖耐煮的材料，所有的材料在锅中烹煮入味后，再热充填到可杀菌软袋，再施以包装后高压高温二次杀菌处理，使产品达到商业杀菌标准，能够在一般室温下保存、流通、销售。然而，这种方式生产出的产品往往存在变色、风味不足、肉块不成形等品相较差的情况，因此在开发中式肉类菜肴方便食品时要注意品质控制。

第一节　中式菜肴调理食品品质控制技术

一、预处理工艺

预处理工艺是指在进行正式烹调前进行的各种准备工作，主要包括原料的初加工工艺、涨发工艺、腌渍工艺和糊浆工艺等。

1. 原料的初加工

原料的初加工工艺是将烹饪原料中不符合食用要求或对人体有害的部位进行清理与清除的加工程序。先洗后切再焯水的方法能更好保护绿叶中的叶绿素。叶绿素易被叶绿素酶分解破坏，或经光氧化而漂白。叶绿素酶最适宜温度是60～82℃，在100℃时则完全失活，蔬菜在经过沸水焯制后，其叶绿素酶失活，叶绿素更加难以分解，且高温也使得植物的细胞壁被破坏，细胞内的叶绿素随之释放出来，用这种方法处理后的绿叶蔬菜，测得叶绿素含量最高。维生素C易溶于水，所以叶片在被切成段后，在进行清洗的时候，叶片断面中的维生素C极易溶于流水中，导致维生素C严重流失。先洗再切的处理方法能更好保护绿叶中的维生素C，用这种方法处理后的绿叶蔬菜，维生素C含量更高。维生素C具有极强的还原性，在酸性环境中稳定，在遇到氧、热、光、碱性物质，以及铜、铁等金属离子存在时，易被氧化破坏，所以在初加工时应避免一些不利因素。蔬菜焯水可以有效去除蔬菜中的草酸。在焯水时，可以等水沸腾以后再放蔬菜，减少蔬菜的烹饪时间，焯水完成后要迅速过冷水使其降温，减少维生素的氧化。

2. 原料的涨发

涨发是指在一定条件下，水、油等浸润到干货原料的组织之中，干货原料质地由坚韧变得柔软、细嫩，达到烹饪加工及食用的要求的技术。新鲜的动植物原料经干制处理，会发生一系列物理变化和化学变化，从而导致了干货原料与新鲜原料相比有干、硬、老、韧等特点。由于干制的方法、原料的种类、性质、脱水率不同，所以干、硬、老、韧的程度也不同。烹饪原料经干制后，其组织结构紧密，表面硬化、老韧，还具有腥臭、苦涩等异味，不符合食用要求，不能直接用来制作菜肴，必须对其进行涨发加工。经过涨发操作，使干货原料重新吸收水分，最大限度地恢复原有的鲜嫩、松软的状态，除去原料本身带有的腥臭气味和杂质，便于切配烹调，增强良好的口感，有利于消化吸收。

3. 原料的腌渍

腌渍就是让食盐大量渗入到食品组织细胞内来达到保存食品的目的。这些经过腌制加工的食品称为腌渍菜，其加工方式简便快捷、成本低廉，是最传统、最普遍的蔬菜加工方式。长期或过量食用高盐腌渍菜，严重威胁着人们的身体健康，不仅容易造成高血压，还将会加重肾脏、心脏、消化器官的负担。腌渍菜低盐化变得十分重要，许多低盐化食品也应运而生。但在对蔬菜进行低盐腌渍时，由于食盐浓度过低，造成蔬菜组织细胞内外渗透压的不足以及无法有效抑制微生物的生长，导致低盐腌渍蔬菜的脆度下降，失去本来的口感。研究发现，添加各种无机盐、有机酸以及糖醇类物质，可减缓低盐腌渍蔬菜硬度的下降。还有研究表明，将乳酸钙、醋酸和甘露糖醇按照一定的配比形成复合腌渍剂，大大减缓了低盐腌渍蔬菜硬度下降的速度，较好保持了低盐腌渍蔬菜的口感。蔬菜的脆度主要受蔬菜中果胶含量的影响。随着腌渍时间的延长，果胶在自身果胶酶作用下，逐渐水解为可溶的果胶酸，使细胞壁中胶层溶解，细胞间黏合力下降，从而引起果实软化，进而降低腌渍菜自身的脆度。低盐化最大的问题在于，食盐含量的降低，致使腌渍液的渗透压降低，失去了对微生物的有效抑制作用，导致腌渍菜中极易滋生有害微生物，从而使保质期变短，腌渍菜在腌渍过程中软化变质，脆度降低，影响食用。所以，腌渍的外部条件环境是影响低盐化酱腌菜脆度的关键因素。控制好腌渍的外部条件环境才能达到腌渍产品最佳的感官和营养价值。

4. 原料的糊浆

许多菜肴在烹调以前，原料往往需要进行糊浆处理，在菜肴烹制末期，需要进行勾芡，经过挂糊、上浆、勾芡，可以改变原料的质地，使菜肴达到酥脆、滑嫩或松软的要求。上浆是将原料用盐、淀粉、鸡蛋等拌外表，使外层均匀粘上一层薄质浆液，形成保护层。上浆可以防止烹饪原料中的蛋白质产生深度变性而导致的大量水分流失，从而保持原料的滑嫩和脆嫩质感，美化原料的形态。上浆还可以防止结缔组织过分收缩，使菜肴光润、亮洁、饱满、舒展。上浆时形成保护层，可以有效控制热敏感性营养成分遭受严重破坏和水溶性营养成分的大量流失。由于浆的外层保护作用，使得原料本身不直接接触高温，热油也不能直接浸入原料，从而保持原料内部水分和鲜味不损失。

挂糊是我国烹调中常用的一种技法，行业习惯称“着衣”，即在经过刀工处理的原料表面挂上一层粉糊。由于原料在油炸时温度比较高，即粉糊受热后会立即凝成一层保护层，使原料不直接和高温的油接触。蛋清糊也叫蛋白糊，用鸡蛋清和水淀粉调制而成，也有用鸡蛋和面粉、水调制的。还可加入适量的发酵粉助发。制作时蛋清不打发，只要均匀地搅拌在面粉、淀粉中即可，一般适用于软炸，如软炸鱼条、软炸口蘑等。蛋泡糊也叫高丽糊或雪衣糊。将鸡蛋清用筷子顺一个方向搅打，打至起泡，筷子在蛋清中直立不倒为止。然后加入干淀粉拌和成糊。用它挂糊制作的菜看，外观形态饱满，口感外松里嫩。一般用于特殊的松炸，如高丽明虾、银鼠鱼条等，也可用于禽类和水果类，如高丽鸡腿、炸羊尾、夹沙香蕉等。制作蛋泡糊，除打发技术外，还要注意加淀粉，否则糊易出水，菜难制成。蛋黄糊用鸡蛋黄加面粉或淀粉、水拌制而成。制作的菜色泽金黄，一般适用于酥炸、炸熘等烹调方法。酥炸后食品外酥里鲜，食用时蘸调味品即可。全蛋糊用整只鸡蛋与面粉或淀粉、水拌制而成。它制作简单，适用于炸制拔丝菜肴，成品金黄色，外松里嫩。拍粉拖蛋糊是原料在挂糊前先拍上一层干淀粉或干面粉，然后再挂上一层糊。这是为了解决有些原料含水量或含油脂较多不易挂糊而采取的方法，如软炸栗子、拔丝苹果、锅贴鱼片等。这样可以使原料挂糊均匀饱满，吃口香嫩。拖蛋糊先让原料均匀地挂上全蛋糊，然后在挂糊的表面上拍上一层面包粉或芝麻、杏仁、松子仁、瓜子仁、花生仁、核桃仁等，如炸猪排、芝麻鱼排等，炸制出的菜肴特别香脆。水粉糊就是用淀粉与水拌制而成的，制作简单方便，应用广，多用于干炸、焦熘、抓炒等烹调方法。制成的菜色金黄、外脆硬、内鲜嫩，如干炸里脊、抓炒鱼块等。发粉糊先在面粉和淀粉中加入适量的发酵粉拌匀 (面粉与淀粉比例为 7 ∶ 3)，然后再加水调制。夏天用冷水，冬天用温水，再用筷子搅到有一个个大小均匀的小泡时为止。使用前在糊中滴几滴油，以增加光滑度，适用于炸制拔丝菜。因菜里含水量高，用发粉糊炸后糊壳比较硬，不会导致水分外溢影响菜肴质量，外表饱满丰润光滑，色金黄，外脆里嫩。脆糊在发粉糊内加入 17% 的猪油或色拉油拌制而成，一般适用于酥炸、干炸的菜肴。制菜后具有酥脆、酥香、涨发饱满的特点。

蛋清糊中，随着高筋面粉添加量的增加，蛋清糊的黏度及挂糊率也逐渐增加；增加高筋面粉或低筋面粉含量能够降低糊料的析水率；增加高筋面粉添加量或减少蛋清添加量能增加蛋清糊的凝沉性，使蛋清糊具有更高的稳定性。全蛋糊中，提高高筋面粉添加量或降低全蛋添加量均能提高全蛋糊的黏度及挂糊率；增加高筋面粉添加量或减少全蛋添加量能降低其析水率；增加高筋面粉或低筋面粉添加量能够增加全蛋糊的凝沉性，提高全蛋糊的稳定性。麦谷蛋白 / 麦醇溶蛋白能够影响糊粉的持水性、黏度和挂糊率，随麦谷蛋白 / 麦醇溶蛋白比例的增加，糊粉的持水性、黏度和挂糊率呈稳步上升趋势，超过 0.90 时又逐渐下降；当两者比例达到 0.90 时，持水率和挂糊率均最高。麦谷蛋白 / 麦醇溶蛋白的比例也影响制品外壳的色度、水分含量、脂肪含量及质构。综合各指标，麦谷蛋白与麦醇溶蛋白比例在 0.90 时，制品外壳具有较好的食用品质，水分含量为 13.06%、脂肪含量为 18.83%，呈现诱人的焦糖色，外壳硬度适中，嫩度高。

勾芡是借助淀粉在遇热糊化的情况下，具有吸水、黏附及光滑润洁的特点，在菜肴接近成熟时，将调好的粉汁淋入锅内，使卤汁稠浓，增加卤汁对原料的附着力，从而使菜肴汤汁的粉性和浓度增加，改善菜肴的色泽和味道。淀粉汁就是单纯的淀粉加清水调匀，也叫湿淀粉或水淀粉，多用于普通的炒菜。兑汁就是在淀粉汁的基础上再加入调味品，多用于熘菜或爆炒之类的菜肴。浇汁通常是比较稀薄的芡汁，也叫薄芡或琉璃芡，多用于煨菜、烧菜、扒菜或汤菜等菜肴。

糊与浆有许多相似之处，但也有明确的区别：① 挂糊大多需要事先调制粉糊，上浆则把淀粉以及其他用料直接加在原料上调拌均匀即可。② 挂糊用的粉糊一般调制较稠，原料上挂得较厚，上浆用的粉浆一般较稀，原料上挂得较薄。③ 挂糊适用于炸、熘等烹调方法，成品特点多为松、酥、脆；上浆适用于滑炒、滑熘、煮、滑炝等烹调方法，成品特点多为软、嫩、滑。

二、预加热工艺

在烹饪加热工艺中，所用的传热介质主要是水、蒸汽（水蒸气）和油。目前以水为传热介质的熟处理技法有煮、烧、炖等；以蒸汽为传热介质的有蒸等；以油为传热介质的制熟方法有炒、爆、烹、煎等；此外，还有微波加热等加热工艺。

1. 水传热工艺

水传热烹调过程主要是通过水的对流作用，对烹调原料进行强化换热，在加热过程中，加热散失的热量会源源不断地被后期加热的热量来补充，使得原料在加热的过程中可以保持快速而均匀的受热。在水传热烹调加工过程中，烹调原料会发生一系列的物理、化学变化而使得原料组织变性分解，呈鲜物质增加，而达到保存菜肴香气、原汁原味的目的。以水为传热介质的烹调技法主要包括炖、煮、烧等。

炖是把经过加工处理的大块或整块原料放入炖锅或其他陶器中，加足水分，用旺火烧开，再用小火加热至熟软酥烂的工艺过程。成菜特点是汤多味鲜、原汁原味、形态完整、软熟不碎烂、滋味醇厚，如清炖牛肉、烂炖肘子等。

煮是将原料（或经过初步熟处理的半成品）切配后放入多量的汤汁中，先用旺火烧沸，再用中火或小火加热，经调味制成菜肴的工艺过程。煮制的方法适应面较广，家庭中尤其常用。鱼类、猪肉、豆制品、水果、蔬菜等原料都适合煮制菜肴。成菜特点是保持原形、汤宽汁浓、清鲜爽利、原汁原味，如盐水大虾、水煮肉片等。

烧是将加工成形的原料，或经过熟处理的半成品，再下锅加入汤水、调料，先用旺火烧沸，再改用中火或小火烧至成熟入味的方法。从原料经过的初步熟处理来分，有原料先下锅经过汆、煸、炒、煎、炸等处理再加汤汁，旺火烧开，中火烧熟，最后旺火收汁起锅，成菜见汁见油的生烧，如生烧鸡翅、香菌烧鸡、葱烧裙边等；以及用加工成条块状的鸡、鸭、猪肉等熟料作原料来烧制，成菜迅速且质地较软的熟烧，如大蒜肥肠、豆瓣肘子、姜汁热味鸡等。

以成菜色泽分，有红烧、白烧；以突出某味调料分，有酱烧、葱烧、家常烧(辣烧)。此外，菜中还有一种中火慢烧、自然收汁的干烧。菜中，烧制的原料十分广泛，适用于各种山珍海味、禽畜、水产、蔬菜、豆制品和干果类。不论采用哪一种烧法，成菜大都有色泽美观、亮汁亮油、质地鲜香软糯的特点。

水传热在植物性原料上的应用主要集中于水焯护色工艺上，且添加一定的护色剂有助于植物性原料护色。贾丽娜通过回锅肉配料青椒护色的试验研究得出，漂烫可以使青椒组织中的空气逸出，折射光减少，青椒的色泽比原料青椒的色泽更加鲜绿，此外，试验研究了在漂烫同时添加不同浓度氯化钠（0、0.2%、0.4%、0.6%、0.8%、1.0%）的护色效果，结果表明氯化钠对青椒色泽影响较大，并得出氯化钠有较好的护色效果，最佳的护色添加浓度为0.6%。高伟民通过试验研究了3种护色剂（$NaHCO_3$、维生素C、$CuSO_4 \cdot 5H_2O$）对水煮青椒颜色的影响，结果表明只有$NaHCO_3$具有护色效果，且护色添加的最佳浓度为300mg/L。胡燕等通过研究过氧化氢、亚硫酸钠和次氯酸钠3种护色剂对水煮藕片褐变的影响试验中，以明度、总色度差以及褐变度作为评判指标，结果得出3种护色剂均有抑制水煮藕片褐变的作用。

水煮会降低烹调原料的脆度，因此在实际的烹调过程中可通过添加保脆剂、优化操作条件等进行保脆，从而实现水传热烹调过程中原料质构的最优化。袁宗胜在水煮毛竹笋片罐头的保脆工艺的试验中得出，三聚磷酸钠和氯化钙对竹笋的脆度存在影响，并得出保脆剂的配比对竹笋脆度的影响最大，且保脆剂的最佳比例为三聚磷酸钠∶氯化钙=1∶2。Gang等在微波结合保脆剂对小米辣椒脆度影响的试验中，通过单因素试验确定微波漂烫的最优条件，结果表明最优工艺为微波功率525W，处理时间为64.5s，乳酸钙添加量为0.08%。

2. 蒸汽传热工艺

蒸是利用蒸汽使食物熟化的食品加工方法。蒸汽是达到沸点而汽化的水，因此以蒸汽为传热介质的烹饪方法实际上就是以水为传热介质烹饪方法的发展。它体现着中国烹饪的特色，能够最大限度地保留烹饪原料的色、香、味、形及其营养成分，其应用范围十分广泛，几乎所有动植、水产类烹饪原料均可制成蒸类的菜肴。

在蒸制的过程中蒸制原料的风味和质地会发生一系列的改变，色泽会趋于平稳。对肉质原料来说，其蛋白质因受到蒸制时热量的作用而变性凝固，使得肉汁分离，体积变小，肉质变硬，从而使得产品拥有独特风味。此外，蒸制的过程还能杀死原料中的微生物等，对于稳定原料的品质有重要作用。同时过热蒸汽结合干燥设备的使用也可以更好地降低蛋白质破坏、美拉德褐变严重、口感下降等情况的发生。

因此蒸制的菜肴存在以下优点：蒸菜有利于食物的消化吸收；蒸菜不会产生

如煎、烤、炸等带来的苯并芘、丙烯酰胺等有害物质；蒸菜有利于保护食物中的营养素；蒸菜有利于食物酸碱平衡的调节。

在传统蒸菜优点的基础上，过热蒸汽传热烹制的菜肴存在以下优点：传热速率比饱和蒸汽更快；更好地改善食品品质；可以快速干燥蒸制菜肴表面；在低氧的条件下也可以加热；在常压的条件下可进行高温加热；加工的安全性高；极大地减少了原料内部水分的损耗；保存更多的营养物质等。

在畜禽肉烹制方面，饱和蒸汽具有较充足的水分和饱和的湿度。因此，经饱和蒸汽熟化的肉类通常质地细嫩，口感软滑。刘永峰等通过对牛肉蒸制所得产品感官、质构指标进行鉴评，并通过对脂肪酸、氨基酸分析评价，得到最佳的牛肉蒸制工艺最佳添加量：加水量15%，蒸制牛肉时间60min，浸泡牛肉时间80min，这对于牛肉的蒸制工艺提供了良好的参数指导。何容等在制备豌豆粉蒸肉罐头的试验中，以猪五花肉和豌豆作为菜肴的主要原料，加入特制的调辅料葱油、红油等，得出了品质高且适合于工业化生产的蒸肉罐头。苏赵等在方便粉蒸鸭肉最佳生产工艺的研究中，采用传统粉蒸肉加工方法和真空包装的形式，得出最佳的生产工艺：鸭肉厚度0.6cm，长×宽为5cm×3cm，米粉添加量20%，腌制时间30min，加水量6%，米粉粒度30目，在120℃的环境下杀菌45min，此条件下的方便粉蒸鸭肉的风味、色泽良好。

在水产品烹制方面，蒸鱼简单易成且用时少，风味独特。韩忠等在蒸鱼的最佳工艺研究中，通过微波和蒸汽的结合使用，研究加热过程中蒸鱼的蛋白质变性点以及其相应的理化指标。结果表明，最佳的制作工艺为鱼肉45g，蒸汽微波加热时间100s，此时蒸鱼的品质最好。戴阳军等通过响应面法优化粉蒸草鱼的加工工艺，粉蒸草鱼的最佳制作工艺条件为草鱼片100g、去腥剂10g、白砂糖1g、味精0.06g、葱粉0.03g、姜粉0.06g、蚝油4g、盐0.29g、水15.5g，温度120℃，时间19.4min，这将为粉蒸鱼今后的研究提供参数指导，奠定粉蒸鱼工业化的发展。王阳等对比沸水煮制、蒸制、微波加热、真空隔水煮制四种不同熟化方式对鲍鱼品质的影响，研究得出通过蒸制得到的鲍鱼其蛋白质含量和水分含量较高，综合品质较佳。综上，水产品原料在餐饮行业中消费量大，利用蒸汽传热可以很好地保留水产品烹饪原料的营养价值。

3. 油传热工艺

液体油通过与锅内壁接触，受热温度升高，密度减小，于是上浮，冷液体沉降到锅壁受热。如此形成对流传热，从而达到整体受热均匀。以油为传热介质的烹调方法特点是缩短加热时间和成熟速度，菜肴香味浓郁，保持了脆爽软嫩的特点。以油为传热介质的代表技法烹调方法包括炒、爆、炸、烹、熘、煎等多种。

炒是将切配后的丁、丝、片、条、粒等小型原料用中油量或少油量，以旺火快速烹调。根据工艺特点和成菜风味，炒的烹调方法又可分为许多种，主要有滑炒、软炒、生炒和熟炒 4 种。炒的成品特点是汤汁少，质地软嫩。

爆是指将原料制成花形，先经沸水稍烫或油划、油炸，然后直接在旺火热油中快速烹制成菜的工艺过程。爆的菜肴具有形状美观、脆嫩清爽、亮油包汁的特点。适宜于爆的原料多为具有韧性和脆性的水产品、动物肉类及其内脏类原料。

炸是将经过加工处理的原料，放入大油量的热油锅中加热使其成熟的一种烹调方法。炸的特点是火力旺，用油量多，香、酥、脆、软、松、嫩，具有美观的色泽和形态。炸的应用范围很广，既是一种能单独成菜的方法，又能配合其他烹调方法共同成菜。

烹是将新鲜细嫩的原料切成条、片、块等形状，调味腌制后，经挂糊或不挂糊，用中火温油炸至呈金黄色捞出，另起小油锅投入主辅料，再加入兑好的调味汁，翻匀入味成菜的工艺过程。烹的特点是“逢烹必炸”，即菜肴原料必须经过油炸 (或油煎)，然后烹入事先兑好的不加淀粉的调味汁。

熘是将切配后的丝、块等小型原料，经滑油、油炸、蒸或煮的方法加热成熟，再用芡汁粘裹或浇淋成菜的一种烹调方法。成品特点是酥脆或软嫩，芡汁明亮。熘的菜肴一般芡汁较宽。

煎是以少量油加入锅内，放入经加工处理成泥、粒状原料制成的饼，或挂糊的片形半成品原料，用小火两面煎熟的工艺过程。成品特点是色泽金黄，外表香酥，内部软嫩，无汤汁，具有较浓厚的油香味。常见的有椒盐鸡饼、南煎丸子等。

张晨芳借助低场核磁共振（LF-NMR），初步探究椰味面包罗非鱼调理食品在油炸过程中水分损失量和吸油量之间的关系。低场核磁共振的结果显示：随着油炸时间的延长和油炸温度的升高，椰味面包罗非鱼的水分损失量增大，吸油量增多，呈现正相关关系；以水分损失量、吸油量、脆性、色泽和感官评定为指标，最佳的油炸条件为 170℃油炸 2.5min，此条件下得到的产品色泽金黄、外酥里嫩，感官评定的分数最高。蒋婷婷利用草鱼鱼肉为主要原料制作调理菜肴芙蓉鱼排，研究油炸温度和时间对鱼排感官品质、吸油率、色泽及质构的影响，发现在油炸工艺条件为油炸温度 160℃、油炸时间 100s 时，鱼排的感官评分最高。沈艳奇以小黄鱼为研究对象，采用低温真空油炸技术研制小黄鱼调理产品，对小黄鱼的腌制、脱腥、调味、预烘干温度和时间、真空油炸温度和时间及包装方式等条件进行研究优化，开发一款口感酥脆、含油量低、安全营养的油炸调理水产品。

4. 微波传热工艺

微波加热已经被广泛应用于新鲜的意大利通心粉、面包、燕麦、牛奶以及即食食品等产品的杀菌，所采用的处理温度一般在 110 ～ 130℃范围内，既可以家庭使用也可以产业化应用。与常规加热方式相比，其主要优势在于可以缩短热量到达物料中心的时间，在较短时间内杀死几乎所有的微生物。

食品微波加热的过程本质上是微波与食品中的离子或极性成分相互作用的结果。微波加热的效率主要取决于原料的介电特性和微波的频率。物料的介电特性决定了其传递、转换以及吸收微波能量的情况，受化学组分、微波频率、水分含量、温度以及体积密度的影响。王瑞等研究了微波对于麦苗粉菌落总数和品质的影响，结果表明当微波杀菌条件为 510W、120s 时，不仅可以起到较佳的杀菌效果，还能很好地保持麦苗粉的品质，叶绿素和维生素 C 的损失量比较少；孙卫青等研究发现经微波杀菌处理后的羊肉于冷藏条件下的货架期可以延长至三个月；宋茹等研究发现微波杀菌可以延长面包的保质期；于宁等研究了微波杀菌在熟制调理配菜中的应用，结果表明微波杀菌与水浴杀菌相比可以更好地保持产品的色泽和质构。

传统微波炉输出功率是固定值，对食物加热不连续，耗能高。因此，在传统微波炉基础上研究出多种新型微波炉，并将微波炉与其他烹饪仪器联用可提升食物品质。林向阳等利用微波炉 - 蒸汽联合技术加热冷冻馒头，应用磁共振成像（MRI）技术测量馒头复热过程中水分迁移情况，结果表明此技术可减少馒头内部水分流失。Jun Zhang 等以香酥鳙鱼片为研究对象，探究预脱水鱼片含水量、微波炉输出功率和真空度对产品品质的影响，利用单因素和正交试验确定最佳工艺参数为预脱水鱼片含水量控制在（15.3±1）%（50℃热风干燥 3.5h)，微波输出功率为（686±3.5）W，微波加热 12s，真空度为 0.095MPa，平衡 10s 后再加热 1min。Zhang 等利用微波真空冷冻干燥设备干燥鱼片，研究发现，适量的水分含量、微波功率和真空度可有效提高鱼片的膨化率和脆度。徐竞以回锅肉为研究对象，研究真空干燥回锅肉最优工艺为复水含量 140% ～ 150%，温度 65 ～ 85℃，时间 20 ～ 30min 为最优。李超对微波烹饪牛肉工艺进行优化，研究表明，试验最优技术参数为：牛肉丝宽度 2.5mm，青椒丝宽度 2mm，加热时间为 6min，加热火力为高火。

三、嫩化工艺

1. 物理嫩化法

（1）机械嫩化法 指利用机械力使肉嫩化，其嫩化原理是通过外力，破坏肌纤维细胞及肌间结缔组织，分离肌动蛋白和肌球蛋白，使肉的结构被破坏，保水性与黏着性增加，从而提高肉的嫩度。机械嫩化法适用于嫩度低的肉，嫩化过程所需时间较长，可提高 20% ～ 50% 的嫩度。其可以分为滚揉嫩化法、重组嫩化法等。滚揉嫩化法是先将肉块腌好，再进行滚揉，破坏肌纤维，从而增强肉的系水力，来提高嫩度。重组嫩化法是先把肉切成小肉块，然后与磷酸盐和食盐搅拌均匀至成型。

（2）超高压技术嫩化法　在超高压情况下，肉的肌球蛋白与肌动蛋白之间的作用力减小，在环境温度 20℃的情况下，增加压力可以使 pH 值上升，酸度增加使细胞膜中的结缔组织发生软化，同时，溶酶体在高压条件下发生破裂产生蛋白酶，导致肌纤维的结构蛋白被分解。在这两方面共同作用下，肉的嫩度增加。

（3）超声波嫩化法　超声波嫩化法是一项新的嫩化技术，有安全、经济的优点，可以改善肉的口感、质构和持水力，其主要通过空化效应、热效应、机械效应破坏溶酶体、肌质网和线粒体来释放组织蛋白酶及钙蛋白酶系，降低蛋白质的交联程度而达到嫩化的效果。超声处理可用于肉品嫩化处理，且对肉品的色泽、风味、外观影响较小，但目前仍是理论大于实践，因此未来仍应继续深入研究超声嫩化处理。

（4）电刺激嫩化法　电刺激嫩化法的原理是利用电流对肉进行刺激，导致肌纤维结构被破裂，保水性增加，来提高肉的嫩度。电刺激加快了肉体内发生的糖酵解反应，使肉的 pH 值降低，促进蛋白质分解，使肉的嫩度提高。电刺激嫩化法具有简单、高效的优点，可以改善肉的外观、肉色以及口感。但由于电刺激嫩化法存在危险性，所以使用较少。

2. 化学嫩化法

（1）碳酸盐嫩化法　碳酸盐包括碳酸钠及碳酸氢钠等。嫩化方法是将其配制成溶液，然后再注射到肉块中，或者将需要嫩化的肉块等放入溶液中。碳酸盐溶液通常是碱性的，它可以提高肉的 pH 值，破坏肉的结构，增强持水性，从而使嫩度增加，并改善肉制品的色泽等，但是也会造成部分营养流失。

（2）盐酸半胱氨酸嫩化法　盐酸半胱氨酸的嫩化原理是通过除去酶分子活性基团中的—SH，使酶分子的结构被破坏，激活解胱酶系统，促进活性蛋白酶的释放，肌肉中的部分蛋白质被其水解，最终提高肉制品的嫩度。

（3）多聚磷酸盐嫩化法　在肉制品生产、加工中，加入多聚磷酸盐可以抑制脂肪氧化，增加肉的嫩度，使口感极佳，提高切片性和保水性。嫩化方法是将其配制成溶液，然后注射到肉块中。通常情况下添加量为0.125% ～ 0.375%。它的作用机理如下：多聚磷酸盐呈碱性，可提高肉的pH值；使肌球蛋白的溶解性增加；增大蛋白质静电斥力；促进肌动球蛋白解离。这种方法可以明显改善肉的质构。

3. 生物嫩化法

（1）内源蛋白酶 内源蛋白酶包含钙激活酶与组织蛋白酶。钙激活酶的嫩化效果较好，是一种中性蛋白酶，性质稳定，存在于肌纤维Z线附近及肌质网膜上，可以分解肌原纤维蛋白圈。其嫩化原理为：动物被屠宰后，肌浆网结构被破坏，钙离子浓度上升，激活钙激活酶，使Z线发生裂解，释放肌丝，分解肌原纤维蛋白，破坏其结构，从而提高肉的嫩度。

（2）外源蛋白酶 嫩化肉类的常用外源蛋白酶有植物性蛋白酶(无花果蛋白酶、菠萝蛋白酶、木瓜蛋白酶等)、微生物蛋白酶(根霉蛋白酶、米曲霉蛋白酶、枯草杆菌碱性蛋白酶等)、动物性蛋白酶(胰蛋白酶)等几类。这些酶的性质稳定，其中植物性蛋白酶的嫩化效果较好。外源蛋白酶可以分解胶原蛋白和纤维蛋白，破坏空间结构，增加肉的保水性，从而使嫩度提高，可以改善肉制品的风味和口感。目前，木瓜蛋白酶是市场中的主要嫩化剂种类。其嫩化原理是通过使蛋白质分子发生水解，来改善肉的嫩度。

（3）激素嫩化法 激素嫩化法的嫩化方法是在动物被屠宰之前，向身体内注射适量的激素类制剂例如肾上腺素、胰岛素等。通过注射激素，可以加快糖代谢速度，使肉中糖原和乳酸含量保持在较低水平，提高了肉的pH值，使肌球蛋白数量增加，提高肉的嫩度。

四、护色与保脆工艺

蔬菜中富含维生素、无机盐、膳食纤维等多种营养物质，但新鲜蔬菜不易保存，营养物质易随时间延长而逐渐流失，在加工和贮藏过程中易发生褐变和软化，从而影响产品品质。微生物和酶是影响绿色蔬菜加工及贮藏过程中品质变化的主要因素，除了这些因素外，叶绿素的降解也是一个十分重要的原因。作为绿色来源的叶绿素是十分脆弱的，很容易降解或破坏，叶绿素中的镁离子在酸性条件下会被氢离子取代，形成脱镁叶绿素，进而形成了褐色或黄色的降解产物。影响叶绿素降解的因素有很多，如pH、温度、金属离子和酶等。当pH ＞ 8时，叶绿素会发生水解，即皂化反应，生成稳定的绿色化合物叶绿醇和叶绿酸等。调理青菜作为一种典型的绿色蔬菜制品，其贮藏寿命主要取决于叶绿素的损失率，而且随着贮藏时间的延长，产品的质地、风味以及口感会大大下降。

脆度也是影响食品感官品质的重要因素，原果胶决定了果蔬脆度，它是细胞壁的组成部分，原果胶和纤维素在细胞层间与蛋白质结合成黏合剂，使细胞紧密黏合在一起，使蔬菜具有较高的脆度。但是原果胶在果胶酶或加热条件下易水解成果胶和果胶酸，细胞间失去黏结性而变得松软，进而使脆度随之下降。

因此，护色和保脆工艺就成为蔬菜类食品加工和贮藏的关键，目前常用的护色方法有包埋技术、酶处理法、离子护色法、加抗氧化剂法、添加其他外源物等，其中常用的护色保鲜液有柠檬酸、维生素 C、氯化钙、硫酸镁和亚硫酸钠等。保脆方法主要是添加保脆液，例如 $CaCl_2$ 溶液，这是因为 $CaCl_2$ 与果胶酸钙形成的盐类具有凝胶作用。这种凝胶一方面能在细胞间隙间起黏结作用，从而提高脆度。另一方面可以将色素保护起来，防止叶绿素的脱镁和溶出，从而在保脆的同时，达到保绿的目的。

陈英武通过使用护色液和保脆剂混合液对蕨菜进行护色和保脆处理，加工出蕨菜的色泽新鲜，口感清脆，能较好地保持新鲜蕨菜的原有风味。刘玲等研究发现软包装调理苦菜护绿后于 100℃条件下杀菌 10min，可延长其货架期。张婷做了鲜切牛蒡护色保脆技术的研究，开发了一种即食型软罐头。结果表明：鲜切牛蒡于 90℃漂烫 60s，且色泽和脆性保持良好。吴淑清等采用一定浓度的保鲜液对长白楤木嫩芽进行复合护色保鲜，可保持长白楤木嫩芽的感官品质，有效地延长了长白楤木嫩芽的贮藏期，从而提升其食用品质和商用价值。朱薇采用添加 20% 食盐、0.1% 氯化钙、0.5% 丙酸钙和 0.5% 乳酸钙的方法，提高腌制雪里蕻的保脆、护绿效果。还可添加氯化钙、氯化镁和乳酸钙 3 种具有保护植物细胞纤维结构及保持细胞间紧密性的保脆剂。

第二节　中式菜肴调理食品杀菌技术和包装技术

一、杀菌技术

中式菜肴调理食品主要是由蛋白质、脂肪（前两者主要为肉类菜肴食品含有）、碳水化合物、水分以及其他一些微量成分，如维生素、色素及风味物质等组成，形成中式菜肴调理食品特定的质构、颜色、风味等特征。中式菜肴调理食品在贮藏期间品质变化很大，不适宜的贮藏环境极易造成肉的腐败变质，还会造成经济损失和环境污染，甚至危及人类健康，因此肉类菜肴的保鲜尤为重要。中式菜肴调理食品的腐败变质主要因素有以下三点：① 微生物污染和生长繁殖；② 脂肪的氧化酸败；③肌红蛋白的氧化变色。其中，微生物的生长繁殖是导致中式菜肴调理食品腐败变质的最主要的因素。它给肉类生产企业造成很大的损失。面对目前中式菜肴调理食品容易腐败、保质期较短的严峻现状，众多肉品研究人员投入了大量时间和精力来解决这些问题，有关中式菜肴调理食品的保鲜技术可以分为两大方面，一方面是以包装前的杀菌工艺为主，通过杀灭食品上包括细菌芽孢在内的全部病原微生物和大多数非病原微生物而抑制调理食品食材的微生物原始数量，进而达到抑制其腐败的目的；另一方面则是包装工艺，通过适当的包装技术延长产品的货架期。

产品加热熟制能够杀灭绝大多数的细菌，但是之后在食品进行分割、包装的过程中还会产生二次污染，即使产品经真空或气调包装后，其初始菌落总数仍然很高，影响其货架期，因此此类食品在包装后还需要经过二次杀菌降低其初始菌数。杀菌方法包括干热杀菌法（如干烤杀菌、烘箱热空气杀菌、红外线杀菌）、湿热杀菌法（如巴氏杀菌、常压加热煮沸杀菌、高温高压杀菌）、辐照杀菌法以及滤过除菌法等。在这其中湿热灭菌法由于其简便易行而常被食品企业所应用。早在许多年前国外的研究表明，高温高压灭菌法能够显著降低食品的初始菌落总数，使产品达到商业无菌状态，并可延长货架期，但是还会影响产品的组织状态、风味和营养价值。黄文垒的研究也表明，将鱼香肉丝菜肴分别进行高温高压、巴氏杀菌、辐照三种杀菌方式处理后，高温高压杀菌在三种杀菌方式中货架期最长，但经此法处理的菜肴其口感、风味及感官品质均会有所下降。另一方面，许多研究表明，肉制品经真空包装后采用低温加热杀菌处理，能够降低肉制品的初始菌数且对其感官质量的影响也较小。乔晓玲研究发现，在中华香肠各加工环节采用无菌操作，成品经过真空包装后经巴氏杀菌处理，产品的保质期可达 150 天。

二、包装技术

菜肴调理食品在常温及冷链条件下经长时间的贮运和销售，因此包装形式对产品品质保持至关重要。包装可有效隔离空气，阻断外界潮湿环境，在一定时间范围内维持食品品质。不同的包装方式可在不同程度上保护菜肴品质，目前市面上常见的包装技术有保鲜膜包装、抗菌膜包装、真空包装及气调包装等。

1. 保鲜膜包装

保鲜膜是一种塑料包装制品，通常以乙烯为母料通过聚合反应制成，可分为聚乙烯（PE）、聚氯乙烯（PVC）、聚偏二氯乙烯（PVDC）三种，其中 PE 和 PVDC 这两种材料的保鲜膜对人体是安全的，可以放心使用。在菜肴调理食品中，保鲜膜常用于食物保存、微波加热及简易的熟食包装，在家庭生活、超市卖场、宾馆饭店及工业生产的食品包装领域应用广泛。保鲜膜包装具有方便快捷、操作简单、易获取等优势，但其弊端也不容忽视，一是由于保鲜膜无法做到完全密封，因此该技术保鲜效果较差；二是在包装带有汤汁的中式菜肴调理食品时，会导致菜汤的渗漏给运输带来麻烦，使盒饭整体看起来很不卫生；三是保鲜膜包装不能抑制细菌的生长，细菌的大量繁殖会导致菜肴感官品质下降。

2. 抗菌膜包装

抗菌膜包装是目前国际上较为流行的新型包装，主要在复合包装材料的内部添加抗菌剂涂层，在贮藏的过程中起到抗菌作用。可食膜不仅具有传统包装所具有的阻隔性能，且可以作为营养强化物质和功能性物质的载体。将抑菌剂添加到可食性成膜材料中，抑菌剂会缓慢释放，在较长时间内作用于食品表面，具备抑制微生物生长的作用。在食品领域中，可食性食品包装膜具备安全和环保的优点，是目前食品包装材料行业的研究热点之一。李晨研究发现以琼脂和明胶复配并添加抗菌剂乳酸链球菌素制备出可食性抗菌包装膜对微生物具有一定的抑制作用。张盼研究发现将 4mg/mL 的 ε- 聚赖氨酸添加到壳聚糖 - 普鲁兰多糖溶液中，所制备的可食性复合抗菌保鲜膜对肉制品具良好的抗菌功能。

3. 真空包装

真空包装也称减压包装，依据大气压原理将包装容器内的空气抽出密封，维持袋内处于高度减压状态，使微生物失去“生存环境”，抑制微生物的繁殖，从而避免中式菜肴调理食品产生氧化、腐败和霉变现象。孙金龙发现免拆膜包装、真空包装和托盘包装对土豆烧牛肉菜肴中牛肉贮藏过程中菌落总数、色值、水分活度、水分含量、硬度、弹性等品质具有不同的影响，其中保鲜程度最好的是真空包装技术，其次是免拆膜包装，托盘包装效果最差。真空包装优点良多，一是真空包装后的食物可与包装袋紧密贴合，体积较小，便于人们日常携带、运输和贮藏；二是真空包装后，微生物数量比有氧包装更少，可延长肉类调理食品的保鲜期和货架期；三是真空包装技术具有阻隔性，可达到阻水、阻氧、阻气的效果；四是真空包装后的菜肴调理食品具有保香作用，可有效保持菜肴的风味；五是真空包装技术可满足科技发展的需求，做到自动化规模化流程生产，与现代化发展一致。

真空包装即是抽气和封口的过程，隔绝外界氧气，抑制有氧细菌的繁殖和生长，但厌氧细菌和兼性细菌没有得到抑制，在不杀菌的情况下细菌仍然会持续繁殖。此外，在一些方面真空包装仍然具有不足之处，当菜肴调理食品受到大气压的持续挤压易变形失去原本外观，质地变得板结，无法复原。

4. 气调包装

气调包装又称MAP或CAP，是指在一定条件下改善包装内环境的气体组成，抑制或延缓产品的变质过程，从而延长产品的货架期，并使之保持较好的外观、品质。通常气调包装所使用的气体有N_2、CO_2、O_2，其中N_2是一种惰性气体，无味无臭，不会与食品发生化学反应也不会被食品吸收，是一种适用于食品保藏的理想气体；CO_2具有稳定、低毒，对产品感官品质的影响小且价格低廉的优势，可抑制大多数需氧菌和真菌生长繁殖曲线的滞后期，但CO_2有效抑制数低（100～200个/g），因此普遍与N_2或O_2按照比例搭配成混合气体后充入包装内，共同起到防止或减缓食品质量下降等情况的发生。刘永吉比较了气调包装、真空包装、空气包装对冷藏鱼丸的贮藏效果。结果显示，50% CO_2+50% N_2的气调包装冷藏(3℃)鱼丸的货架期长达42天，是真空包装鱼丸货架期的2倍，是空气包装的3倍。气调包装比真空包装和空气包装更利于保持鱼丸的色泽、质构等品质。

为更好地保存中式菜肴调理食品品质，通常在气调包装前对成品进行杀菌处理，如向微波菜肴、豆制品及畜禽熟肉制品中充入N_2和CO_2能有效抑止大肠菌群繁殖，在常温20～25℃下可保鲜5～12天，经85～90℃调理杀菌后常温下保鲜可延长至30天。此外，中式菜肴调理食品气调保鲜包装对原料有较严格的要求，食品烹调加工达到巴氏杀菌标准和保持时间极为重要，如美国农业部熟牛肉包装的巴氏杀菌标准，要求食品的中心温度达到71.1℃并保持7.3s。熟食品烹调后立即需要真空快速冷却和分切成薄片后包装，如此这阶段的加工卫生条件差，空气中有病原菌或刀具及操作人员消毒不足等，都会使食品再次受到污染，残留细菌增殖就难以通过气调保鲜包装来延长货架期。因此在进行气调包装前一般先通过真空快速冷却，再通入N_2、CO_2、O_2进行气调保鲜包装，再进行陈列，冷藏条件下货架期可达40～60天。

气调包装技术在食品领域的应用已得到普遍认可，其优势显而易见。第一，与保鲜膜包装技术相比，气调包装采用密封方式，不会引起菜汤的渗漏，保持盒饭外观的整体洁净，感官上提高食品等级；第二，与真空包装技术相比，气调包装不会对食材进行挤压，保持了菜肴的外形、颜色、水分、质地和原汁原味的口感；第三，气调保鲜包装采用先抽真空后充入保鲜气体，最大限度地抑制细菌的生长繁殖，较长时间地保持食品的新鲜度；第四，气调包装的封口膜可印制公司、品牌或产品信息，起到一个良好的广告效应。

5. 其他包装技术

此外，还有一些其他包装形式的肉类菜肴制品，如金属或玻璃罐头制品，是将畜禽肉调制后装入罐头容器，经排气、密封、杀菌、冷却等工艺加工而成的耐贮藏食品，也是肉类菜肴制品中非常重要的一类包装形式。

除包装技术外不同的包装材料也会对菜肴调理食品的品质产生影响，涂钮发现 PVDC 对鲅鱼及鳕鱼调理食品在贮藏期间的品质保持优于聚乙烯和复合袋（聚丙烯 / 聚乙烯 / 尼龙）两种包装材料。段红梅采用 3 种不同包装材料 (PA/PE 复合膜，PET/PE 复合膜，PA/PE 共挤膜) 对酱猪肘进行包装，每种材料选择 4 种厚度 (双面 160μm、180μm、200μm、1000μm)。结果表明，200μm 的 PA/PE 共挤膜在货架期、感官评分、挥发性盐基氮、色差、pH 值、质构特性 (硬度、弹性、黏聚性、咀嚼性、回复性)、微生物等品质中均表现最佳。

菜肴调理制品作为我国居民饮食中的重要组成部分，不仅风味独特，深受消费者喜欢。人们在追求食用量增加的同时，更注重食品的食用品质。包装技术的应用和发展，使得菜肴调理制品的流通和消费更加便捷化、大众化、全球化。

第三节　中式菜肴调理食品贮藏保鲜技术

食品的腐败变质是指食品在各种内外因素的影响下，其原有化学性质或物理性质和感官性状发生变化，使之营养价值和商品价值降低或丧失。造成食品腐败变质的因素主要有微生物、酶、蛋白质变质、碳水化合物发酵以及脂肪氧化。中式菜肴调理食品的保鲜技术也主要针对这几个因素，利用不同的方法和措施，抑制或杀灭食品中的微生物及其繁殖生长能力，控制或延缓脂肪氧化过程，进而延长食品的货架期。世界各国人民自人类文明以来，就开始利用各种手段延长食品的贮藏期，许多传统的保藏食品的手段沿用至今，如腌制、干燥、发酵、烟熏等。而近年来，国内外研究人员也不断开拓各种食品防腐保鲜方法，例如通过调节栅栏因子的栅栏技术提高产品的质量，延长产品的货架期，还可以利用物理法和化学法进行食品保鲜，即物理保鲜技术和化学保鲜技术。

一、物理保鲜技术

物理保鲜技术主要是指在食品生产和贮运过程中利用各种物理手段如低温、气调、辐照等，提高食品品质和延长食品的货架期，是目前食品行业中最为常用的保鲜手段，包括低温保鲜、气调保鲜、真空包装、涂膜保鲜、辐照保鲜等。目前新兴的保鲜技术还包括磁场保鲜技术、静电场保鲜技术、超高压保鲜技术、高压电场低温等离子体杀菌保鲜技术、脉冲电场保鲜技术等。

1. 低温保鲜技术

温度是影响微生物生长繁殖和各种化学反应速度的重要因素之一，因此在低温贮藏下，能够抑制微生物活动和繁殖，减缓食品内部的化学反应，从而保持食品新鲜度并延长食品保藏期限。研究显示，冷藏温度越低，食品变化越小，冷藏期限越长。蒋丽施等研究了在 0 ～ 4℃和 7 ～ 11℃条件下西式火腿切片品质的变化情况，结果显示，在较低温度下（0 ～ 4℃）西式火腿切片的菌落总数增长的较为缓慢，且其 pH、含水量、保水性和嫩度的变化也更加稳定。董洋等研究发现将真空包装的西式火腿分别贮藏在 4℃、25℃和 30℃条件下，并测定其感官质量、pH、水分活度、挥发性盐基氮、硫代巴比妥酸反应物（TBARS）以及菌落总数，结果显示，在较低温度（4℃）贮藏条件下其货架期最长可以达到 398 天，而 25℃和 30℃贮藏条件下其货架期分别为 83 天和 20 天。

2. 辐照保鲜技术

辐照保鲜由美国在 20 世纪 50 年代时首先提出，通常是用 γ 射线照射食物，利用原子能射线的辐照能量，钝化蘑菇组织体内的酶，达到延缓蘑菇的开伞和褐变、抑制有害微生物生长、延长贮藏期的目的。辐照可保存中式菜肴的色、香、味、形。耿胜荣研究发现包括雪里蕻腌菜肉丝、蒸牛肉、扣肉、臭面筋、蒸腊鱼、烤牛肉、微辣牛肉、酥皮鸭、麻辣瓦块鱼等在内的 18 种菜肴经辐照后仍然具有良好的感官品质，当辐照剂量为 4 ～ 8kGy 时，保质期可长达 60 天 (0 ～ 5℃)，符合国家微生物指标和理化指标、卫生标准。李淑荣等研究荷兰豆冷食菜中的李斯特菌的 D_{10} 值为 0.264kGy，1.2kGy 辐照处理李斯特菌的杀菌率达 99.996%；2.0kGy 以下的辐照剂量处理能使冷食菜中的微生物降低 2 ～ 3 数量级，杀菌率达 98% 以上，降低接种于冷食菜中的李斯特菌 6 个数量级以上，并对感官品质没有明显的影响。目前对 γ 射线辐照过的食品辐照残留和安全性认知度不高，在一定程度上影响辐照食品销量。由于辐射保鲜技术应用范围较窄，适用能量射线种类不多，很难使酶完全失活，也可能产生辐射效应。因此，辐射保鲜技术并未广泛推广使用。

3. 减压保鲜技术

减压保鲜是用降低大气压力的方法来保鲜水果、蔬菜、花卉、肉类、水产等腐烂物品，是贮藏保鲜技术的又一新发展。减压保鲜贮藏是将物品放在一个密闭冷却的容器内，用真空泵抽气，使之取得较低的绝对压力，其压力大小要根据物品特性及贮温而定。当所要求的低压达到后，新鲜空气不断通过压力调节器、加湿器，带着近似饱和的温度进入贮藏室。真空泵不断地工作，物品就不断得到新鲜、潮湿、低压、低氧的空气。一般每小时通风四次，就能除去物品的田间热、呼吸热和代谢所产生的乙烯、二氧化碳、乙醛、乙醇等不利因子，使物品长期处于最佳休眠状态。该方法较好地解决了贮藏物品的失重、萎蔫等问题，不仅物品的水分得到保存，维生素、有机酸、叶绿素等营养物质也减少了消耗。贮藏期比一般冷库延长 3 倍，产品保鲜指数大大提高，产品货架期也明显增加。减压保鲜技术具有以下三个特点：一是迅速冷却；二是快速降氧，随时净化；三是高效杀菌，消除残留。研究发现，在冷藏环境 (–1℃)，压力从 0.1MPa 降到 1.3kPa 时，氧的体积分数小于 0.2%。低氧有助于抑制细菌和霉菌的侵染，减压冷藏时肉制品保鲜可提高到 50 天。

4. 磁场保鲜技术

磁场保鲜又称磁力杀菌，磁场能促进或抑制微生物的生长、繁殖。与传统方法相比，除了其对微生物的抑制作用外，磁场保鲜还有具有以下优点：不会损失食物的营养成分和改变质量特性；不污染食物，避免了对人体产生不良影响。因此，磁场保鲜是一种安全有效无污染并且顺应时代潮流的方法。生物是具有磁性的，生物体内存在顺磁性物质与逆磁性物质。各种各样的磁场如外加磁场、环境磁场和生物体内的磁场都会对生物组织和生命活动产生影响，即磁场的生物效应。磁场在很宽的范围内（0.001 ～ 1T）都可产生这一种效应，不同强度的磁场对生物体也会产生不同的效应。其基本原理为生物体内能量的传递和物质的交换都与体内电荷行为有关，外界磁场的变化必然影响生物体的新陈代谢。外磁场既可以促进生物体的生长，加速新陈代谢，使酶活性增强，也能使生物生长受到抑制。在磁场生物效应研究中，通常使用的外加磁场有恒定磁场、交变磁场、脉冲磁场等。由于产生静磁场和变磁场的机制不同，所以其产生的生物学效应也有所不同。在低频范围内，磁场对生物体器官、组织、细胞、大分子等不同层次的影响主要表现为非热效应的特点，即其对生物体产生的热量和温度变化不明显时，在生物体分子及细胞一级的水平上产生的影响。关于磁场对食品保鲜及冷冻方面的影响，国内外对此做过很多方面的实验。例如 Otero 等在蟹棒冷冻期间加入振荡磁场，探究磁场的影响发现，经过磁场处理后仍然不能避免蟹棒的质量损失，但由于磁场场强低于 2mT，测试范围较小，因此无法得出较为全面的结果。再如 Purnell 等研究了不同振荡磁场设置对冷冻过程特性和食品质量参数的影响，发现对于测量的任何参数，在统计学角度上并没有连续效应，但是在某些设置中，每种食品的某些参数会出现显著影响。表明振荡磁场可能不会以相同的方式影响所有食品，而是取决于食品的类型。赵红霞等曾研究猪肉冷冻过程中直流磁场的作用，将猪肉放在鼓风式速冻室中，在冷冻过程中进行磁场处理，发现 0.46mT 的磁场可以增大猪肉的冷冻速率，而 0.9mT 及 1.8mT 的磁场会延长猪肉的冷冻时间。Choi 等研究了磁场对于牛肉冷冻过程中冰晶形成大小以及解冻后品质的影响，发现经过磁场处理的牛肉在冷冻时冰晶形成的速率低于风冷时，并且解冻后牛肉的损失更小。

5. 气调保鲜技术

气调保鲜技术是采用具有气体阻隔性能的包装材料包装食品，将一定比例的混合气体充入包装内，防止或减缓食品在物理、化学、生物等方面发生品质下降，从而使食品能有一个相对较长货架期的技术。气调包装中最常用的气体是 CO_2、O_2、N_2。气调保鲜技术常与其他方式结合共同起作用，如熊新星比较了充 N_2、充 CO_2 和真空包装分别与高静压方式结合处理的干锅藕片货架期及在贮藏过程中的品质变化，结果显示，充 CO_2 结合高静压处理对干锅藕片的保鲜效果最佳。

6. 静电场保鲜技术

静电场对于种子的萌发、植物的生长在一定程度上都起到了积极的作用，加强了植物的代谢过程，但是就保鲜作用而言，则是通过抑制果蔬的呼吸代谢来延缓其衰老的过程。在保鲜机制这一方面仍然存在较大争议，一方面有人认为电场是通过改变生物细胞膜的跨膜电位从而影响其代谢活动，另一方面则有人认为是食品内部的生物电场影响了呼吸系统中电子传递体，从而会增强它的保鲜效果。对于静电场冷冻，一方面，有报道称将冷冻肉放置在高压静电场下，会使得肉类在冰点以下处于不冻的状态，而这会减少其汁液的流失，从而改善它的品质。另一方面在食品加工过程中，细菌的繁殖是导致肉类品质降低的主要因素，因此很多食品都会先杀菌再进行后续处理，对于静电场来说，它是一种非热杀菌的方式。在杀菌机理这一方面，一部分人认为是因为细菌在外加电场的作用下，细胞膜发生穿孔极化现象，导致了细胞膜的破裂，影响了膜内的生物反应。也有的人认为高压静电场电离空气从而产生负离子和臭氧，而负离子具有抑制生物组织的新陈代谢、降低呼吸强度以及降低酶活性的作用，臭氧能与细菌细胞壁脂类双键反应，进入细菌内部，作用于蛋白质和脂多糖，改变膜的通透性，导致细菌死亡。丹阳等曾对此做过研究，结果表明静电场场强越高，空气中产生的臭氧越多。费玲等通过电场保鲜冰箱对复热调理菜肴进行保鲜处理，试验结果表明，电场保鲜冰箱能较好地保持复热菜的风味品质。随着贮藏时间延长，电场保鲜冰箱的复热菜肴电子舌、电子鼻数据优于对照组，说明该冰箱中电场环境对风味品质的变化起到了抑制作用，这可能是因为电场对微生物的生长及酶的活性具有抑制作用，微生物降解蛋白质的速度降低，肌肉中蛋白质、脂肪被利用的程度降低，进而维持了风味品质。综合来说，电场冰箱保鲜层第2层（S2，距电场保鲜放电源约40cm，电场强度分布范围约为50～300V/m）的样品保鲜效果最优，更为适合抑制复热菜肴微生物的繁殖。另一方面，近年来在国际上还出现一种叫作高压电场低温等离子体冷杀菌的新型食品冷杀菌技术。2012年，南京农业大学章建浩教授课题组与美国农业部合作研究开发，在国际上首次将该技术应用到生鲜畜禽肉、调理制品以及生鲜果蔬鲜切菜的保鲜包装中，2015年初团队引进核心技术装备，在国内首次建立了该技术试验系统装备，并且联合企业研制开发高压电场低温等离子体冷杀菌核心技术装备、自动化生产线装备成套技术。与目前广泛采用杀菌技术相比，高压电场低温等离子体冷杀菌过程中温度不升高或升高很小，能量消耗少，既能高效杀菌，又保证了产品的色、香、味。章建浩团队最新开发的高压电场低温等离子体冷杀菌核心技术装备与MAP气调保鲜包装紧密结合，产生杀菌作用的等离子体来源于包装内部气体，食品通过生产线被输送到高压电场“过”一下，利用食品周围介质产生光电子、离子和自由基团，与微生物表面接触导致其细胞被破坏，从而达到杀菌效果；整个过程一改传统的先杀菌、再包装，变为先包装、后杀菌，大大降低了包装过程中的二次污染和化学残留。该技术对大肠杆菌、沙门菌、李斯特菌等常见的食品致病菌杀菌效果理想，并且能大大提高食品的保鲜期。生菜等鲜切果蔬的生鲜保质期能从2～3天延长至8天以上，杀菌率超过90%，降解农药51%以上，整个杀菌过程能耗很低，30s即可完成一次杀菌。虽然目前这种技术还没有应用在中式菜肴调理食品中，但是该技术非常适合中式菜肴调理食品的大规模自动化生产，因此相信未来将会有良好的发展趋势。

7. 超高压保鲜技术

超高压技术（high-hydrostatic pressure，HHP），又称高静水压技术，是目前研究最多、商业化程度最高的非热力食品加工技术。高静水压技术的杀菌原理是高压（通常是100～1000MPa）对微生物的致死作用，主要是通过破坏细胞膜功能，改变酶的立体结构，中断微生物遗传物质的复制来达到杀菌目的。食品超高压杀菌，是将食品物料以某种方式包装完好后，使用液体（通常是水、食用油、甘油）作为压力传递介质，使食品在室温或温和的工艺温度下（＜60℃）达到100～1000MPa，立即将等静压传递给食品，保持一段时间后，从而达到杀菌要求。通常来说，影响高静水压杀菌的因素主要有加压大小、加压时间、加压温度、pH、水分活度、食品成分及微生物种类等。自1895年Royer等首次发现超高压可以杀死微生物以来，有关应用超高压技术的研究在国内外陆续报道。高静水压杀菌技术在食品工业中最初是应用于乳制品生产，该技术较传统的热杀菌技术具有能最大程度地保持食品中的风味物质、维生素、色素等的稳定性，减少营养成分的损失等优势，不仅能满足消费者对于食品天然、新鲜、安全的需求，也促进了高静水压技术在新鲜农产品、奶制品、水产品及酒类产品中的发展及应用。由于高静水压技术可破坏大分子物质（如蛋白质和碳水化合物）的共价键而使得其结构被破坏，而小分子化合物的共价键不受影响或影响很小，因此，超高压技术在保持食品的色泽、维生素、风味物质等小分子化合物方面较传统的热处理显示出极大的优势。该技术除良好的杀菌效果外，还具有有效防止褐变、风味流失等优点，因此目前关于应用超高压技术商业化生产的主要还是为果蔬汁产品，如苹果汁、草莓汁、桃汁、番茄汁、胡萝卜汁、橙汁等。试验结果表明，哈密瓜、香梨、柑橘等原料鲜榨汁经500MPa、20min处理在0～5℃条件下贮藏60天未发生变质。

8. 脉冲电场保鲜技术

脉冲电场（pulsed electric field，PEF）保鲜技术是一种新型的非热食品杀菌技术，它是以较高的电场强度（通常为10～50kV/cm）、较短的脉冲宽度（0～100μs）以及较高的脉冲频率（0～2000Hz）形成脉冲波的形式作用于食品中的微生物、酶和营养成分，从而达到杀菌、钝化酶、延长食品保质期的目的。通常来说，高压脉冲电场杀菌技术的处理效果通常受电场强度、处理时间、食品温度以及微生物或酶的类型等因素的影响，与传统热杀菌及化学杀菌相比，PEF技术具有处理时间短、能耗低、食品物理化学性质变化小、风味物质损失小等优点，是目前最受欢迎的非热力食品加工技术之一。目前，关于PEF处理对微生物的灭活机制被广泛接受的主要是基于细胞膜破裂所涉及的两种假设，包括电击穿和渗透不平衡假设。电击穿理论认为细胞膜是一个充满电介质的电容器，细胞周围的液体食品具有和细胞膜一样的介电常数，膜两侧的介电常数导致跨膜电位的变化，当施加外部电场的电场强度超过跨膜电位的临界阈值时，便会发生电击穿导致孔的形成，且灭活效率受细胞大小、细胞形状、液体食品的介电特性以及处理温度等因素的影响。当膜表面的孔径变大，膜出现不可逆的破坏，发生膜的机械破坏和随后的细胞死亡。渗透不平衡理论则认为施加的外界电场会引起细胞膜磷脂构象的变化，导致膜的重排和水滴孔的形成，跨膜电位则会影响膜中蛋白质通道的打开与否，从而导致细胞膜的破坏，引起微生物死亡。从1973年至今，已经有许多关于PEF技术在食品行业（乳制品、新鲜果蔬制品、发酵食品以及茶饮料）中应用的研究成果，包括PEF技术对白酒快速催陈的研究，对蛋清蛋白功能特性的研究，对绿茶饮料杀菌效果的研究等，以及应用PEF技术于果蔬汁的杀菌同时还可钝酶、稳定酚类化合物。例如ElezMartínez等发现PEF技术能保留橙汁中87.5%～98.2%的抗坏血酸，其抗氧化能力较热处理后的橙汁样品高。不同的处理条件对处理样品的色泽、风味以及营养物质都有较大的影响。然而脉冲电场技术还没有广泛地应用于中式菜肴调理食品中，因此未来可考虑通过此种方法对中式菜肴特别是中式蔬菜类菜肴调理食品进行杀菌处理，可同时解决护色及风味保持等方面的问题。

二、化学保鲜技术

化学保鲜技术主要是指在食品生产和贮运过程中使用化学试剂（食品添加剂），以保持或提高食品品质和延长食品保藏期。根据化学保鲜剂的保鲜机理不同，可分为防腐剂、杀菌剂、脱氧剂和抗氧化剂。在方便食品中常用的就是防腐剂和抗氧化剂。

1. 添加防腐剂

食品防腐剂抑菌作用主要是通过改变微生物发育曲线使微生物发育停止在缓慢增殖的迟滞期，而不进入急剧增殖的对数期，延长微生物繁殖一代所需要的时间，即所谓“静菌作用”。食品防腐剂主要包括人工合成防腐剂和天然防腐剂。

人工合成防腐剂主要是各种有机酸及其盐类，例如苯甲酸钠、山梨酸钾、双乙酸钠、二氧化硫、山梨酸、对羟基苯甲酸酯、亚硫酸盐、丙酸盐及硝酸盐等，其中防腐效果较好、使用较为广泛的是山梨酸钾和双乙酸钠。

山梨酸钾的抑菌机理主要是通过阻碍微生物细胞中脱氢酶系统，并与酶系统中的巯基结合，使多种重要酶系统被破坏，从而达到抑菌和防腐的效果。山梨酸钾对容易污染食品的霉菌、酵母和好气性微生物有明显抑制作用，但对于能形成芽孢的厌气性微生物和嗜酸乳杆菌的抑制作用甚微。其防腐效果随pH值升高而降低。一般属于无毒型防腐剂，且能提高食品风味及质量。近年来，国内许多研究表明，通过向真空包装的肉制品中添加山梨酸钾，可以有效地延长产品的货架期。例如徐世明等研究发现，在真空包装的烧鸡中添加0.035% Nisin、0.180%乳酸钠和0.007%山梨酸钾复合防腐剂能有效抑制烧鸡中微生物的生长，使得烧鸡在0～4℃贮藏条件下可达20天的货架期。夏露向真空包装的中式酱卤肉中添加0.0684g/kg的山梨酸钾可以使产品菌落总数的对数值可达到最小值3.0428。

双乙酸钠又名双乙酸氢钠、二醋酸一钠，简称SDA，1989年，我国正式批准SDA作为食品防腐剂使用。双乙酸钠可以有效地抑制食品中的真菌、霉菌、细菌的生长与繁殖，其分子内的单分子乙酸可以通过降低介质的pH以及与酯类化合物的相溶作用而透过微生物的细胞壁，从而渗透进微生物细胞中，阻碍细胞内酶的相互作用，并引起胞内蛋白质的变性，改变细胞结构和组织状态，最终使微生物脱水至死亡，达到防腐抑菌的目的。夏露研究真空包装的中式酱卤肉发现，添加2.084g/kg的双乙酸钠可以使产品菌落总数的对数值可达到最小值3.0428，达到抑菌防腐的目的。谷小惠等将烧鸡浸泡在0.05%乳酸链球菌素、0.05%溶菌酶和1%双乙酸钠的复合防腐保鲜剂中，并通过真空包装和包装后的微波杀菌，能有效抑制烧鸡贮藏期间的菌落总数，改善感官质量，使烧鸡在常温下保存11天。

天然防腐剂又叫生物防腐剂，它是指从植物、动植物内直接分离出来，或从它们和微生物代谢产物中提取的具有防腐作用的物质，如Nisin、纳他霉素、壳聚糖、香辛料提取物、溶菌酶、蜂胶等。天然防腐剂的安全性较好，可以满足人们对食品越来越高的要求。近年来在肉制品中使用较多就是Nisin和香辛料提取物等。

Nisin又叫乳酸链球菌素，是由某些乳酸链球菌产生的一种多肽物质，可用乳酸链球菌发酵提取制得，由34种氨基酸残基组成。Nisin的抗菌谱较窄，仅对革兰阳性菌及其芽孢有效，对霉菌、酵母和革兰阴性菌无效，其抑菌机理主要是影响细菌细胞膜和细胞壁的合成，进而抑制微生物的生长。由于乳酸链球菌素是一种多肽类物质，食用后在消化道中很快被蛋白水解酶分解成易被人体吸收的多种氨基酸，因此Nisin的安全性很高，使得它的使用越来越广泛。马含笑等研究发现向真空包装的酱猪肝中添加Nisin，在其最小浓度（0.1mg/mL）下即可以很好地抑制酱猪肝中革兰阳性菌。

2. 添加抗氧化剂

当有光、热、金属离子等存在下，脂肪可产生非酶促氧化即自动氧化，遵循游离基反应机制，包括引发、传递、终止三个阶段。抗氧化剂是指能防止或延缓油脂或食品成分氧化分解、变质，提高食品的稳定性和延长贮存期的食品添加剂。抗氧化剂能够通过提供氢质子而终止链式反应的传递，或是通过清除氧、螯合金属离子而起到延缓油脂的自动氧化过程。抗氧化剂分为人工合成抗氧化剂和天然抗氧化剂。

人工合成抗氧化剂是食品中最常使用的抗氧化剂，根据 GB 2760—2011 规定我国允许使用的人工合成抗氧化剂共有 15 种，其中在肉制品中较为常见的是丁基羟基茴香醚（BHA）、二丁基羟基甲苯（BHT）以及没食子酸丙酯（PG）。

BHA 具有一定的熏蒸性，因此可在食品包装材料中应用而对食品起抗氧化作用。可涂抹在包装材料内面，也可在包装袋内充入抗氧化剂的蒸气，或用喷雾法将抗氧化剂喷洒在包装纸上，其用量为 0.02%～0.1%。胡鹏等在真空包装的扒鸡中添加维生素 C、维生素 E、BHA 三种抗氧化剂并研究它们对扒鸡的脂肪氧化影响情况，结果显示添加浓度为 0.02% 的 BHA 抗氧化效果最好。

BHT 溶于乙醇及各种油脂中，可以应用在食用油脂、油炸食品、干鱼制品、饼干、方便面、速煮米、果仁、罐头、腌制肉制品等食品中，没有 BHA 特异臭味，且稳定性较高，根据 GB 2760—2011 其最大使用量为 0.2g/kg。姜秀杰在真空包装的生鲜鸡肉中分别加入 0.5g/kg 特丁基对苯二酚（TBHQ）、0.2g/kg BHT、0.3g/kg 茶多酚、0.3g/kg 迷迭香、0.5g/kg 维生素 E 以及 0.5g/kg 维生素 C 六种抗氧化剂并进行单因素试验，测定真空包装的生鲜鸡肉的硫代巴比妥酸（TBA）值发现，添加 TBHQ 和 BHT 组的抗氧化效果较好。

PG 微溶于油脂，可以应用在油脂、油炸食品、干鱼制品、饼干、速煮面、罐头等食品当中，其对热较稳定，但能够与铜离子、铁离子发生呈色反应，根据 GB 2760—2011 其最大使用量为 0.05g/kg。赵谋明等研究发现，在真空包装的广式腊肠中添加 100mg/kg 的 PG，在 37℃的贮藏条件下贮藏 90 天其 TBARS 值仅为 0.12mg/kg，显著低于添加 100mg/kg 的维生素 E 处理组。

天然抗氧化剂是指从动植物内直接分离出来，或从它们和微生物代谢产物中提取的具有抗氧化作用的物质。天然抗氧化剂的作用效果虽然不及人工合成的，但是随着近年来各种食品及合成抗氧化剂安全问题的发生，人们越来越倾向于使用安全性较高的天然抗氧化剂，如生育酚（维生素 E）、多酚类化合物及各种香辛料提取物等。

维生素 E 广泛存在于高等动植物组织中，具有防止动植物组织内脂溶性成分氧化变质的功能。维生素 E 对热稳定，即使加热至 200℃也不被破坏，具有耐酸性，缺点是不耐碱，对氧气十分敏感，自身可以发生氧化，在空气及光照下氧化变黑。魏跃胜等研究发现，在 0～4℃冷藏条件下的油炸肉丸中添加 0.5mg/kg 的维生素 E，可以使其贮藏期延长至 21 天。

香辛料提取物是指从植物组织中所提取的具有抗氧化、防腐功能的香辛料物质。这类植物主要有迷迭香、丁香、肉桂、桂皮等，由于来源于天然物质，因此其来源丰富，价格也较为低廉，最重要的是安全性很高。它们最初的作用是赋予食品特殊的风味及调节生理功能，近年来对其研究主要在抑菌防腐、抗氧化作用等方面。研究表明香辛料提取物中的抑菌成分主要有多酚类化合物及其衍生物、萜烯类化合物、不饱和醛类化合物。早在 1982 年 Inatani 等就研究了迷迭香叶提取物对猪油的抗氧化作用，结果显示迷迭香叶提取物抑制脂肪氧化能力是 BHT 和 BHA 的 4 倍。Campo 等发现肉桂、迷迭香、柿子椒以及多种薄荷科芳香植物能够抑制多种病原及腐败微生物的生长。Sebranek 等在煮制的传统香肠中添加 1000mg/kg 的迷迭香提取物并测定其 TBARS 值发现，其抗氧化作用效果与 BHA 和 BHT 相当。王颖等研究发现迷迭香提取物可以延缓花生油、猪肉以及菜子油的油脂氧化过程。刘士德等在豆油中加入迷迭香苯浸提物通过测定其碘值发现迷迭香的苯浸提物具有一定的抗氧化能力。

第四节　中式菜肴调理食品风味控制技术

烹饪过程中风味物质的组成和形成途径复杂，烹饪原料本身性质、不同烹饪方法、添加调味料等都会影响烹饪食品的风味，即使是相同食材在不同贮藏方式和时间下风味成分也有极大不同，这使得烹饪食品的风味物质的测定和分析难度较高。如今，科技的进步不仅拓宽了现代烹饪设备和器具的运用范围，同时也使深入探索烹饪食品中具体的风味成分成为可能，从而有助于研究和改善烹饪食品的工艺。

一、风味物质提取方法

中式菜肴调理食品中风味物质的提取是所有风味研究的基础，因此选择适当的风味物质提取方法至关重要。但食品中香气物质具有较高的蒸气压，挥发性较强，相对分子质量较小，且香气组成复杂、含量极少、不稳定。这些特点都加大了挥发性风味物质提取和分析的难度。目前提取食品挥发性风味成分主要是利用香气物质的溶解性或挥发性，基于这一原理，从食品中获得挥发性风味化合物的方法大体上可以分为顶空分析法、固相微萃取法、同时蒸馏萃取法、超临界流体萃取法等。

1. 顶空分析法

顶空分析 (HS) 是一种分离、收集和分析挥发物的技术，由容器的顶空部分收集样品的挥发性气体，而后将收集到的顶空气体导入气相色谱中进行分析。该技术可分为静态顶空取样 (SHS) 和动态顶空取样 (DHS) 两种。

（1）静态顶空取样　静态顶空取样 (SHS) 是将样品置于容器中，在固定温度下直至挥发性分析物与顶空物达到平衡，进行顶空物取样，影响其结果的因素有样品大小、容器温度和平衡时间。该方法的操作简单，不涉及其他试剂。但是其测量范围较为狭窄，只能用于检测挥发性强或组分含量高的样品。研究者们通过 SHS 法成功对干腌鲜鱼、罐装鲑鱼的挥发性成分进行了提取。彭小丽等使用静态顶空固相微萃取技术分别提取出了炒、煮、烤新疆羊肉的香气成分。

（2）动态顶空取样　动态顶空取样 (DHS) 利用气体吹扫系统吹扫样品，然后富集吸附剂上的挥发物，并且在通过色谱分析之前需要对挥发物进行热解。DHS 适合分析一些固体样品，在检测便捷方面具有优势。梁华正等用 DHS 法对发酵乳生产过程中产生的挥发性代谢产物进行原位实时检测。田怀香等利用此技术成功对金华火腿的挥发性成分进行了提取。张纯等利用 DHS 法对月盛斋酱牛肉的风味成分构成进行分析，发现煮制过程中加入的多种香辛料和中草药会给酱牛肉带来大量烃类物质。

2. 固相微萃取法

固相微萃取 (SPME) 是一项简单、快速且无需溶剂的新型吸附技术。该技术将采样、样品净化和预浓缩整合为一个步骤，具有满足各个研究领域分析应用需求的巨大潜力。

该技术同样在烹饪食品中得到了广泛应用。田梦云等通过顶空固相微萃取气相色谱 - 质谱法对扣肉的挥发性风味成分进行鉴定，检测结果表明，在按标准烹制扣肉时，预煮肉中醚类、烃类、含氮化合物含量最高，醛类、醇类、酮类物质在油炸肉中含量最高。王瑞花通过固相微萃取 - 气相色谱 / 质谱联用得方法发现在添加黄酒后的炖煮红烧猪肉中，醛类是主要的挥发性风味化合物，尤以己醛含量多，研究表明，炖煮猪肉时适量添加黄酒能够增加香气的感官评分，但若过量添加则会掩盖住原有菜肴的肉香。

3. 同时蒸馏萃取法

同时蒸馏萃取法 (SDE) 结合了溶剂萃取和蒸气蒸馏，是指将样品和有机溶剂同时加热直至沸腾，挥发性物质溶于馏出液和溶剂中，可通过少量试剂提取出大量浓缩风味物质。操作简便，定性定量效果好。陈红霞等采用 SDE 法提取兔肉中的挥发性风味物质，鉴定出 26 种挥发性组分。李鹏宇采用 SDE-GC-MS 法对番茄牛腩的挥发性成分进行分析，共计从番茄牛腩中鉴定出 132 种化合物，风味成分 11 种，确定了其中对番茄牛腩菜肴整体的风味形成起到了重要作用的风味物质。

4. 超临界流体萃取法

超临界流体萃取法 (SFE) 是通过压力和温度相结合以实现超临界条件，从而让超临界流体溶解一些特殊的物质。SFE 相较其他常规方法相比有很大优势，使用的二氧化碳无毒、不易燃，且易回收、成本低，其临界条件相对安全而且容易达到。李双石等发现超临界流体可以按照沸点、极性和分子量的不同将鸡腿菇风味成分有选择性地依次萃取出来，这也大大提高了后续的检测效率，且相比于常规的萃取技术，更加容易操作。刘琳琪等采用 SFE 法萃取花椒油，并与水蒸气蒸馏法所得做对比。在确定出合理的工艺参数基础上，通过 GC-MS 法对其成分进行分析，发现这种提取方式得率为比较组的 2.27 倍，两种花椒油组成相似但含量存在较大差异。

二、风味物质分析方法

烹饪原料及食品产生的风味物质种类繁多，如在高温烹制过程中由于美拉德反应过程中加热而产生的挥发性风味成分，包括吡嗪、醛、酸、酮、烃、酯、醇、氮和含硫化合物，这些风味化合物是食物特征香气的来源。目前广泛使用的风味分析技术有气相色谱法、液相色谱法、气相色谱 - 质谱联用技术、气相色谱 - 嗅闻技术、电子鼻、电子舌技术等。

1. 气相色谱法

气相色谱法是一种可以分离和定量分析混合物中成分的方法，早期气相色谱法依赖于填充柱技术，如今则以毛细管柱气相色谱为主，具有分离效率高、分析速度快的优点。研究者探究水浴锅、变频微波炉、非变频微波炉和直喷蒸微波炉四种不同烹饪方法对白萝卜风味物质的影响，利用气相法测定风味物质，结果表明水浴加热白萝卜风味物质保留较好。

2. 液相色谱法

液相色谱技术是在气相色谱原理的基础上发展起来的迄今为止最广泛使用的分离风味物质的技术，它分析速度快，效率高，使用成本低。液相色谱的流动相为液体，可在低温条件下分离待检物质。基于样品对光线的作用，可通过紫外、荧光、示差等检测器进行检测。但是液相色谱分辨率和灵敏度较低，不能详尽检测烹饪食品中丰富的挥发性风味物质，所以，目前在烹饪食品风味物质检测时多

采用气 - 质联用技术。

3. 气相色谱 - 质谱联用技术

气相色谱 - 质谱联用技术简称气质联用技术，是将分离能力强的气相色谱和具有高鉴别能力的质谱结合起来，使定性定量分析风味物质变成了可能。陈怡颖等采用固相微萃取法和蒸馏萃取法结合 GC-MS 技术对新疆大盘鸡的挥发性风味成分进行了分离鉴定，共鉴定出 85 种挥发性风味成分，醛类和杂环类化合物为重要的风味化合物。荣建华等采用固相微萃取和 GC-MS 技术对脆肉鲩鱼肉挥发性风味成分进行检测，确定脆肉鲩鱼肉挥发性物质主要是己醇、2- 乙基己醇、1- 辛烯 -3- 醇。马雪平等通过 GC-MS 结合感官分析，对以四种制备方式后热加工的羊脂挥发性风味物质进行研究，发现酶解 - 低温氧化后加工产生的风味物质种类较多，并通过偏最小二乘回归分析确认该法预处理后的羊脂风味体系最适。此技术已被广泛应用于烹饪风味物质的分析鉴定中，其在风味物质研究中将会发挥越来越重要的作用。

4. 气相色谱 - 嗅闻技术

气相色谱 - 嗅闻 (GC-O) 技术综合了气相色谱和人类嗅觉，其中人的鼻子用于检测，是一种有效的风味化合物检测技术。GC-O 可以从复杂的混合物中选择和评价气味活性物质。蒲丹丹等采用蒸馏萃取法结合 GC-O 技术在两种不同腊肉中鉴定出大量挥发性物质中真正具有气味活性的成分，区分了不同浓度下各气体成分的贡献大小，并且发现两产地腊肉挥发性成分的主要差异在于酚类、酯类及醛类化合物的种类和含量，其中广东腊肉中酯类物质占挥发性成分的 49.20%，湖南腊肉中酚类物质占挥发性成分的 46.46%。

5. 电子鼻 / 舌技术

电子鼻 (Enose) 是一种模仿人类鼻子的仪器，是一种新兴的仿生检测技术，它很好地解决了人类自身在嗅觉领域的局限。电子鼻系统通常由一个多传感器阵列，一个信息处理单元组成以及带有数字模式识别算法的软件，具有便携、快速、精准的优点。崔晓莹等通过电子鼻和气相色谱 - 质谱联用仪对德州扒鸡的挥发性风味物质进行了分析，发现德州扒鸡挥发性风味物质中烯烃类物质种类最多，关键风味化合物为醛类物质，肉香味、五香味和药材香为德州扒鸡的关键风味。

电子舌用于模仿人类味觉受体的功能，是一种传感器装置，能够确定定量成分和识别不同性质的食物味道，它识别速度快并且不会对原料 (半成品、成品) 造成破坏，在食品分类、食品新鲜度评价和质量控制等方面得到了广泛的应用。电子舌通常由四个部分组成：自动采样器、具有不同选择性的传感器、获取信号的仪器以及使用适当的数据处理方法的数据库。

韩方凯等利用电子舌对不同储藏天数的鲳鱼进行检测并构建模型评定鲳鱼的新鲜度。结果表明，电子舌技术在鱼的保鲜检测上很有潜力。田晓静、王俊等利用电子舌对不掺杂羊肉与掺有不同重量鸡肉、猪肉的羊肉进行检测，通过主成分分析得出：电子舌不仅能实现对掺杂羊肉与不掺杂羊肉的区分，也能根据掺杂鸡肉、猪肉的含量不同对羊肉进行区分。

三、中式烹饪食品风味的影响因素

1. 不同烹饪方式及条件对烹饪食品风味的影响

烹饪食品的风味是指烹饪食品含有的呈味成分对舌头味蕾的刺激所产生的味觉反应，包括舌头对烹饪食品的冷热程度、软硬程度和黏度等感受，以及对烹饪食品的化学成分的感受，如酸、甜、苦、辣、咸、鲜及复合味。烹饪过程中味的形成是一个复杂的过程，需要一定的反应时间和一定的化学成分浓度，相同原料经过不同烹饪方式加工，制作出烹饪食品的味道有很大差异。目前，已有学者研究了不同烹饪方式(煮制、烤制、油炸等)对猪肉、鱼肉、羊肉等脂质氧化及风味成分的影响。罗章等发现烹饪加工方式对牦牛肉挥发性风味组分影响很大，微波加热的牛肉被检测出的风味物质最多为137种，而水煮牛肉仅有128种，结合感官评价可得出结论：不同烹饪方式对牦牛肉烹饪食品风味影响显著。肖岚等采用电子舌和电子鼻检测研究烹饪对坛子肉风味的影响，发现烹饪方式对坛子肉的风味产生了显著影响，发现烤制、蒸制坛子肉存在极显著差异($p<0.01$)，烤制形成的风味物质种类最多，达到101种，蒸制坛子肉的特征风味物质为异戊醇、乙醛、丁酸丁酯、乙酸乙酯、己酸乙酯、吡啶、呋喃和丙酮，烤制坛子肉的特征风味物质为己醛、丁酸丁酯、己酸乙酯和4-羟基-4-甲基-2-戊酮。结合感官分析得出坛子肉最佳烹饪方式为烤制。曾萍分别使用微波、空气炸锅、烘烤和蒸煮4种方法研究对中国传统食材盐渍鱼干烹制后品质及其风味成分的比较，采用顶空-气相色谱联用的方法分析香味成分。结果表明4种烹饪方式均可增加鱼干样品中醛酮类物质、烯烃类物质、酯类物质含量，降低烷烃类物质和醇类物质含量。研究者使用电子鼻、电子舌分析了工业加工方式和传统烹饪方法对黑椒牛柳风味的影响，结果表明二者之间气味区别显著，但在滋味成分上相差不大，且工业条件下生产的黑椒牛柳具有更加稳定的风味物质组分。由此可以发现，不同的烹饪工艺对中式烹饪食品的风味成分产生有着很大的影响。而具体风味物质的检出有利于针对

性地开发新式中式烹饪食品。目前国内在这方面的研究热度居高不下，这对风味物质研究在烹饪中的深入具有重要意义。

2. 添加调味料对烹饪食品风味的影响

调味料可分酸味、甜味、咸味、鲜味、麻辣及香味调味料 6 种。不同种类的调味料在烹饪食品中所体现的风味是不同的。比如酸味调味料能赋予烹饪食品酸香味和除异味，可增加烹饪食品适口性；咸味调味料不仅给烹饪食品提供咸味，还能提鲜增香；甜味调味料可使烹饪食品甜润，增加鲜美口味。在调味中应根据烹饪食品味型的要求适当选择适合调味料。目前，有学者研究了不同热加工工艺对菜品挥发性风味成分的作用，但是关于辅料对烹饪食品风味的影响鲜有报道。Zhao 等在传统中式酱油中总共检测到 35 种重要的香气化合物。其中，具有芳香环的芳香化合物 (20 种化合物) 所占比例很大，超过 57%，并且确认了所有样品中的典型香气化合物。王瑞花等利用电子鼻和固相微萃取 - 气相色谱 / 质谱联用技术研究黄酒对猪肉炖煮过程挥发性风味物质变化的影响，结果表明黄酒对炖煮猪肉的风味具有显著影响 ($p<0.05$)。黄名正等采用同时蒸馏萃取和气相色谱 - 质谱联用技术，对 2 种不同炖煮牛肉方式挥发性风味成分的差异进行分析，从不加 NaCl 的牛肉蒸馏萃取出 44 种挥发性成分，而在加 NaCl 的牛肉中萃取到 46 种挥发性成分，虽然挥发性成分的总量相近，但烷烃、烯烃、醇类、醛类的种类和数量差异显著。杨育才等通过 SPME-GC/MS 方法探究食盐添加量对鸡汤品质和挥发性化合物的影响，结果表明，鸡汤的风味物质 (主要是醛类和醇类) 随着盐的添加量增加而呈增多趋势，且在 2% 时感官接受度最高。由此可见，调味料的添加对烹饪食品风味的影响具有一定的显著性，丰富调味料的研究对探索中式烹饪食品风味物质有很大作用。

第四章　中式菜肴调理食品的开发与研究

第一节　中式肉类菜肴调理食品

一、中式肉类菜肴调理食品概述

传统中式菜肴与西式菜肴的特色差异主要体现在主料、辅料以及调味料和烹饪方法的区别上。中式传统菜肴种类繁多、烹饪手段繁多，有肉类、蔬菜类和汤类菜肴之分，也有炒菜类、炖菜类和煎煮类等之分，每类菜肴的菜色丰富，菜品都是通过主料、辅料的搭配再加以调味而成的。中式菜肴的制作关键，除了来自厨师的经验性调味技术外，更为重要的就是“火候”，正所谓是“一菜一格，百菜百味”。中式菜肴历史悠久，经上千年的文化以及广阔的地域上传播后，形成了具有地域性饮食风格的八大菜系，即鲁菜、川菜、粤菜、闽菜、苏菜、浙菜、湘菜、徽菜。各种独具特色的传统和新式菜肴逐渐形成了便于工业化生产的方便、快捷、营养的调理食品，而中式菜肴调理食品随着物质水平的发展、国际间的交流的增加，为人们的生活水平的提高、饮食结构的改变起到了重要作用。

中式肉类菜肴的主要原料包括畜产品、禽产品、水产品等；烹饪方法包括炒、红烧、烧烤、炖、煨、㸆等。

二、中式肉类菜肴调理食品研究实例

1. 预制鱼香肉丝调理菜肴

（1）简介　鱼香肉丝是四川名菜，是川菜著名代表菜之一，因使用鱼辣子，即用四川特有的小鱼腌制的泡红辣椒烹制而得名。鱼香肉丝流传悠远，据传是三

国末期刘禅降魏后，将鱼香肉丝带进了中原。在抗战时期，身在重庆的蒋介石，让自己的厨师加入了浙江老家的饮食元素，成了现代人接受的味型。鱼香肉丝虽属川菜，但在当代中式菜肴文化的传播过程中，形成了独具匠心、各具特色的地方特点，除了有四川做法外还有湖南做法、东北做法等，其做法依据于地方性的饮食习惯。东北地区的鱼香肉丝，由肥三瘦七肉丝、树椒末、食盐、味精、白糖、姜末、蒜末、葱末、食醋、香油、色拉油、水淀粉，并配以胡萝卜丝、黑木耳丝、青豆等组成。烹调后的质感为肉丝软嫩，配料脆嫩，色泽红润，红白黑相间。味觉特点是咸甜酸辣兼备，葱姜蒜味浓郁。

（2）制作工艺及要点

① 肉丝的加工　鱼香肉丝的预处理→肉丝上浆→油炸锅预油炸→肉丝→冷却→包装→杀菌→肉丝成品。

② 配料的加工　青豆清洗，水发木耳、胡萝卜清洗切断→色拉油→炒制→配料→冷却→包装→杀菌→检验→配料成品。

③ 调味料的加工　姜、树椒、大蒜、葱粉碎→红油→炒制→配料→冷却→包装→杀菌→检验→调味料成品。

猪里脊肉洗净切成 0.4cm×0.6cm×8cm 的肉丝，经上浆工艺优化后配方进行上浆，上浆后的肉丝，于 4℃放置 30min，即醒浆 30min。上浆后的肉丝按预加热工艺参数进行预油炸处理，加热后的肉丝采用高温蒸煮袋进行真空包装，按二次杀菌工艺优化条件进行二次杀菌处理，并迅速用冷水冲洗冷却，置于 4℃贮存。

将胡萝卜切成 7cm 长的细丝，青豆清洗，木耳水发并去根切段待用。经电磁炉烧热的炒锅中加入大豆油，加入青豆翻炒，再加入木耳、胡萝卜翻炒。加热后的配菜采用高温蒸煮袋进行真空包装，按二次杀菌工艺优化条件进行二次杀菌处理，并迅速用冷水冲洗冷却，置于 4℃贮存。

葱姜蒜洗净切末，树椒切成 4cm 长的细丝，将水与淀粉配成比例为 3 ∶ 1 的水淀粉待用。经电磁炉烧热的炒锅中加入大豆油，然后加入葱姜蒜翻炒，加入料酒、市售袋装辣椒油、白醋、酱油、糖、味精、盐后加水再次翻炒，最后加入水淀粉收汁。加热后的调味料采用高温蒸煮袋进行真空包装，按二次杀菌工艺优化条件进行二次杀菌处理，并迅速用冷水冲洗冷却，置于 4℃贮存。

（3）配方工艺优化实验设计

① 鱼香肉丝的单因素实验设计　由鱼香肉丝的预实验可知，鱼香肉丝配方中的猪肉和蔬菜、鱼香肉丝的烹饪时间、所使用的生抽用量以及糖醋比对鱼香肉丝的感官品质影响很大。以 100g 猪肉的质量为基准，固定了食用油量 8g、葱姜蒜

各 3g、料酒 4g。在确定鱼香肉丝最佳生产工艺的基础上，通过单因素实验和感官评价确定调味配方中食盐和生抽的比例、鱼香肉丝的烹饪时间以及糖醋比适宜添加量的范围值。

a. 食盐单因素实验　不同食盐用量对鱼香肉丝本身口感的丰富程度会有不同的影响。此时固定了其余变量的用量，即所用生抽用量为 10mL，糖醋使用比例为 1 ∶ 1。从而确定食盐的比例对鱼香肉丝的品质影响。实验设计见表 4-1。

表 4–1　食盐单因素实验表

实验组编号	1	2	3	4
食盐用量 /%	1	2	3	4

b. 生抽单因素实验　此时固定了其余变量的用量，即所用食盐用量为 3g，糖醋使用比例为 1 ∶ 1。从而确定生抽对鱼香肉丝的影响。实验设计见表 4-2。

表 4–2　生抽单因素实验表

实验组编号	1	2	3	4
生抽用量 /mL	8	9	10	11

c. 糖醋比单因素实验　对于食品的鲜味，糖有协同增效的作用，通过恰当的糖醋比可以使产品的口感层次更加丰富。此时固定了其余变量的用量：肉和香菇比例为 1 ∶ 1，熬制时间为 3min，酱的种类为大酱，糖醋使用比例为 1 ∶ 1。从而确定糖醋比对鱼香肉丝品质的影响。实验设计见表 4-3。

表 4–3　糖醋比单因素实验表

实验组编号	1	2	3	4
糖醋比	1 ∶ 0.5	1 ∶ 1	1 ∶ 1.5	1 ∶ 2

② 鱼香肉丝主料及辅料加热工艺单因素实验设计　在单因素实验的基础上，以不同的油炸时间和温度确定肉类和蔬菜最佳优化条件，油炸实验因素与水平见表 4-4 和表 4-5。

表 4–4　鱼香肉丝主料加热工艺单因素实验表

实验组水平	*A*（油炸温度）/℃	*B*（油炸时间）/s
1	130	30
2	140	60
3	150	90
4	160	120
5	170	150

表 4–5　鱼香肉丝辅料加热工艺单因素实验表

实验组水平	*A*（油炸温度）/℃	*B*（油炸时间）/s
1	120	30
2	130	60
3	140	90
4	150	120
5	160	150

（4）配方工艺优化实验结果

① 不同食盐添加量对鱼香肉丝感官品质的影响　见表 4-6。

表 4–6　不同食盐添加量对鱼香肉丝的感官评价表

食盐添加量 /%	色泽（15）	香气（20）	口感（25）	滋味（25）	体态（15）	总分（100）
1	12.35	16.30	20.80	21.75	11.35	85.05
2	12.55	15.60	21.40	19.4	11.60	83.55
3	11.80	15.80	23.20	21.65	13.65	86.10
4	11.60	16.25	20.10	21.70	11.20	84.85

如表 4-6 所示，当食盐添加量过高和过低的时候都会在一定程度上影响鱼香肉丝的口感，由表 4-6 可知当食盐添加量在 3% 的时候所得的评分最高，说明食盐的用量在 3% 的时候鱼香肉丝整体的口感呈现最佳状态。

② 不同生抽添加量对鱼香肉丝感官品质的影响　见表 4-7。

表 4–7　不同生抽添加量对鱼香肉丝的感官评价表

生抽添加量 /%	色泽（15）	香气（20）	口感（25）	滋味（25）	体态（15）	总分（100）
8	12.35	16.30	20.80	21.75	11.35	85.05
9	12.55	15.60	21.40	19.40	11.60	83.55
10	11.80	16.80	23.20	21.65	13.65	87.10
11	11.60	16.25	20.10	21.70	11.20	84.85

由表 4-7 可知生抽的添加量在过高和过低的时候都会使鱼香肉丝的口感大打

折扣，而当生抽的添加量由 9% ～ 10% 的时候，它的口感明显上升并且最后达到顶峰，说明当生抽的添加量在 10% 的时候，鱼香肉丝的口感最佳。

③ 糖醋比的单因素实验结果与分析　糖醋使用比例为 1 ∶ 1 的条件下，控制生抽用量研究生抽用量对鱼香肉丝品质的影响，实验结果见表 4-8。

表 4-8　不同糖醋比鱼香肉丝的感官评价表

糖醋比	色泽（15）	香气（20）	口感（25）	滋味（25）	体态（15）	总分（100）
1 ∶ 0.5	12.35	16.30	20.80	21.75	11.35	85.05
1 ∶ 1	12.55	15.60	21.40	22.40	11.60	86.55
1 ∶ 1.5	11.80	15.80	21.10	21.65	10.65	84.50
1 ∶ 2	11.60	16.25	20.10	21.70	11.20	84.85

由表 4-8 可知，作为食品中的甜味剂，白砂糖可以改善产品风味，尤其是与咸味、鲜味等风味物质共用时，鱼香肉丝口感更加丰富，消费者容易接受。醋作为日常生活中的调味剂，在加热过程中使猪肉更加滑嫩，食用口感增加。由表 4-8 可知，当糖醋比例为 1 ∶ 1 时，制得的鱼香肉丝成品的甜味适宜，风味独特，口感最佳。因此添加糖醋比为 1 ∶ 1 时，鱼香肉丝成品的感官评价最高。

2. 预制辣子鸡丁调理菜肴

（1）简介　辣子鸡丁是川东一道著名的江湖风味菜。干辣椒不是主料胜似主料，充分体现了江湖厨师“下手重”的特点。经厨师精心改良后其口味更富有特色，成菜色泽棕红油亮，质地酥软，麻辣味浓，咸鲜醇香，略带回甜，是一款食者啖之难忘的美味佳肴。辣子鸡丁以快炒和脆嫩著称。要做好这道菜，油多和火大尤其重要，只有这样的急炒才能保持鸡肉的鲜嫩。

（2）制作工艺及要点

① 鸡丁半成品制备工艺　新鲜鸡胸肉→去结缔组织、切块→上浆→油炸锅低温加热→冷却→包装→杀菌→成品。

② 配料的加工　黄瓜、胡萝卜、花生清洗→黄瓜、胡萝卜切丁→花生炸制，木耳、胡萝卜炒制→配料→冷却→包装→杀菌→检验→配料成品。

③ 调味料的加工　树椒、麻椒、姜、葱粉碎→红油→调料→炒制→配料→冷却→包装→杀菌→检验→调味料成品。

将鸡脯肉清洗干净去结缔组织后切成鸡丁，水淀粉准备好，鸡丁放入容器中，加入食盐、生抽、五香粉、白糖、料酒进行上浆，搅拌均匀后加入适量食用油再拌匀，上浆后的鸡丁，4℃放置30min，即醒浆30min。腌制上浆需注意鸡丁在腌制时一定要放足盐量，因为油炸后的鸡肉是难以进去盐分的，再加上中间还有一个焯水的过程，会去掉部分盐分，所以咸味主要靠腌制时形成，后期再加盐只会在鸡丁表面而无法浸透。上浆后的鸡丁按预加热工艺参数进行预油炸处理。

姜蒜切片并将花椒、八角准备好，干红树椒剪成段状，锅中坐水烧开，将鸡丁迅速放进去煮开，鸡丁焯水的目的主要是使鸡肉半熟，在后面的煎炸过程中只要能保证外表酥脆便可，这样做出来的鸡肉就是外酥里嫩的了。加入适量白酒，再次煮开捞出洗净控干水分，经电磁炉烧热的炒锅中加入大豆油，油温至八成热时下入鸡丁，大火炒成微黄色，捞出来再放进去复炸一次后捞出，滤掉部分油，放入花椒、八角炒出香味，加入干红树椒段、姜蒜片翻炒，放入鸡丁翻炒，撒入适量盐翻炒均匀，需要注意的是炒干红树椒、花椒、八角时一定要用小火慢炒，炒出香味即可，千万别炒焦了。加热后的鸡丁采用高温蒸煮袋进行真空包装，按二次杀菌工艺优化条件进行二次杀菌处理，并迅速用冷水冲洗冷却，置于4℃贮存。

（3）配方工艺优化实验设计

① 辣子鸡丁配方工艺的单因素设计　由辣子鸡丁的预实验可知，辣子鸡丁腌制配方中的鸡肉用量、食盐添加量、酱油添加量、料酒添加量、水的添加量、淀粉添加量对辣子鸡丁的感官品质的影响很大。以50g鸡肉丁的质量为标准，固定了食盐用量1.5g、料酒3g、酱油3g、葱姜蒜各10g、淀粉3g、水3g。在确定辣子鸡丁最佳生产工艺的基础上，通过单因素食盐和感官评价确定腌制配方中食盐、料酒、水、淀粉适宜添加量的范围值。

在其他条件相同的情况下，分别控制不同食盐添加量、酱油添加量、水的添加量、淀粉添加量、料酒添加量炒制辣子鸡丁，并且对炒出的菜品进行感官评价，分别选择各自的最佳实验范围。

a. 食盐添加量的影响　添加不同量的食盐对辣子鸡丁的口感会有不同的影响。此时固定了其余变量的用量，即所用鸡肉50g、料酒3g、酱油3g、水3g、淀粉3g，腌制时间为20min，食盐的添加量为0.5g、1g、1.5g、2g、2.5g，从而确定食盐添加量对辣子鸡丁品质的影响。实验设计见表4-9。

表4-9　食盐单因素实验表

实验组编号	1	2	3	4	5
食盐添加量/g	0.5	1	1.5	2	2.5

b. 酱油添加量的影响　此时固定了其余变量的用量，即所用鸡肉 50g、食盐 1.5g、水 3g、料酒 3g、淀粉 3g，腌制时间 20min，酱油的添加量为 1g、2g、3g、4g、5g，从而确定酱油添加量对辣子鸡丁品质的影响。实验设计见表 4-10。

表 4-10　酱油单因素实验表

实验组编号	1	2	3	4	5
酱油添加量 /g	1	2	3	4	5

c. 淀粉添加量的影响　此时固定了其余变量的用量，即所用鸡肉 50g、食盐 1.5g、水 3g、料酒 3g、酱油 3g，腌制时间 20min，淀粉的添加量为 1g、2g、3g、4g、5g，从而确定淀粉添加量对辣子鸡丁品质的影响。实验设计见表 4-11。

表 4-11　淀粉单因素实验表

实验组编号	1	2	3	4	5
淀粉添加量 /g	1	2	3	4	5

d. 水添加量的影响　此时固定了其余变量的用量，即所用鸡肉 50g、食盐 1.5g、淀粉 3g、料酒 3g、酱油 3g，腌制时间 20min，水的添加量为 1g、2g、3g、4g、5g，从而确定水添加量对辣子鸡丁品质的影响。实验设计见表 4-12。

表 4-12　水单因素实验表

实验组编号	1	2	3	4	5
水添加量 /g	1	2	3	4	5

e. 料酒添加量的影响　此时固定了其余变量的用量，即所用鸡肉 50g、食盐 1.5g、淀粉 3g、水 3g、酱油 3g，腌制时间 20min，料酒的添加量为 1g、2g、3g、4g、5g，从而确定料酒添加量对辣子鸡丁品质的影响。实验设计见表 4-13。

表 4-13　料酒单因素实验表

实验组编号	1	2	3	4	5
料酒添加量 /g	1	2	3	4	5

② 辣子鸡丁配方工艺正交实验　在单因素实验的基础上，以食盐添加量、酱油添加量、料酒添加量、水添加量、淀粉添加量单因素实验确定的最佳范围设计正交因素水平，每个因素设 3 个水平，采用 $L_9(3^4)$ 正交表进行正交实验，确定最

佳优化条件。正交实验因素与水平见表 4-14，正交实验组见表 4-15。

表 4–14　辣子鸡丁正交实验因素及水平

水平	*A*（食盐添加量）/g	*B*（淀粉添加量）/g	*C*（酱油添加量）/g	*D*（水添加量）/g
1	0.5	1	2	3
2	1	2	3	4
3	1.5	3	4	5

表 4–15　辣子鸡丁的正交实验组

实验组	组合	*A*（食盐添加量）/g	*B*（淀粉添加量）/g	*C*（酱油添加量）/g	*D*（水添加量）/g
1	$A_1B_1C_1D_1$	0.5	1	2	3
2	$A_1B_2C_2D_2$	0.5	2	3	4
3	$A_1B_3C_3D_3$	0.5	3	4	5
4	$A_2B_1C_2D_3$	1	3	3	5
5	$A_2B_2C_3D_1$	1	2	4	3
6	$A_2B_3C_1D_2$	1	3	2	4
7	$A_3B_1C_3D_2$	1.5	1	4	4
8	$A_3B_2C_1D_3$	1.5	2	2	5
9	$A_3B_3C_2D_1$	1.5	3	3	3

③ 辣子鸡丁调味汁制作工艺　食用油 20g，加入辣椒 30g、麻椒 5g、花椒 3g 炒香，再加入食盐 0.5g、酱油 0.5g 炒香即可。

（4）配方工艺优化实验结果

① 食盐添加量的实验结果与分析　以食用油量 20g、葱姜蒜各 10g、鸡肉丁 50g 为标准，在固定了料酒用量 3g、酱油 3g、淀粉 3g、水 3g 的条件下，控制食盐添加量，研究食盐添加量对辣子鸡丁口感的影响。实验结果见表 4-16。

表 4-16　不同食盐添加量对辣子鸡丁的感官评价表

食盐添加量/g	色泽（20）	味道（20）	组织状态（20）	口感（20）	总体可接受性（20）	总分（100）
0.5	16.13	18.6	17.65	17.8	15.5	85.56
1	16.36	18.5	18.15	18.15	15.8	86.96
1.5	17.65	19.5	19.03	19.56	17.6	93.34
2	16.6	19.1	17.89	18.6	16.3	88.49
2.5	16.3	18.7	17.53	17.5	16.9	86.93

由表 4-16 可知当食盐过低的时候，辣子鸡丁的滋味淡，制得的辣子鸡丁成品香气不够浓郁，辣子鸡丁的感官评分总体较低，当食盐添加量超过于 1.5g 时味道过咸，鸡肉的组织状态也发柴发硬。根据表 4-16 可知食盐添加量为 1.5g 时，辣子鸡丁表面油润有光泽，结构均匀，颜色金黄，肉质鲜美有弹性。

② 淀粉添加量的实验结果与分析　以食用油量 20g、葱姜蒜各 10g、鸡肉丁 50g 为标准，在固定了食盐用量 1.5g、料酒 3g、酱油 3g、水 3g 的条件下，控制淀粉添加量，研究淀粉添加量对辣子鸡丁口感的影响。实验结果见表 4-17。由表 4-17 可知：当淀粉过低时候，辣子鸡丁的肉质发柴，制得的辣子鸡丁成品颜色发黑，辣子鸡丁的感官评分总体不高，当淀粉添加量超过 3g 时口感发硬，色泽也不好。根据表 4-17 可知淀粉添加量为 3g 时，辣子鸡丁表面油润有光泽，结构均匀，颜色金黄，肉质鲜美有弹性。

表 4-17　不同淀粉添加量对辣子鸡丁的感官评价表

淀粉添加量/g	色泽（20）	味道（20）	组织状态（20）	口感（20）	总体可接受性（20）	总分（100）
1	16.3	17.1	16.25	17.89	16.25	83.79
2	16.6	17.5	16.85	18.3	16.95	86.2
3	17.35	18.65	17.5	18.75	17.8	90.05
4	17.1	17.75	16.8	17.4	16.2	85.25
5	16.75	16.8	16.3	16.1	15.3	81.25

③ 酱油添加量的实验结果与分析　以食用油量20g、葱姜蒜各10g、鸡肉丁50g为标准，在固定了食盐用量1.5g、料酒3g、淀粉3g、水3g的条件下，控制酱油添加量，研究酱油添加量对辣子鸡丁口感的影响。实验结果见表4-18。由表4-18可知：当酱油添加量过低时候，辣子鸡丁的色泽发暗，辣子鸡丁的感官评分总体较低，当酱油添加量超过3g时色泽发黑，辣子鸡丁的味道也很咸。根据感官评价结果可知酱油添加量为3g时，辣子鸡丁表面油润有光泽，结构均匀，颜色金黄，肉质鲜美有弹性。

表4-18　不同酱油添加量对辣子鸡丁的感官评价表

酱油添加量/g	色泽（20）	味道（20）	组织状态（20）	口感（20）	总体可接受性（20）	总分（100）
1	16.7	16.3	17.5	16.89	14.25	81.64
2	17.1	17.2	17.8	17.3	14.95	84.35
3	17.8	17.95	18.3	17.75	15.8	88.6
4	17.1	16.15	17.6	17.4	14.85	83.1
5	16.85	17.96	17.2	17.4	14.35	68.76

④ 料酒添加量的实验结果与分析　以食用油量20g、葱姜蒜各10g、鸡肉丁50g为标准，在固定了食盐用量1.5g、酱油3g、淀粉3g、水3g的条件下，控制料酒添加量，研究料酒添加量对辣子鸡丁口感的影响，实验结果见表4-19。由表4-19可知：当料酒添加量过低时候，辣子鸡丁的辣鲜度不够，辣子鸡丁的感官评分总体较低，当料酒添加量超过3g时把辣子鸡丁的味道掩盖了。根据感官评价结果可知料酒添加量为3g时，辣子鸡丁表面油润有光泽，结构均匀，颜色金黄，肉质鲜美有弹性。

表4-19　不同料酒添加量对辣子鸡丁的感官评价表

料酒添加量/g	色泽（20）	味道（20）	组织状态（20）	口感（20）	总体可接受性（20）	总分（100）
1	15.2	17.3	18.5	16.89	15.25	83.14
2	16.1	17.6	18.8	17.3	15.95	85.75
3	17.7	17.95	19.3	18.75	16.3	90

续表

料酒添加量/g	色泽（20）	味道（20）	组织状态（20）	口感（20）	总体可接受性（20）	总分（100）
4	16.5	17.15	18.6	17.4	15.90	85.2
5	16.15	16.96	18.2	17.4	15.95	83.66

⑤ 水添加量的实验结果与分析　以食用油量 20g、葱姜蒜各 10g、鸡肉丁 50g 为标准，在固定了食盐用量 1.5g、酱油 3g、淀粉 3g、料酒 3g 的条件下，控制水的添加量，研究水的添加量对辣子鸡丁口感的影响。实验结果见表 4-20。由表 4-20 可知：当水的添加量过低时候，辣子鸡丁的组织状态不好，口感也会过硬，辣子鸡丁的感官评分总体较低，当水添加量超过于 3g 时辣子鸡丁味道会变淡，组织状态会有裂痕。根据表 4-20 可知水添加量为 3g 时，辣子鸡丁表面油润有光泽，结构均匀，颜色金黄，肉质鲜美有弹性。

表 4-20　不同水添加量对辣子鸡丁的感官评价表

水添加量/g	色泽（20）	味道（20）	组织状态（20）	口感（20）	总体可接受性（20）	总分（100）
1	15.3	15.3	17.5	15.89	13.25	77.24
2	16.1	16.6	18.8	16.3	15.95	83.75
3	16.7	17.95	19.3	18.75	16.3	89
4	16.5	17.15	18.6	17.4	15.90	85.2
5	16.15	16.96	18.2	17.2	14.95	83.46

⑥ 辣子鸡丁配方工艺正交实验结果与分析

a. 模糊感官评价结果　以食盐添加量、淀粉添加量、酱油添加量、料酒添加量、水添加量五个因素制作辣子鸡丁单因素实验确定的最佳范围设计正交因素水平。由于鸡肉的种类在单因素实验范围中已经确定为鸡腿肉，因此在正交实验中设置为固定的鸡肉。由 10 个感官评价员对 9 组辣子鸡丁成品按色泽、味道、组织状态、口感、总体可接受性进行了逐一评价，权重评价结果见表 4-21，感官评定结果如表 4-22 所示。

表 4-21　辣子鸡丁配方权重评价结果

色泽	味道	组织状态	口感	总体可接受性
0.205	0.19	0.25	0.21	0.145

表 4-22　辣子鸡丁感官评定结果

实验组合	色泽					味道					组织状态					口感					总体可接受性				
	优	良	中	差	极差	优	良	中	差	极差	优	良	中	差	极差	优	良	中	差	极差	优	良	中	差	极差
1	3	7	0	0	0	2	7	1	0	0	2	6	1	1	0	4	3	2	1	0	2	5	3	0	0
2	1	8	1	0	0	3	4	2	1	0	1	7	2	0	0	1	7	2	0	0	3	4	3	0	0
3	2	7	1	0	0	0	5	4	1	0	6	3	1	0	0	2	6	2	0	0	2	6	2	0	0
4	1	2	6	1	0	0	4	4	2	0	0	5	4	1	0	1	4	5	0	0	1	5	4	0	0
5	1	0	5	4	0	0	4	3	3	0	2	3	4	1	0	1	3	5	1	0	2	4	3	0	0
6	3	5	1	1	0	3	5	2	0	0	1	7	0	1	1	2	5	1	1	1	1	5	4	0	0
7	5	4	0	1	0	5	5	0	0	0	2	4	4	0	0	1	7	2	0	0	4	1	5	0	0
8	3	6	0	1	0	4	5	1	0	0	2	5	3	0	0	4	1	5	0	0	2	5	3	0	0
9	6	4	0	0	0	5	4	1	0	0	4	5	1	0	0	4	3	2	1	0	5	0	5	0	0

b. 建立模糊矩阵　将 9 组实验的数据分别除以品评总人数 10 人，得到 9 个模糊评判矩阵，分别对应 1 ～ 9 号实验。

$$R_1=\begin{pmatrix}0.3 & 0.7 & 0 & 0 & 0\\0.2 & 0.7 & 0.1 & 0 & 0\\0.2 & 0.6 & 0.1 & 0.1 & 0\\0.4 & 0.3 & 0.2 & 0.1 & 0\\0.2 & 0.5 & 0.3 & 0 & 0\end{pmatrix}\qquad R_2=\begin{pmatrix}0.1 & 0.8 & 0.1 & 0 & 0\\0.3 & 0.4 & 0.2 & 0.1 & 0\\0.1 & 0.7 & 0.2 & 0 & 0\\0.1 & 0.7 & 0.2 & 0 & 0\\0.3 & 0.4 & 0.3 & 0 & 0\end{pmatrix}$$

$$R_3=\begin{pmatrix}0.2 & 0.7 & 0.1 & 0 & 0\\0.5 & 0.4 & 0.1 & 0 & 0\\0.6 & 0.3 & 0.1 & 0 & 0\\0.2 & 0.6 & 0.2 & 0 & 0\\0.2 & 0.6 & 0.2 & 0 & 0\end{pmatrix}\qquad R_4=\begin{pmatrix}0.1 & 0.2 & 0.6 & 0.1 & 0\\0.4 & 0.4 & 0.2 & 0 & 0\\0.5 & 0.4 & 0.1 & 0 & 0\\0.1 & 0.4 & 0.5 & 0 & 0\\0.1 & 0.5 & 0.4 & 0 & 0\end{pmatrix}$$

$$R_5=\begin{pmatrix}0.1 & 0 & 0.5 & 0.4 & 0\\0.4 & 0.3 & 0.3 & 0 & 0\\0.2 & 0.3 & 0.4 & 0.1 & 0\\0.1 & 0.3 & 0.5 & 0.1 & 0\\0.2 & 0.4 & 0.3 & 0 & 0\end{pmatrix}\qquad R_6=\begin{pmatrix}0.3 & 0.5 & 0.1 & 0.1 & 0\\0.3 & 0.5 & 0.2 & 0 & 0\\0.1 & 0.7 & 0 & 0.1 & 0.1\\0.2 & 0.5 & 0.1 & 0.1 & 0.1\\0.1 & 0.5 & 0.4 & 0 & 0\end{pmatrix}$$

$$R_7=\begin{pmatrix}0.5 & 0.4 & 0 & 0.1 & 0\\0.5 & 0.5 & 0 & 0 & 0\\0.2 & 0.4 & 0.4 & 0 & 0\\0.1 & 0.7 & 0.2 & 0 & 0\\0.4 & 0.1 & 0.5 & 0.2 & 0\end{pmatrix}\qquad R_8=\begin{pmatrix}0.3 & 0.6 & 0 & 0.1 & 0\\0.4 & 0.5 & 0.1 & 0 & 0\\0.2 & 0.5 & 0.3 & 0 & 0\\0.4 & 0.1 & 0.5 & 0 & 0\\0.2 & 0.5 & 0.3 & 0 & 0\end{pmatrix}$$

$$R_9=\begin{pmatrix}0.6 & 0.4 & 0 & 0 & 0\\0.5 & 0.4 & 0.1 & 0 & 0\\0.4 & 0.5 & 0.1 & 0 & 0\\0.4 & 0.3 & 0.2 & 0.1 & 0\\0.5 & 0 & 0.5 & 0 & 0\end{pmatrix}$$

c. 计算综合隶属度　依据模糊变换原理，用矩阵乘法计算样品对各类因素的综合隶属度 $Y_j=XR_j$。例如对 1 号样品进行评价，并归一化：$Y_1=XR_1=$（0.205，0.19，0.25，0.21，0.145）=（0.2625，0.562，0.1295，0.046，0）。

按照此方法对各个样品的评分结果进行综合分析，得到评判结果 Y_j 如表 4-23 所示。

表 4-23　辣子鸡丁综合评判结果

Y_j	评价结果
Y_1	(0.2625，0.562，0.1295，0.046，0)
Y_2	(0，0.167，0.62，0.194，0.019)
Y_3	(0.262，0.5265，0.1925，0.0019，0)
Y_4	(0.056，0.4075，0.462，0.0835，0)
Y_5	(0.1205，0.272，0.408，0.185，0)
Y_6	(0.2，0.90，0.1375，0.0665，0.046)
Y_7	(0.3265，0.4385，0.2145，0.0205，0)
Y_8	(0.3005，0.435，0.2425，0.0205，0)
Y_9	(0.4745，0.346，0.1585，0.105，0)

⑦ 辣子鸡丁配方工艺正交实验结果　将表 4-23 中综合评价结果分别乘以其对应的分值（优、良、中、差、极差）依次赋予分值（90、80、70、60、50 分），并进行加和，最后可得出每个样品的最后总得分，如表 4-24 所示。

表 4-24　辣子鸡丁正交实验结果

水平	*A*（食盐添加量）/g	*B*（淀粉添加量）/g	*C*（酱油添加量）/g	*D*（水添加量）/g	得分
1	A_1	B_1	C_1	D_1	80.41
2	A_1	B_2	C_2	D_2	69.35
3	A_1	B_3	C_3	D_3	79.28
4	A_2	B_1	C_2	D_3	74.99
5	A_2	B_2	C_3	D_1	72.26
6	A_2	B_3	C_1	D_2	77.91
7	A_3	B_1	C_3	D_2	80.71
8	A_3	B_2	C_1	D_3	80.05
9	A_3	B_3	C_2	D_1	87.78
K_1	76.34	78.70	79.45	77.79	

续表

水平	A（食盐添加量）/g	B（淀粉添加量）/g	C（酱油添加量）/g	D（水添加量）/g	得分
K_2	75.05	78.88	77.37	75.99	
K_3	82.84	81.66	77.42	78.10	
R	7.79	2.95	2.08	2.11	

由表格中的极差分析可得，单个水平 K_1、K_2、K_3 和 R 值，每一个水平 K 值中的最大值所对应的条件就应该为此因素相对性的最佳工艺条件。由表 4-24 可以直观地得出，辣子鸡丁的最佳制作工艺条件为 $A_3B_3C_2D_1$。也就是食盐添加量为 1.5g，淀粉添加量 3g，酱油添加量 3g，水添加量为 3g。按照此配方得到的辣子鸡丁色泽金黄，辣鲜肉嫩有弹性。这四个单因素对辣子鸡丁品质的影响大小依次为：$A>B>D>C$，即食盐添加量 > 淀粉添加量 > 水添加量 > 酱油添加量。四个因素中食盐对辣子鸡丁品质影响最为显著。食盐添加量要控制在 1.5g，食盐添加越多，鸡肉腌制时失水越多，导致肉的品质下降，在后期炒制的过程中没有嚼劲，硬度较大；淀粉添加量为第二重要的因素，肉块上浆的多少，影响炸制过程中肉是否鲜嫩，口感是否脆而不失嫩性；相对于其他的因素，酱油添加量为影响最小的因素。

3. 预制孜然牛肉调理菜肴

（1）简介 孜然牛肉是西北菜，以牛肉为制作主料，配以孜然，其烹饪方式以炸为主，口味属于咸鲜。孜然具有温中暖脾、开胃下气、消食化积、醒脑通脉、祛寒除湿等功效。孜然性热，所以夏季应少食，便秘或患有痔疮者应少食或不食。牛肉富含蛋白质，氨基酸组成比猪肉更接近人体需要，能提高机体抗病能力，对生长发育及术后、病后调养的人在补充失血、修复组织等方面特别适宜，寒冬食牛肉可暖胃，是该季节的补益佳品。可见孜然牛肉的营养价值较高。

（2）制作工艺及要点 首先准备好洋葱和牛肉（牛的里脊肉），然后把牛肉切成片，同时准备好孜然粒及熟芝麻备用。将牛肉放入瓷碗中，并加入生抽、料酒、盐、糖以及葱丝抓拌均匀腌制 10min（可加入少许蛋清进行抓匀）。洋葱切成块备用。将炒锅烧热，注入适量的食用油。倒入牛肉片，然后快速使其散开，炒至肉片变色，加入洋葱快速翻炒均匀，将入适量的盐，加入孜然粒转大火翻炒入味，成品出锅，淋上些许熟芝麻即可。

孜然牛肉操作要点如下：

① 牛肉　牛肉需选择新鲜的牛里脊肉，切成片，但片不需太薄。

② 洋葱　选择新鲜洋葱洗净切成块备用。

③ 葱、姜　选择新鲜的葱、姜洗净去皮，切成丝备用。

④ 火候　加入洋葱后要快速大火炒匀。

（3）配方工艺优化实验设计

① 孜然添加量对孜然牛肉感官品质的影响　通过预实验确定孜然、生抽、食盐、白糖的添加量对孜然牛肉感官品质有较大影响。本实验选取生抽的添加量 10g、食盐的添加量 5g、白糖的添加量 10g，考察孜然添加量在 5g、10g、15g、20g 和 25g 时对孜然牛肉感官品质的影响并确定孜然添加量的最佳取值范围（表 4-25）。

表 4–25　孜然添加量的单因素实验表

试验组编号	1	2	3	4	5
孜然添加量 /g	5	10	15	20	25

② 生抽添加量对孜然牛肉感官品质的影响　本实验选取孜然的添加量 15g、食盐的添加量 5g、白糖的添加量 10g，考察生抽添加量在 2g、6g、10g、14g 和 18g 时对孜然牛肉感官品质的影响并确定生抽添加量的最佳取值范围（表 4-26）。

表 4–26　生抽添加量的单因素实验表

试验组编号	1	2	3	4	5
生抽添加量 /g	2	6	10	14	18

③ 食盐添加量对孜然牛肉感官品质的影响　本实验选取孜然的添加量 15g、生抽的添加量 10g、白糖的添加量 10g，考察食盐添加量在 1g、3g、5g、7g 和 9g 时对孜然牛肉感官品质的影响并确定食盐添加量的最佳取值范围（表 4-27）。

表 4–27　食盐添加量的单因素实验表

试验组编号	1	2	3	4	5
食盐添加量 /g	1	3	5	7	9

④ 白糖添加量对孜然牛肉感官品质的影响　本实验选取孜然的添加量 15g、生抽的添加量 10g、食盐的添加量 5g，考察白糖添加量在 4g、7g、10g、13g 和 16g 时对孜然牛肉感官品质的影响并确定白糖添加量的最佳取值范围（表 4-28）。

表 4–28　白糖添加量的单因素实验表

试验组编号	1	2	3	4	5
白糖添加量 /g	4	7	10	13	16

⑤ 孜然牛肉正交实验　在孜然牛肉优化试验单因素实验的基础上，在单因素实验数据进行处理后，得出最佳数据，再对孜然的用量、生抽的用量、食盐的用量、白糖的用量 4 个因素取 3 水平，安排 $L_9(3^4)$ 正交试验。正交实验因素水平表见表 4-29，正交实验组见表 4-30。

表 4–29　孜然牛肉的实验因素水平表

序号	*A*（孜然的用量）/g	*B*（生抽的用量）/g	*C*（食盐的用量）/g	*D*（白糖的用量）/g
1	A_1（13）	B_1（9）	C_1（4）	D_1（9）
2	A_2（15）	B_2（10）	C_2（5）	D_2（10）
3	A_3（17）	B_3（11）	C_3（6）	D_3（11）

表 4–30　孜然牛肉最优配方的正交实验组

序号	配方组合	*A*/g	*B*/g	*C*/g	*D*/g
1	$A_1B_1C_1D_1$	13	9	4	9
2	$A_1B_2C_2D_2$	13	10	5	10
3	$A_1B_3C_3D_3$	13	11	6	11
4	$A_2B_1C_2D_3$	15	9	5	11
5	$A_2B_2C_3D_1$	15	10	6	9
6	$A_2B_3C_1D_2$	15	11	4	10
7	$A_3B_1C_3D_2$	17	9	6	10
8	$A_3B_2C_1D_3$	17	10	4	11
9	$A_3B_3C_2D_1$	17	11	5	9

（4）配方工艺优化实验结果

① 孜然添加量对孜然牛肉感官品质的影响　在生抽 10g、食盐 5g、白糖 10g、牛肉 500g 的条件下，改变孜然的添加量研究其对孜然牛肉品质的影响。实验结果见表 4-31。由表 4-31 可知：孜然牛肉中添加孜然对菜肴的感官品质有较大的影响，因此，菜肴中添加适量的孜然，对菜肴的呈现有很重要的作用。当孜然的添加量为 5g 时，对孜然牛肉的味道有影响，但缺少孜然的风味，随着孜然的不断添加，口感、色泽以及味道都呈上升趋势，当孜然添加量超过 15g 时，口感过硬，肉质也明显变得粗糙。同时随着孜然量的增加，口感可口度降低，牛肉纤维出现明显

的裂痕，影响了牛肉的组织和色泽。从口感、味道、菜肴总体可接受性等品质考虑，孜然的量不能超过一定的限量，综合考虑选取孜然 15g 左右为最佳的添加量。

表 4–31　孜然添加量对孜然牛肉的感官评价表

孜然添加量 /g	口感(10)	色泽（10）	味道（10）	组织（10）	总体可接受性(10)	总分（50）
5	6.55	6.25	5.60	5.70	6.25	30.35
10	6.50	7.45	6.40	6.30	6.60	33.25
15	9.30	9.50	8.80	8.60	9.00	45.22
20	6.85	6.55	7.60	7.20	6.55	34.75
25	6.75	6.20	6.65	6.85	7.00	33.45

② 生抽添加量对孜然牛肉感官品质的影响　在孜然 15g、食盐 5g、白糖 10g、牛肉 500g 的条件下，改变孜然的添加量研究其对孜然牛肉品质的影响。实验结果见表 4-32。由表 4-32 可知：孜然牛肉中添加生抽对菜肴的感官品质有较大的影响，因此，菜肴中添加适量的生抽，对菜肴的色泽呈现有很重要的作用。当生抽的添加量为 2g 时，对孜然牛肉的味道影响较小，菜肴无味，且成色偏白，随着生抽的不断添加，口感、色泽以及味道都呈上升趋势，当生抽添加量超过 10g 时，菜肴颜色加深，味道也明显加重。同时随着生抽量的增加，口感可口度降低，影响了菜肴味道和色泽。从口感、味道、菜肴总体可接受性等品质考虑，生抽的量不能超过一定的限量，综合考虑选取孜然添加量 10g 左右为最佳的添加量。

表 4–32　生抽添加量对孜然牛肉的感官评价表

生抽添加量 /g	口感（10）	色泽(10)	味道（10）	组织（10）	总体可接受性(10)	总分（50）
2	4.55	5.25	4.60	5.70	6.25	26.35
6	6.50	6.45	6.40	7.10	7.60	34.05
10	9.40	9.40	9.65	8.95	9.40	46.8
14	6.80	7.60	7.75	7.20	7.55	36.9
18	5.75	6.20	5.65	6.85	6.85	31.3

③ 食盐添加量对孜然牛肉感官品质的影响　在孜然 15g、生抽 10g、白糖 10g、牛肉 500g 的条件下，改变孜然的添加量研究其对孜然牛肉品质的影响。实

验结果见表4-33。由表4-33可知：孜然牛肉中添加食盐对菜肴的感官品质有较大的影响，因此，菜肴中添加适量的食盐，对菜肴的味道有很重要的作用。当食盐的添加量为1g时，对孜然牛肉的味道影响较小，菜肴无滋味，随着食盐的不断添加，口感、色泽以及味道都呈上升趋势，当孜然添加量超过5g时，菜肴逐渐变咸，同时随着食盐量的增加，口感可口度降低，色泽也发生较大变化，影响孜然牛肉的口感风味。因此从口感、味道、菜肴总体可接受性等品质考虑，食盐的量不能超过一定的限量，综合考虑选取食盐添加量5g左右为最佳的添加量。

表4–33　食盐添加量对孜然牛肉的感官评价表

食盐添加量/g	口感（10）	色泽（10）	味道（10）	组织（10）	总体可接受性（10）	总分（50）
1	5.85	6.30	5.60	6.70	6.50	30.95
3	6.50	7.45	6.40	6.95	7.00	34.3
5	9.20	9.15	9.45	9.30	9.05	46.15
7	6.50	6.55	5.60	7.20	7.10	32.95
9	3.00	5.20	3.65	6.85	6.85	25.55

④ 白糖添加量对孜然牛肉感官品质的影响　在孜然15g、生抽10g、食盐5g、牛肉500g的条件下，改变白糖的添加量研究其对孜然牛肉品质的影响。实验结果见表4-34。由表4-34可知：孜然牛肉中添加白糖对菜肴的感官品质有较大的影响，因此，菜肴中添加适量的白糖，对菜肴的呈现有很重要的作用。当白糖的添加量为4g时，对孜然牛肉的味道影响较小，菜肴呈现无味，随着白糖的不断添加，口感、色泽以及味道都呈上升趋势，当白糖添加量超过10g时，口感过甜，菜肴组织发黏。同时随着白糖量的增加，口感可口度降低，影响了孜然牛肉的组织和色泽。从口感、味道、菜肴总体可接受性等品质考虑，白糖的量不能超过一定的限量，综合考虑选取孜然添加量10g左右为最佳的添加量。

表4–34　白糖添加量对孜然牛肉的感官评价表

白糖添加量/g	口感（10）	色泽（10）	味道（10）	组织（10）	总体可接受性（10）	总分（50）
4	6.65	6.20	5.80	5.75	6.35	30.75
7	6.90	7.35	7.40	6.55	7.60	35.80
10	9.20	9.45	8.85	8.70	9.00	45.20
13	6.85	7.55	7.60	7.20	7.55	36.75
16	6.80	6.30	6.75	6.85	7.15	33.85

⑤ 孜然牛肉配方工艺的正交实验研究结果与分析　经过单因素实验发现孜然、生抽、食盐、白糖的添加量分别在15g、10g、5g和10g的时候孜然牛肉的感官评价以及仪器测试达到了最优。在此基础上将孜然、生抽、食盐、白糖作为单因素，缩小取值范围，再取3个水平进行正交试验，以500g牛里脊肉的质量为基准。采用$L_9(3^4)$正交表进行正交实验，进一步确定最佳优化条件，正交实验结果见表4-35。由表格中的极差分析可得，单个水平K_1、K_2、K_3和R值，每一个水平K值中的最大值所对应的条件就应该为此因素相对性的最佳配方条件。得出孜然牛肉的最佳组合为$A_2B_2C_2D_2$。即：孜然用量为15g、生抽用量为10g、食盐用量为5g、白糖用量为10g。由表4-35可知，四个因素中A（孜然用量）对孜然牛肉的整体感官影响最为显著，D（白糖用量）对孜然牛肉的整体感官影响最小。根据极差R可知四种因素对孜然牛肉的影响依次为$A>C>B>D$，即孜然用量 > 食盐用量 > 生抽用量 > 白糖用量。

根据正交实验所确定的孜然牛肉的最优配方，对孜然牛肉进行验证实验，每组重复三次取平均值。即孜然用量为15g、生抽用量为10g、食盐用量为5g、白糖用量为10g时，孜然牛肉的验证实验结果见表4-36。通过表4-36可知，即孜然用量为15g、生抽用量为10g、食盐用量为5g、白糖用量为10g时，孜然牛肉感官评分最高，为48.25分，综合感官品质最优。因此，正交实验的结果是符合实际的。

表4-35　孜然牛肉正交实验结果

因素水平	A（孜然用量）	B（生抽用量）	C（食盐用量）	D（白糖用量）	得分
1	A_1	B_1	C_1	D_1	36.55
2	A_1	B_2	C_2	D_2	39.12
3	A_1	B_3	C_3	D_3	40.17
4	A_2	B_1	C_2	D_3	39.10
5	A_2	B_2	C_3	D_1	40.43
6	A_2	B_3	C_1	D_2	42.64
7	A_3	B_1	C_3	D_2	40.57
8	A_3	B_2	C_1	D_3	39.95
9	A_3	B_3	C_2	D_1	40.15
K_1	38.74	39.04	38.61	39.71	
K_2	40.98	40.77	40.72	40.39	
K_3	39.83	39.74	40.22	39.45	
R	2.24	1.73	2.11	0.93	

表 4-36　孜然牛肉验证实验结果

组合号	感官品质	综合均分 / 分
$A_2B_2C_2D_2$	肉质软烂适度、肉质鲜嫩、入口爽滑 肉丝中带有油光、富有食欲 肉香浓郁、咸淡适中、滋味丰满 肉质紧密、弹性好、无裂痕	48.25

4. 预制梅菜扣肉调理菜肴

（1）简介　梅菜扣肉是家庭餐桌上常见的一道美味佳肴。梅菜扣肉的“扣”是指肉蒸或炖至熟透后，倒扣于碗盘中的过程。

梅菜又叫梅干菜，是广东惠州传统特产，客家人将五花肉加上配料进行制作，再将肉垫在梅干菜上蒸，制作了一道色泽油润、香气浓郁的美味佳肴。这种菜肴逐渐名扬四海，就是我们时常品尝到的“梅菜扣肉”。

梅菜扣肉的主要原料是五花肉和梅菜，五花肉是猪腹部肋间的肉，肥瘦相间，口感佳，营养以脂肪为主，蛋白质的含量较低。猪肉中胆固醇含量偏高，吃多了会导致肥胖、糖尿病、冠心病等，故肥胖人群及血脂较高者不宜多食。

梅菜，多系居家自制，使菜叶晾干，堆黄，然后加盐腌制最后晒干装坛。首先，晒干后的梅菜为酱褐色，有独特菜干香味，其味甘，可开胃下气、消积食，适宜食欲不振者，可用来清蒸、油焖、烧汤。其次，梅干菜腌制后，口味独特，可促进胃液分泌，提高消化酶的活性，促进胃蠕动，有消食健胃、降血脂和降血压等保健功能。梅菜扣肉的营养成分见表 4-37。

表 4-37　梅菜扣肉营养成分　　单位：g/100g

项目	可食部 /%	水分	蛋白质	脂肪	碳水化合物	粗纤维	灰分
五花肉	100	46.8	13.2	37.0	2.4	0	0.6
梅菜	100	13.9	4.1	0.1	6.5	0.8	5.29

五花肉和梅菜的搭配是最佳的，五花肉和梅菜在蒸制过程中梅菜吸收了很大一部分五花肉蒸制出来的油脂，所以制作完整的一道梅菜扣肉，它的五花肉不会油腻，油脂不会过高，适合一般人群吃，且口感软糯，而梅菜沾了五花肉的油脂变得更加美味。

（2）制作工艺及要点　首先将梅菜的处理，市场上买的盐渍梅菜基本上都是 2cm 长一段，里面混杂着各种灰尘而且盐度非常高，非常咸。首先要做的就是对梅菜进行泡发，将梅菜先用清水冲洗一遍，之后放在清水中泡制 1 ～ 2 天，备用。其次将五花肉切至 4 ～ 5cm 长，放入冷水锅中，加入花椒、八角、桂皮、白酒、大葱、大蒜、生姜大火煮约20min，至熟透。捞出沥干后抹上适量的老抽。然后在锅中倒油，烧至五成热，将整块五花肉，肉皮朝下，中小火，慢慢煎炸5～6min，直至五花肉肉皮呈枣红色，同时，肉块的周围也炸至金黄色。盛出放在盘子中晾凉。再次待五花肉稍微冷却至不烫手时，将其切成5～6mm厚的肉片。再往锅中倒油，放入葱姜末、蒜片、肉片，加老抽、蚝油和白糖煸炒入味。之后将炒好的五花肉肉皮朝下，依次放入圆底的碗内，再均匀地把梅菜铺在肉片上面，将整碗放入蒸箱中，根据每个人对于肉的绵柔口感度，蒸50～70min。蒸好后，继续在蒸箱中焖10min左右取出，将肉扣在圆盘中。

主要工艺要点如下：

① 肉片的厚度不宜太薄，否则蒸制后不能保持完整。

② 五花肉煎的时候一定要肉皮朝下，为的是让肉皮着色，出锅后颜色更加诱人。

③ 蒸制时要时常加一点水，每次10g。防止肥肉部分蒸得嫩了，而瘦肉部分变得干柴而咬不动。

④ 梅菜扣肉的制作中，根据预实验结果确定煮制时间20min，煎制时间1min，炒制时间5min，蒸制时间60min。

（3）配方优化工艺实验设计　通过梅菜扣肉的预实验发现，梅菜扣肉配方中的食盐添加量、蚝油添加量、酱油添加量、白糖添加量对梅菜扣肉的感官品质有很大的影响。现以200g的五花肉为基准，确定白酒添加量15g，食用油添加量10g，大蒜、生姜、大葱、八角、桂皮、花椒的添加量适量。在确定梅菜扣肉最佳生产工艺的基础上，通过单因素实验和感官评价确定制作配方中食盐添加量、白糖添加量、酱油添加量以及蚝油添加量的范围。

① 食盐的单因素实验　不同的食盐添加量对梅菜扣肉的风味和梅菜扣肉中的五花肉的口感都会有不同的影响。食盐太多会导致梅菜扣肉过咸和五花肉更加干柴不易于咀嚼，食盐太少梅菜扣肉中的肉腥味会比较明显，适当的盐量才会形成一道美味的梅菜扣肉。因此首先确定其余变量的添加量，即老抽2.5%、白糖7.5%、耗油10%，从而确定食盐的添加量对梅菜扣肉品质的影响。实验设计见表4-38。

表4–38　食盐的单因素实验

实验组编号	1	2	3	4	5
食盐添加量/%	2	3	4	5	6

② 酱油的单因素实验　油起到了给梅菜扣肉中的五花肉上色，使其色泽鲜

亮，并且使整道菜肴更加香甜味浓的作用。此时确定其余变量的添加量，即食盐4%、白糖7.5%、蚝油10%，从而确定酱油的添加量对梅菜扣肉品质的影响。实验设计见表4-39。

表4-39　酱油的单因素实验

实验组编号	1	2	3	4	5
酱油添加量/%	0.5	1.5	2.5	3.5	4.5

③ 蚝油的单因素实验　蚝油的添加会给梅菜扣肉提味增鲜，黏度适中，使得五花肉看起来更加有胃口。此时确定其余变量的添加量，即食盐4%、酱油2.5%、白糖7.5%，从而确定耗油的添加量对梅菜扣肉品质的影响。实验设计见表4-40。

表4-40　蚝油的单因素实验

实验组编号	1	2	3	4	5
蚝油添加量/%	5	7.5	10	12.5	15

④ 白糖的单因素实验　白糖作为梅菜扣肉中重要的一种调味料，其主要作用是提升一点梅菜扣肉的甜味，在甜味不显露的情况下，可以提升菜肴的鲜味，抑制一些酸味。此时确定其余变量的添加量，即食盐4%、酱油2.5%、蚝油10%，从而确定白糖的添加量对梅菜扣肉品质的影响。实验设计见表4-41。

表4-41　白糖的单因素实验

实验组编号	1	2	3	4	5
白糖添加量/%	4.5	6	7.5	9	10.5

⑤ 梅菜扣肉配方工艺的正交实验设计　在单因素实验的基础上，以食盐添加量、酱油添加量、蚝油添加量、白糖添加量四种主要影响因素设计正交因素水平，每个因素设3个水平，采用$L_9(3^4)$正交表进行正交实验，并确定最终比较优化的条件。正交实验因素与水平见表4-42，正交实验组合见表4-43。

表4-42　梅菜扣肉正交实验因素与水平

水平	*A*（食盐添加量）/%	*B*（酱油添加量）/%	*C*（蚝油添加量）/%	*D*（白糖添加量）/%
1	3.5	2	9	6.5
2	4	2.5	10	7.5
3	4.5	3	11	8.5

表 4-43　梅菜扣肉正交实验组合

实验组	组合	A/%	B/%	C/%	D/%
1	$A_1B_1C_1D_1$	3.5	2	9	6.5
2	$A_1B_2C_2D_2$	3.5	2.5	10	7.5
3	$A_1B_3C_3D_3$	3.5	3	11	8.5
4	$A_2B_1C_2D_3$	4	2	10	8.5
5	$A_2B_2C_3D_1$	4	2.5	11	6.5
6	$A_2B_3C_1D_2$	4	3	9	7.5
7	$A_3B_1C_3D_2$	4.5	2	11	7.5
8	$A_3B_2C_1D_3$	4.5	2.5	9	8.5
9	$A_3B_3C_2D_1$	4.5	3	10	6.5

（4）配方优化工艺实验结果

① 不同的食盐添加量对梅菜扣肉感官品质的影响　实验过程中在控制其他的条件不变的情况下，各单因素变量分别设定为酱油 2.5%、蚝油 10%、白糖 7.5%。食盐是烹饪过程中一种重要的调料。研究食盐添加量分别为 2%、3%、4%、5%、6% 时，对梅菜扣肉感官品质的影响，实验结果见表 4-44。由表 4-44 可知：当其他的因变量确定时，食盐的添加量为 4% 时整道菜肴的得分最高，整体色泽较好，口感软糯，肉质细腻，味道醇厚，咸淡适中，总体可接受性较强。食盐的添加量为 2%、3% 时，整道菜肴的口味偏淡。食盐的添加量为 5%、6% 时，整道菜肴的口味偏咸，肉质粗糙，肉味发苦。故确定最佳的食盐添加量为 4%。

表 4-44　不同食盐添加量的梅菜扣肉感官评价表

食盐添加量/%	色泽（10）	口感（10）	味道（10）	组织状态（10）	总体可接受性（10）	总分（50）
2	7.0	7.4	7.2	7.5	8.0	37.1
3	8.5	8.0	8.06	7.8	8.5	40.86
4	9.2	8.83	8.67	8.0	8.9	43.6
5	8.3	8.3	7.99	7.9	8.4	40.89
6	7.1	7.2	7.46	7.68	7.9	37.34

② 不同的酱油添加量对梅菜扣肉感官品质的影响　实验过程中在控制其他的条件不变的情况下，各单因素变量分别设定为食盐 4%、蚝油 10%、白糖 7.5%。

酱油对梅菜扣肉具有上色的作用，使菜肴更加鲜亮，能够增进人的食欲。本组实验研究酱油添加量分别为0.5%、1.5%、2.5%、3.5%、4.5%时，对梅菜扣肉感官品质的影响，实验结果见表4-45。由表4-45可知：当其他因变量确定时，酱油的添加量为2.5%时，整体的感官评价得分最高，此时菜肴的色泽亮红，整体鲜亮有光泽，口感肥而不腻，肉质爽滑，总体可接受。酱油添加量为0.5%、1.5%时，感官评价得分较低，肉色较浅，整体颜色偏黄，味道较淡，稍微会有肉本质的腥味，总体可接受性适中。酱油添加量为3.5%、4.5%时，感官评价得分中等，菜肴的色泽较深，整体偏红棕色，口感偏咸苦，组织稍有弹性，总体可接受性适中。故确定最佳的酱油添加量为2.5%。

表4-45 不同酱油添加量的梅菜扣肉感官评价表

酱油添加量/%	色泽（10）	口感（10）	味道（10）	组织状态（10）	总体可接受性（10）	总分（50）
0.5	5.02	6.45	6.70	7.80	6.72	32.69
1.5	6.73	7.13	7.85	7.98	7.21	36.90
2.5	8.25	8.12	8.54	8.09	7.99	40.99
3.5	7.77	7.88	7.21	7.82	7.32	38.00
4.5	6.73	7.21	6.30	7.65	6.70	34.59

③ 不同的蚝油添加量对梅菜扣肉感官品质的影响　实验过程中在控制其他的条件不变的情况下，各单因素变量分别设定为食盐4%、酱油2.5%、白糖7.5%。蚝油本身色泽鲜明有光泽，体态细腻均匀，黏度适中，且入口香滑，因此可以给菜肴带来更加鲜香的味道，并且可以除去一些肉中的微量腥味，对梅菜扣肉有很大的提香作用，使其中的五花肉口感更加细腻软化。本组实验研究蚝油添加量分别为5%、7.5%、10%、12.5%、15%时，对梅菜扣肉感官品质的影响，实验结果见表4-46。由表4-46可知：当其他因变量确定时，蚝油添加量为10%时，整道菜肴的感官评价得分最高。此时梅菜扣肉色泽油亮有食欲，口感肥而不腻，瘦肉部分也很鲜嫩，味道鲜香，肉质细腻，组织富有弹性，总体可接受性较高。蚝油添加量为5%、7.5%时，感官评价得分较低。此时菜肴色泽较黄，整体浅褐色，口感稍软，肉质较有弹性，口感稍淡，总体可接受性适中。蚝油添加量为12.5%、15%时，感官评级得分一般。此时菜肴的颜色较深，口感偏苦、偏油腻，总体可接受性适中。故确定最佳的蚝油添加量为10%。

表 4-46　不同蚝油添加量的梅菜扣肉感官评价表

蚝油添加量/%	色泽（10）	口感（10）	味道（10）	组织状态（10）	总体可接受性（10）	总分（50）
5	4.91	5.67	5.04	6.32	6.36	28.3
7.5	6.23	7.21	7.56	7.62	7.86	36.57
10	8.14	8.55	9.00	8.45	9.10	43.24
12.5	7.11	7.39	8.31	8.01	8.37	39.19
15	6.59	6.21	7.32	7.21	6.98	34.31

④ 不同的白糖添加量对梅菜扣肉感官品质的影响　实验过程中在控制其他的条件不变的情况下，各单因素变量分别设定为食盐 4%、酱油 2.5%、蚝油 10%。作为梅菜扣肉中重要的一味调味料，在烹调中添加适当的白糖，可以提高菜肴的鲜度，并且抑制菜肴的一些本质酸味。本组实验研究白糖添加量分别为 4.5%、6%、7.5%、9%、10.5% 时，对梅菜扣肉感官品质的影响，实验结果见表 4-47。由表 4-47 可知：当其他变量确定时，白糖的添加量为 7.5% 时，整体感官评价得分最高。此时梅菜扣肉的色泽油亮，味道鲜香，口感软嫩，肉质细腻有弹性，总体可接受性较为喜欢。白糖的添加量为 4.5%、6% 时，感官评价的分稍低。梅菜扣肉的色泽依然油亮，但是口感较差，没有足够的香味，肉质偏酸咸，总体可接受性适中。白糖的添加量为 9%、10.5% 时，感官评价得分中等。此时梅菜扣肉的色泽呈浅褐色，味道过甜，压制了梅菜扣肉其他调味料的咸鲜味，肉质滑嫩，总体可接受性适中。故确定最佳的白糖添加量为 7.5%。

表 4-47　不同白糖添加量的梅菜扣肉感官评价表

白糖添加量/%	色泽（10）	口感（10）	味道（10）	组织状态（10）	总体可接受性（10）	总分（50）
4.5	6.51	6.03	7.12	7.41	6.93	34.00
6	7.63	7.47	8.60	7.63	7.56	38.89
7.5	8.94	9.02	8.94	8.05	8.62	43.57
9	7.46	8.17	7.85	7.53	7.38	38.39
10.5	6.93	7.38	7.27	6.98	6.44	35.00

⑤ 梅菜扣肉的正交实验结果与分析　通过之前单因素实验，确定了梅菜扣肉中食盐添加量 4%、酱油添加量 2.5%、蚝油添加量 10%、白糖添加量 7.5%，在此基础上进行正交实验，设计 3 个水平，确定最终优化的条件。正交实验因素与

水平见表4-48。正交实验结果见表4-49。通过表4-49的分析可以计算出相应的K值和R值。梅菜扣肉的评判指标为感官评价的总分，当感官评价总分值越高说明梅菜扣肉的感官质量越好，即最大的K值对应的是最佳的水平。因此由K值可知：第一列为食盐的添加量，其2水平较好，即食盐添加量为4%时菜肴的整体状态较好。第二列为酱油添加量，其2水平较好，即酱油的添加量为2.5%时菜肴整体状态较为理想。第三列为蚝油的添加量，其1水平较好，即蚝油的添加量为9%时较好。第四列为白糖的添加量，其1水平较好，即白糖的添加量为6.5%时菜肴更加美味。R为极差值，极差R的大小反映了水平的变动引起指标变动的范围，极差R越大对指标的影响越大。根据极差R的大小进行排队即确定了因素对指标影响的主次。此次梅菜扣肉的正交实验，根据各因素的极差大小，对指标影响的主次为：$C > B > D > A$，即蚝油对梅菜扣肉的品质影响最大，酱油的影响其次，白糖的影响一般，食盐添加量对梅菜扣肉的影响最小。

表4–48　梅菜扣肉正交实验因素与水平

水平	A（食盐添加量）/%	B（酱油添加量）/%	C（蚝油添加量）/%	D（白糖添加量）/%
1	3.5	2	9	6.5
2	4	2.5	10	7.5
3	4.5	3	11	8.5

表4–49　梅菜扣肉正交实验结果感官评分

实验号	A/%	B/%	C/%	D/%	y感官评分（50）
1	A_1	B_1	C_1	D_1	38.2
2	A_1	B_2	C_2	D_2	37.2
3	A_1	B_3	C_3	D_3	36.4
4	A_2	B_1	C_2	D_3	36.8
5	A_2	B_2	C_3	D_1	36.4
6	A_2	B_3	C_1	D_2	39.0
7	A_3	B_1	C_3	D_2	35.0
8	A_3	B_2	C_1	D_3	36.0
9	A_3	B_3	C_2	D_1	38.6
K_1	111.81	110.01	113.19	113.19	

续表

实验号	A/%	B/%	C/%	D/%	y 感官评分（50）
K_2	112.20	114.00	112.59	111.21	
K_3	109.59	109.59	107.79	109.20	
k_1	37.27	36.67	37.73	37.73	
k_2	37.40	38.00	37.53	37.07	
k_3	36.53	36.53	35.93	36.40	
R	0.87	1.47	1.80	1.33	

对表4-50进行方差分析，指标观测值个数为n=9，指标和$T=\sum_{i=1}^{9} y_i$=333.6，$C_T=\frac{T^2}{n}=\frac{333.6^2}{9}$=12365.44。总体平方和$SS_T=\sum_{i=1}^{9} y_i^2-C_T$=12379.2−12365.44=13.76。总体自由度 $f_T=n-1=8$。各列平方和的计算：通过极差分析已算出了各列同一水平的指标K_{j1}、K_{j2}和K_{j3}。各列平方和$SS_j=\frac{b}{n}\sum_{m=1}^{b} K_{jm}^2-C_T=\frac{3}{9}(K_{j1}^2+K_{j2}^2+K_{j3}^2)-12365.44$。将第1列的$K_1$、$K_2$和$K_3$代入上式得$SS_1=\frac{3}{9}\times(111.81^2+112.20^2+109.59^2)-12365.44=1.3214$。同理将其他各列的$K_{j1}$、$K_{j2}$和$K_{j3}$代入上式得$SS_2$=3.9494，$SS_3$=3.6161，$SS_4$=2.6534。各列自由度$f_j=b-1=3-1=2$。因素$A$的均方为$MS_A=\frac{SS_A}{f_A}=\frac{1.3214}{2}$=0.6607。同理可得$MS_B$=1.9747，$MS_C$=1.80805，$MS_D$=1.3267。

得出梅菜扣肉正交实验结果的方差分析见表4-50。

表4-50　梅菜扣肉正交实验结果的方差分析表

方差来源	方差 SS	自由度 f	均方差 MS	F 值	显著性水平
A（食盐添加量）	1.3214	2	0.6607	6.233	α =0.05
B（酱油添加量）	3.9494	2	1.9747	18.629	α =0.10
C（蚝油添加量）	3.6161	2	1.80805	17.057	α =0.10
D（白糖添加量）	2.6534	2	1.3267	12.516	α =0.25
误差 e	0.212	2	0.106		
总和 T	11.7523	10			

因素A食盐添加量的显著水平，因为$F_A=6.233>F_{0.05}(2，2)$，所以因素A

在 α=0.05 下是显著的。剩下的各因素分别可以在表 4-50 中看出，$F_B=18.629>F_{0.10}$（2，2），因素 B 酱油添加量在 α=0.10 下是显著的；$F_C=17.057<F_{0.10}$（2，2），因素 C 蚝油的添加量在 α=0.10 下是不显著的；$F_D=12.516<F_{0.25}$（2，2），因素 D 白糖添加量在 α=0.25 下是不显著的。

通过方差分析可知，因素 A 和因素 B 的影响较为显著。

5. 预制红烧肉调理菜肴

（1）简介 红烧肉以五花肉为制作主料，并辅以酱油、精盐、白糖、葱片、姜片、八角、香叶等调味料，古代传统做法主要利用砂锅文火炖制，现代社会可利用多种烹饪器具制作而成，其特点是色泽酱红，汤肉交融，肉质酥烂如豆腐，醇厚而味美。古往今来，从百姓厨房到文人墨客的餐桌，无处不见，无处不爱，无处不食。红烧肉历史悠久，其入口即化、肥而不腻的特点十分受大众欢迎，但是由于不同地区的饮食习惯和风味都有所差异，所以一直以来都缺少比较全面深入的研究。

（2）制作工艺及要点

① 肉块的加工　猪五花肉清洗、切块→肉块沸水焯→捞出并沥出水分待用。

② 糖色制备　绵白糖→加热至融化→加水溶解→冷却待用。

③ 焖㸆工艺　豆油→老抽、料酒→肉块上色→糖色→开水、八角、桂皮、香叶、葱、姜煮沸→小火焖→包装→杀菌→冷却→成品。

姜切成薄片待用。将猪五花肉切成 1cm×1.5cm×2cm 的小块，然后下沸水锅中焯，焯好后沥干水分待用。净锅烧热后加入绵白糖，加热至白糖熔化，此时糖成金黄色，加水，使糖溶解。之后在净锅中加入大豆油，炒锅烧热后加入焯好的肉块并煸炒，加入姜片翻炒几下后加入料酒、糖色翻炒上色，然后加入开水、大料、桂皮、香叶、葱、姜加热至煮沸，然后改用小火加热焖㸆，最后再改用大火加热至煮沸后收汁，出锅冷却后即可包装成品。

（3）配方优化工艺单因素实验设计 本实验将使用单因素实验的方法改变原料成分添加量，通过感官评价，对食物的色泽、口感、味道、组织状态和总体可接受度进行评价，最低分为 0 分，最高分为 10 分，组织 10 名烹饪专业的同学进行感官评价，进行感官评价前对评审团成员进行专门训练，让他们弄清每一个指标的定义，根据表 4-51 红烧肉感官评分标准对红烧肉进行打分，通过多组评价求出平均值后进行分析。实验均以 100g 猪肉作为基准，按照百分比的形式改变其添加量。

表 4-51　红烧肉感官评分标准

指标	评分标准指标	得分
口感	肉嚼不烂、焦硬、干涩或发黏	0～3
	肉略硬、略柴，稍微干涩或发黏	4～6
	肥而不腻，入口即化，软糯鲜嫩	7～9
色泽	颜色过浅或过深，无光泽	0～3
	颜色较浅或较深，稍有光泽不均匀	4～6
	红亮有食欲，颜色剔透均匀	7～9
味道	有腥味，苦味，味道过咸或过淡，过甜	0～3
	稍咸或稍淡，稍苦或稍甜	4～6
	味道醇厚柔和，咸淡适中，甜而不过	7～9
组织	肉质粗糙，组织无弹性	0～3
	肉质较粗糙，组织较有弹性	4～6
	肉质细腻、组织富有弹性	7～9
总体可接受性	不接受	0～3
	适中	4～6
	接受（喜欢）	7～9

① 不同酱油添加量对红烧肉感官品质的影响　取 1%、2%、3%、4%、5% 的酱油分别与 100% 的猪肉、2% 的八角、6% 的葱段、4% 的姜片、3% 的糖色、0.5% 的盐、3% 的料酒、3% 的调味白糖、2% 的花生油、100% 的清水分组备用，并在每组待盛装红烧肉的盘子下以添加量大小的顺序分别贴上 1、2、3、4、5，并确保盘子表面无明显分别。按照上述红烧肉的传统烹制方法分别做出酱油添加量为 1%、2%、3%、4%、5% 的红烧肉，依照顺序盛在盘内，根据表 4-51 红烧肉感官评分标准对红烧肉进行打分，通过 10 组评价求出平均值后进行分析。

② 不同料酒添加量对红烧肉感官品质的影响　取 1%、2%、3%、4%、5% 的料酒分别与 100% 的猪肉、2% 的八角、6% 的葱段、4% 的姜片、3% 的糖色、0.5% 的盐、3% 的酱油、3% 的调味白糖、2% 的花生油、100% 的清水分组备用，并在每组待盛装红烧肉的盘子下以添加量大小的顺序分别贴上 1、2、3、4、5，并确保盘子表面无明显分别。按照上述红烧肉的传统烹制方法分别做出料酒添加量为 1%、2%、3%、4%、5% 的红烧肉，依照顺序盛在盘内，根据表 4-51 红烧肉感官

评分标准对红烧肉进行打分，通过多组评价求出平均值后进行分析。

③ 糖色对红烧肉感官品质的影响

a. 不同糖色添加量对红烧肉感官品质的影响　添加糖色可以给红烧肉以红亮诱人的颜色，此部分实验是验证对白糖加以炒制（炒糖色）后赋予红烧肉以良好色泽品质的影响。通过预实验粗略预测白糖炒糖色的最佳时间为30s。

取1%、2%、3%、4%、5%的白糖分别与100%的猪肉、2%的八角、6%的葱段、4%的姜片、3%的酱油、0.5%的盐、3%的料酒、3%的调味白糖、2%的花生油、100%的清水分组备用，并在每组待盛装红烧肉的盘子下以添加量大小的顺序分别贴上1、2、3、4、5，并确保盘子表面无明显分别。按照上述红烧肉的传统烹制方法分别做出5组糖色添加量为1%、2%、3%、4%、5%的红烧肉，且控制炒糖色的时间为30s，依照顺序盛在盘内，根据表4-51红烧肉感官评分标准对红烧肉进行打分，通过10组评价求出平均值后进行分析。

b. 不同糖色熬制时间对红烧肉感官品质的影响　取3%的白糖分别与100%的猪肉、2%的八角、6%的葱段、4%的姜片、3%的酱油、0.5%的盐、3%的料酒、3%的调味白糖、2%的花生油、100%的清水分组备用，并在每组待盛装红烧肉的盘子下以10s、20s、30s、40s、50s的顺序分别贴上1、2、3、4、5，并确保盘子表面无明显分别。按照上述红烧肉的传统烹制方法做红烧肉，在上糖色的步骤里，控制熬制糖色的时间分别为10s、20s、30s、40s、50s，将做好的红烧肉依照顺序盛在盘内，根据表4-51红烧肉感官评分标准对红烧肉进行打分，通过10组评价求出平均值后进行分析。

④ 不同食盐添加量对红烧肉感官品质的影响　取0.1%、0.3%、0.5%、0.7%、0.9%的食盐分别与100%的猪肉、2%的八角、6%的葱段、4%的姜片、3%的酱油、3%的糖色、3%的料酒、3%的调味白糖、2%的花生油、100%的清水分组备用，并在每组待盛装红烧肉的盘子下以添加量大小的顺序分别贴上1、2、3、4、5，并确保盘子表面无明显分别。按照上述红烧肉的传统烹制方法分别做出食盐含量为1%、2%、3%、4%、5%的红烧肉，依照顺序盛在盘内，根据表4-51红烧肉感官评分标准对红烧肉进行打分，通过10组评价求出平均值后进行分析。

⑤ 不同水的添加量对红烧肉感官品质的影响　取50%、75%、100%、125%、150%的清水分别与100%的猪肉、2%的八角、6%的葱段、4%的姜片、3%的酱油、3%的糖色、3%的料酒、3%的调味白糖、2%的花生油、0.5%的食盐分组备用，并在每组待盛装红烧肉的盘子下以添加量大小的顺序分别贴上1、2、3、4、5，并确保盘子表面无明显分别。按照上述红烧肉的传统烹制方法分别水含量

为 1%、2%、3%、4%、5% 的红烧肉，依照顺序盛在盘内，根据表 4-51 红烧肉感官评分标准对红烧肉进行打分，通过 10 组评价求出平均值后进行分析。

⑥ 不同调味白糖添加量对红烧肉感官品质的影响　取 1%、2%、3%、4%、5% 的调味白糖分别与 100% 的猪肉、2% 的八角、6% 的葱段、4% 的姜片、3% 的酱油、0.5% 的盐、3% 的料酒、3% 的糖色、2% 的花生油、100% 的清水分组备用，并在每组待盛装红烧肉的盘子下以添加量大小的顺序分别贴上 1、2、3、4、5，并确保盘子表面无明显分别。按照上述红烧肉的传统烹制方法分别做出白糖添加量为 1%、2%、3%、4%、5% 的红烧肉，依照顺序盛在盘内，根据表 4-51 红烧肉感官评分标准对红烧肉进行打分，通过 10 组评价求出平均值后进行分析。

（4）配方优化工艺正交实验设计　在单因素实验的基础上，选取酱油添加量、糖色（上色白糖）添加量、食盐添加量、清水添加量、调味白糖添加量 5 个因素为研究指标（其中，添加量以肉重百分比计算），设置 3 个水平进行 $L_{27}(3^5)$ 正交试验，并将红烧肉的感官评价结果作为指标进行接下来的工艺优化，因素水平表见表 4-52。

表 4-52　因素水平表

酱油添加量 /%	糖色添加量 /%	食盐添加量 /%	调味白糖添加量 /%	清水添加量 /%
3	2.8	0.2	2.8	90
3	2.8	0.2	2.8	100
3	2.8	0.2	2.8	110
3	3	0.5	3	90
3	3	0.5	3	100
3	3	0.5	3	110
3	3.2	0.8	3.2	90
3	3.2	0.8	3.2	100
3	3.2	0.8	3.2	110
3.5	2.8	0.5	3.2	90
3.5	2.8	0.5	3.2	100
3.5	2.8	0.5	3.2	110
3.5	3	0.8	2.8	90
3.5	3	0.8	2.8	100

续表

酱油添加量 /%	糖色添加量 /%	食盐添加量 /%	调味白糖添加量 /%	清水添加量 /%
3.5	3	0.8	2.8	110
3.5	3.2	0.2	3	90
3.5	3.2	0.2	3	100
3.5	3.2	0.2	3	110
4	2.8	0.8	3	90
4	2.8	0.8	3	100
4	2.8	0.8	3	110
4	3	0.2	3.2	90
4	3	0.2	3.2	100
4	3	0.2	3.2	110
4	3.2	0.5	2.8	90
4	3.2	0.5	2.8	100
4	3.2	0.5	2.8	110

（5）配方优化工艺正交实验结果

① 不同酱油添加量对红烧肉感官品质的影响　评价表 4-53 的结果显示不同酱油含量下的红烧肉在口感、组织上的差距并不十分明显，但对于色泽、味道和总体可接受性上的得分差异显著，这是因为红烧肉颜色是影响人们对于红烧肉品质好坏的一项重要的评价，色泽是红烧肉给人们的第一印象，而酱油的添加量很大程度上影响红烧肉色泽，因此合理地加入酱油才能保证红烧肉的第一品质。如表 4-53 的结果显示酱油添加量在 3% ～ 4% 时，色泽、味道和总体可接受性的得分偏高，此时的红烧肉色泽红亮，颜色均匀，味道咸淡适中，总体可接受性较高；酱油含量在 1% 时，颜色较浅，味道偏淡，总体可接受性适中；在酱油添加量为 5% 时的颜色较深偏红黑色，由于酱油本身有咸度，所以味道偏咸，总体可接受性是五组含量中最低的。

② 不同料酒添加量对红烧肉感官品质的影响　经过 10 名烹饪专业的同学对本组红烧肉进行的感官评价结果见表 4-54。通过评价表的结果可以看出：不同料酒含量下的红烧肉在口感、色泽、味道、组织和总体可接受性上的差距并不十分明显。料酒在一定程度上除去了猪肉本身带有的腥味，但总体感官品质上并无明显区别，从节约成本的角度考虑，可以取 1% 的料酒。

表 4–53　不同酱油添加量的红烧肉感官评价表

酱油添加量 /%	口感	色泽	味道	组织	总体可接受性
1	8.3±0.32	6.2±0.27	6.5±0.42	8.4±0.33	7.6±0.27
2	8.4±0.52	7.8±0.15	7.3±0.31	8.3±0.54	8.1±0.23
3	9.2±0.51	8.9±0.23	9.1±0.33	9.1±0.52	9.2±0.24
4	9.0±0.25	8.1±0.34	8.9±0.15	9.1±0.24	8.6±0.32
5	8.3±0.22	6.1±0.32	6.6±0.47	8.5±0.23	7.3±0.11

表 4–54　不同料酒添加量的红烧肉感官评价表

料酒添加量 /%	口感	色泽	味道	组织	总体可接受性
1	8.8±0.52	9.0±0.34	8.9±0.57	9.0±0.48	8.9±0.42
2	9.0±0.33	8.8±0.33	9.0±0.46	9.0±0.20	9.0±0.35
3	9.0±0.54	9.0±0.22	9.0±0.53	9.0±0.29	9.0±0.30
4	9.0±0.42	9.0±0.24	8.8±0.55	9.0±0.35	9.0±0.41
5	8.9±0.51	8.7±0.33	9.0±0.32	9.0±0.21	8.9±0.47

③ 糖色对红烧肉感官品质的影响

a. 不同糖色的添加量对红烧肉感官品质的影响　把白糖熬制成糖色是红烧肉上色环节中至关重要的一步，熬制糖色也考验了厨师对于火候和时间的把控。不同糖色的添加量对红烧肉感官品质也会有显著影响。经过 10 名烹饪专业的同学对本组红烧肉进行的感官评价结果见表 4-55。

表 4–55　不同糖色添加量的红烧肉感官评价表

糖色添加量 /%	口感	色泽	味道	组织	总体可接受性
1	7.3±0.36	6.2±0.22	6.5±0.47	9.0±0.30	7.1±0.23
2	7.4±0.54	6.4±0.15	7.3±0.36	9.1±0.27	7.5±0.27
3	9.2±0.52	9.1±0.24	9.1±0.35	9.1±0.34	9.2±0.29
4	8.7±0.22	8.1±0.34	7.9±0.16	9.1±0.14	8.6±0.35
5	8.3±0.24	6.1±0.34	6.6±0.48	8.9±0.23	6.6±0.10

通过评价表的结果可以看出：不同白糖含量下的红烧肉在色泽、味道、口感和总体可接受性上有明显差别，在组织评估中无明显区别；白糖含量在 1% 和 2% 时熬成的糖色为褐色，红烧肉上色后颜色偏深且光泽度较低，味道略有苦味，口

感略黏以及整体可接受性相对低；白糖含量在3%时，糖色色泽为焦糖色，可闻到甜味，加入红烧肉炖煮后，红烧肉颜色为红褐色，质地透亮有光泽，味道甜而不过，总体可接受性相对高；白糖含量在4%和5%，尤其是5%时的白糖经过30s的炒色后还没有完全融化，锅底有剩余，实验后的红烧肉颜色相对有光泽，颜色略浅，味道过甜，总体可接受性较低。本实验中用3%的糖在油中中火熬制30s，可得到最佳红烧肉所需的糖色。

b. 不同糖色熬制时间对红烧肉感官品质的影响　经过10名烹饪专业的同学对本组红烧肉进行的感官评价结果见表4-56。通过评价表的结果可以看出：不同白糖熬制时间下的红烧肉在色泽、味道、口感和总体可接受性上有明显差别，在组织评估中几乎没有区别；白糖熬制时间在10s时，较多白糖未能完全熔化，使得糖色偏浅，红烧肉的口感和味道上与30s组实验得分相近，总体可接受性偏低；20s时有少量白糖未能完全熔化，使得糖色较浅，红烧肉的口感和味道上与30s组实验得分相近，总体可接受性相对低。白糖熬制时间到达30s时，糖色色泽为焦糖色，可闻到甜味，加入红烧肉炖煮后，红烧肉颜色为红褐色，质地透亮有光泽，味道甜而不过，总体可接受性相对高；白糖熬制时间达到40s以后，颜色略深，味道基本与30s组得分相近，相对有光泽，肉质略黏，总体可接受性相对低；当白糖熬制时间达到50s以后，红烧肉颜色很深，味道发苦，肉质发黏，总体可接受性低。因此，糖色熬制时间为30s时最佳。

表4–56　不同糖色熬制时间的红烧肉感官评价表

糖色熬制时间/s	口感	色泽	味道	组织	总体可接受性
10	8.3±0.34	7.2±0.21	8.9±0.32	9.0±0.32	8.4±0.29
20	8.4±0.54	7.4±0.14	8.6±0.55	8.8±0.21	8.5±0.18
30	9.1±0.56	9.2±0.32	9.0±0.36	9.0±0.32	9.2±0.24
40	7.7±0.28	8.1±0.38	8.4±0.17	9.1±0.13	8.6±0.31
50	7.0±0.21	6.1±0.31	6.6±0.45	8.9±0.25	6.6±0.11

④ 不同食盐添加量对红烧肉感官品质的影响　经过10名烹饪专业的同学对本组红烧肉进行的感官评价结果见表4-57。评价表的结果显示不同食盐含量下的红烧肉在口感、色泽、组织和总体可接受性上的差距并不十分明显，但对于味道的得分差距较大；食盐添加量在0.1%和0.3%时，味道偏淡；在食盐添加量为0.7%和0.9%时味道偏咸，总体可接受性相对另三组较低；食盐添加量在0.5%左右时，味道咸淡适中，因此0.5%添加量的食盐为最优。

表 4-57　不同食盐添加量的红烧肉感官评价表

食盐添加量 /%	口感	色泽	味道	组织	总体可接受性
0.1	8.9±0.32	8.8±0.42	7.8±0.27	9.0±0.31	8.2±0.42
0.3	8.7±0.51	8.7±0.15	7.9±0.34	9.1±0.12	8.3±0.31
0.5	9.2±0.52	8.9±0.47	9.0±0.51	9.1±0.44	9.2±0.22
0.7	8.7±0.26	8.5±0.32	7.9±0.33	9.1±0.10	7.6±0.45
0.9	8.3±0.25	8.8±0.31	6.9±0.45	8.9±0.22	6.9±0.27

⑤ 不同水添加量对红烧肉感官品质的影响　水在烹调过程中起到重要作用，它能作为传热介质、溶剂，还能优化原料性状。因此对红烧肉菜肴感官品质的影响中必不可少的一大因素就是水的添加量。经过 10 名烹饪专业的同学对本组红烧肉进行的感官评价结果见表 4-58。评价表的结果显示相同时间不同水炖煮下的红烧肉在口感、色泽、味道、组织和总体可接受性上的差距明显，水的添加量在 50% 和 75% 时，炖煮后期水分将干，有煳锅现象，红烧肉的口感略硬，色泽偏深，味道有煳味，组织略有弹性，总体可接受度低；水添加量为 100% 的红烧肉口感软糯，颜色红亮，味道咸甜适中，组织有弹性，总体可接受性的得分高；水添加量为 125% 和 150% 时，炖煮后水分残留较多，红烧肉没入味，颜色也偏浅，组织有弹性，口感较好，总体可接受性较低。因此水添加量为 100% 时最优。

表 4-58　不同水添加量的红烧肉感官评价表

水添加量 /%	口感	色泽	味道	组织	总体可接受性
50	6.3±0.31	6.8±0.23	5.5±0.24	8.0±0.32	6.6±0.15
75	6.4±0.52	6.7±0.25	6.9±0.31	8.1±0.21	7.1±0.33
100	9.0±0.11	9.1±0.16	9.2±0.21	9.0±0.14	9.2±0.21
125	8.7±0.21	6.9±0.37	6.4±0.32	8.9±0.24	7.6±0.47
150	8.3±0.22	7.8±0.37	6.6±0.20	8.9±0.25	7.6±0.22

⑥ 不同调味白糖的添加量对红烧肉感官品质的影响　经过 10 名烹饪专业的同学对本组红烧肉进行的感官评价结果见表 4-59。通过评价表的结果可以看出：不同调味白糖添加量下的红烧肉在味道、口感和总体可接受性上有明显差别，在色泽和组织评估中区别不十分明显；调味白糖添加量在 1% 和 2% 时的红烧肉味道得分相对高，总体可接受性相对高；调味白糖添加量在 3% 时，红烧肉味道甜而不过，总体可接受性最高；调味白糖添加量在 4% 和 5% 时，红烧肉味道过甜，口

感略黏，总体可接受性较低，但浮动较大，可能原因是评审员中有偏爱甜食的人。因此红烧肉白糖添加量为3%时最优。

表4-59 不同调味白糖添加量的红烧肉感官评价表

调味白糖添加量/%	口感	色泽	味道	组织	总体可接受性
1	8.3±0.32	8.8±0.24	8.5±0.22	9.0±0.31	8.6±0.47
2	8.4±0.52	8.7±0.12	8.8±0.31	9.1±0.22	8.5±0.34
3	9.2±0.54	8.9±0.47	9.1±0.35	9.1±0.34	9.2±0.22
4	7.7±0.27	8.5±0.34	7.3±0.67	9.1±0.13	8.6±0.41
5	7.3±0.22	8.8±0.35	7.6±1.42	8.9±0.25	7.6±1.28

（6）配方优化工艺正交实验结果与分析　在单因素实验的基础上，选取酱油添加量、糖色添加量、食盐添加量、清水添加量、调味白糖添加量5个因素为研究指标，设置3个水平进行L_{27}（35）正交实验，并将红烧肉的感官评价结果作为指标进行接下来的工艺优化，得出实验结果。通过实验，根据表4-51红烧肉感官评价标准得出红烧肉正交实验感官评价的平均分见表4-60，通过minitab16得出正交实验极差分析结果见表4-61。

表4-60 红烧肉正交实验感官评价平均得分

酱油添加量/%	糖色添加量/%	食盐添加量/%	调味白糖添加量/%	清水添加量/%	感官得分
3	2.80	0.20	2.80	90	44.2
3	2.80	0.20	2.80	100	43.8
3	2.80	0.20	2.80	110	43.2
3	3	0.50	3	90	44.8
3	3	0.50	3	100	47.5
3	3	0.50	3	110	44.2
3	3.20	0.80	3.20	90	44.5
3	3.20	0.80	3.20	100	43.7
3	3.20	0.80	3.20	110	44.7
3.50	2.80	0.50	3.20	90	43.1
3.50	2.80	0.50	3.20	100	44
3.50	2.80	0.50	3.20	110	45.6

续表

酱油添加量 /%	糖色添加量 /%	食盐添加量 /%	调味白糖添加量 /%	清水添加量 /%	感官得分
3.50	3	0.80	2.80	90	43.5
3.50	3	0.80	2.80	100	44.2
3.50	3	0.80	2.80	110	45.4
3.50	3.20	0.20	3	90	43.6
3.50	3.20	0.20	3	100	43.4
3.50	3.20	0.20	3	110	43.1
4	2.80	0.80	3	90	42.1
4	2.80	0.80	3	100	43.4
4	2.80	0.80	3	110	44
4	3	0.20	3.20	90	43.2
4	3	0.20	3.20	100	44.1
4	3	0.20	3.20	110	44
4	3.20	0.50	2.80	90	45.7
4	3.20	0.50	2.80	100	44.8
4	3.20	0.50	2.80	110	41.6

表 4–61　红烧肉正交实验极差分析结果

水平	酱油添加量	糖色添加量	食盐添加量	调味白糖添加量	清水添加量
1	44.51	43.71	43.62	44.04	43.86
2	43.99	44.54	44.59	44.01	44.32
3	43.66	43.90	43.94	44.10	43.98
Delta	0.85	0.83	0.97	0.09	0.46
排秩	2	3	1	5	4

由表 4-61 正交实验极差分析可知，影响红烧肉感官品质各因素的主次排序为：食盐添加量 > 酱油添加量 > 糖色添加量 > 清水添加量 > 调味白糖添加量。各因素的最优组合是，食盐添加量为 0.5%，酱油添加量为 3%，糖色添加量为 3%，清水添加量为 100%，调味白糖添加量为 3.2%。经验证在最优组合下的感官评价平均值为 48 分（满分 50 分）。

第二节　中式蔬菜类菜肴调理食品

一、中式蔬菜类菜肴调理食品概述

当今世界，科学技术发展势头迅猛，众多先进技术被运用至各大领域，食品行业也不例外。受到多种因素的影响，各种各样的食品工业不断得到发展。从目前来看，食品企业在进行加工制作时，调理食品的应用主要停留在速冻水饺、传统点心或部分的肉类菜肴方面，对于蔬菜类菜肴调理食品的应用及研究还较少。主要原因就是蔬菜类菜肴的品质控制问题，特别是颜色和风味保持问题，以及在低温贮藏后的脆性劣变问题。近年来，国内对于蔬菜类菜肴调理食品的研究一直在摸索当中，并取得了一定的研究成果。夏文水、姜启兴等研究了关于"莲藕方便食品的加工"，并且表示这类方便调理食品虽然在工业生产和口味品种上能带来便利，由于色泽是该产品的一项重要指标，所以该研究的一个重点是贮藏期间莲藕方便食品的色泽的保护，但由于当时并没有过多的相关文献资料，使得其不了了之。2008 年，苏扬、郭晓强、姚倩等研究了即食香菇加工工艺的硬化、干燥以及杀菌，在研究中就曾提到即食香菇的工艺虽然最终得到了优化，但是即食香菇在杀菌工艺上存在一定的空白区域。可见菜肴冷冻调理技术在烹饪中受诸多问题及因素的制约，其中技术研究不够深入是主要原因之一。目前现有的中式蔬菜类菜肴调理食品大多数为传统食品，种类繁多，加工方法各异，千百年来一直以手工方式制作。由于中式菜肴加工工艺的独特性，国外没有现成的技术和装备可以直接引进，必须靠我们自己动手研发，才能实现工业化生产。未来，在中式蔬菜类菜肴调理食品方面急需解决的问题包括：产品品质形成技术与装备、品质控制技术与装备、包装技术与装备、杀菌技术与装备、冷链贮运技术与装备、复热技术与装备等。

二、中式蔬菜类菜肴调理食品研究实例

1. 预制地三鲜调理菜肴

（1）地三鲜简介　我国古代民间到立夏的时候就有"尝三鲜"之说。三鲜又分为地三鲜、树三鲜和水三鲜这三种。地三鲜，指的就是新鲜下地的时蔬：苋菜、黄瓜和蚕豆（还有其他说法）。后来，到了东北，地三鲜中的三鲜就变成了马铃薯、茄子和辣椒。

（2）地三鲜制作工艺及要点

① 材料准备　青椒100g、马铃薯块200g、茄子300g、葱段、蒜末、糖、食盐、酱油、醋、淀粉、食用油、清水适量。先把马铃薯块切成1cm厚块，茄子切成滚刀块，青椒切成长5cm菱形块。将青椒放入配制好的护色剂溶液中，放入水浴锅进行漂烫处理后，捞出。调芡汁：酱油、醋、糖、食盐、淀粉、清水适量。冷锅下入食用油。油温达到一定温度后，先放入马铃薯块、茄子油炸一段时间，后油炸青椒，捞出备用。倒出锅内多余的油，留底油，放入葱段爆香。放入油炸后的马铃薯块、茄子、青椒，倒入芡汁。快速翻炒，放入蒜末，至芡汁浓稠包裹住每块食材。出锅完成。待其冷却到室温后，用托盘包装，放入4℃冰箱进行冷藏处理。

② 预制地三鲜菜肴加工工艺流程　原料准备→原料切配→配制护色液→调整护色液pH→漂烫→油炸→烹饪→冷却→托盘包装→4℃冷藏。

（3）预制地三鲜配方优化工艺实验设计　根据传统地三鲜配方和制作的预实验结果，选择对预制地三鲜的感官质量有影响的四个因素：酱油添加量、食醋添加量、食盐添加量、白糖添加量，进行4因素3水平的正交优化实验，以感官评分作为检测指标（表4-62）。

表4-62　预制地三鲜的配方工艺参数的正交优化实验表

水平	因素			
	A（酱油添加量）/%	*B*（食醋添加量）/%	*C*（食盐添加量）/%	*D*（白糖添加量）/%
1	9	4	3	4
2	10	5	4	5
3	11	6	5	6

（4）预制地三鲜配方优化工艺实验结果　选取酱油添加量、食醋添加量、食盐添加量、白糖添加量4个因素为研究指标，设置3个水平进行$L_9(3^4)$正交实验，测定预制地三鲜的感官质量，方便地三鲜感官评价标准得出预制地三鲜感官评价平均得分表（表4-63），通过minitab 16得出正交实验极差分析结果（表4-64）。由表4-64可知，最佳因素组合为：$A_2B_1C_2D_3$，即酱油添加量10%、食醋添加量4%、食盐添加量4%、白糖添加量6%。影响预制地三鲜感官品质各因素的主次排序为：食盐添加量＞酱油添加量＞食醋添加量＞白糖添加量。经验证在最优组合下的感官评价平均值为46分（满分50分）。

表 4-63　预制地三鲜配方工艺参数的正交优化实验感官评价平均得分

实验号	A（酱油添加量）/%	B（食醋添加量）/%	C（食盐添加量）/%	D（白糖添加量）/%	感官评价 / 分
1	1（9）	1（4）	1（3）	1（4）	44.5
2	1	2（5）	2（4）	2（5）	43.4
3	1	3（6）	3（5）	3（6）	42.1
4	2（10）	1	2	3	45.7
5	2	2	3	1	41.6
6	2	3	1	2	43.2
7	3（11）	1	3	2	41.1
8	3	2	1	3	43.2
9	3	3	2	1	42.6

表 4-64　预制地三鲜正交实验极差分析结果

水平	酱油添加量	食醋添加量	食盐添加量	白糖添加量
1	43.33	43.93	43.63	42.90
2	43.67	42.73	44.07	42.57
3	42.30	42.63	41.60	43.83
Delta	1.37	1.30	2.47	1.26
排秩	2	3	1	4

2. 预制清炒胡萝卜丝调理菜肴

（1）清炒胡萝卜丝制作工艺流程及操作要点　首先将胡萝卜清洗干净，去皮切成 1 ～ 2mm 均匀大小的薄片，然后快刀切成丝，将葱切丝。将油加热至 9 成热，将葱放入油锅内，大约 5s 后会爆出香味，然后将切好的胡萝卜丝倒入锅中翻炒约 5min，接着放盐、糖、酱油 (放酱油可以增加色泽和味道)，加少许水（水大约 3 汤匙左右，目的是出汁）翻炒 3 ～ 5min，撒上少许味精。之后按照低温杀菌工艺进行杀菌处理，真空包装贮藏于 4℃条件下。

（2）清炒胡萝卜丝配方优化工艺实验设计

① 不同酱油添加量对清炒胡萝卜丝调理菜肴感官品质的影响　按照上述清炒红萝卜丝制作流程进行炒制，分别加入 0.5%、1%、1.5%、2%、2.5% 的酱油，并在每组待盛装菜肴样品的盘子下以添加量大小的顺序分别贴上 1、2、3、4、5，并确保盘子表面无明显分别。实验设计如表 4-65 所示。并对菜肴成品进行打分，

通过 8 组评价求出平均值后进行分析。

表 4-65　酱油添加量单因素实验表

实验序号	1	2	3	4	5
酱油添加量 /%	0.5	1	1.5	2	2.5

② 不同食盐添加量对清炒胡萝卜丝调理菜肴感官品质的影响　按照上述清炒红萝卜丝制作流程进行炒制，分别加入 0.5%、1%、1.5%、2%、2.5% 的食盐，并在每组待盛装菜肴样品的盘子下以添加量大小的顺序分别贴上 1、2、3、4、5，并确保盘子表面无明显分别。实验设计如表 4-66 所示。并对菜肴成品进行打分，通过 8 组评价求出平均值后进行分析。

表 4-66　食盐添加量单因素实验表

实验序号	1	2	3	4	5
食盐添加量 /%	0.5	1	1.5	2	2.5

（3）清炒胡萝卜丝配方优化工艺实验结果

① 不同酱油添加量对清炒胡萝卜丝调理菜肴感官品质的影响　表 4-67 所示为不同酱油添加量对清炒胡萝卜丝感官质量的影响。表中的结果显示酱油添加量在 1.5% ～ 2% 时，色泽、味道和口感的得分偏高，此时的清炒胡萝卜丝色泽易引起食欲，色泽分布均匀，味道咸淡适中；当酱油添加量在 0.5% 时，颜色较浅，味道偏淡适中；酱油添加量为 2.5% 时，颜色较深偏红黑色，由于酱油本身有咸度，所以味道偏咸，因此此时的感官评价得分是各处理组中最低的。

表 4-67　不同酱油添加量的清炒胡萝卜丝感官评价表

酱油添加量 /%	口感（10）	色泽（10）	味道（10）	组织状态（10）	总分（40）
0.5	8.3	6.2	6.5	8.4	29.4
1	8.4	7.8	7.3	9.3	32.8
1.5	9.2	8.9	9.1	9.1	36.3
2	9	8.1	8.9	9.1	35.1
2.5	8.3	6.1	6.6	8.3	29.3

② 不同食盐添加量对清炒胡萝卜丝调理菜肴感官品质的影响　经过 10 名烹饪专业的同学对本组清炒胡萝卜丝进行的感官评价结果见表 4-68。

表 4–68　不同食盐添加量的清炒胡萝卜丝感官评价表

食盐添加量 /%	口感（10）	色泽（10）	味道（10）	组织状态（10）	总分（40）
0.5	8.9	8.8	7.8	9.0	34.5
1	8.7	8.7	7.9	9.1	34.4
1.5	9.2	8.9	9.0	9.1	36.2
2	8.7	8.5	7.9	9.1	34.2
2.5	8.3	8.8	6.9	8.9	32.9

表中的结果显示不同食盐含量下的清炒胡萝卜丝在口感、色泽和组织状态上的差距并不十分明显，但对于味道的得分差距较大；食盐添加量在 0.5% 和 1% 时，味道偏淡；在食盐添加量为 2% 和 2.5% 时味道偏咸；食盐添加量在 1.5% 左右时，味道咸淡适中，因此 1.5% 添加量的食盐为最优。

3. 预制酸笋调理菜肴

（1）酸笋制作工艺流程与操作要点　竹笋去壳→清洗→切丝→用清水浸泡防止氧化→准备浓度为 5% 的盐水→缸体灭菌→将笋丝放入缸体中压实→倒入盐水→自然发酵。

试验所用竹笋每份均为 100g，将切成丝的竹笋浸泡在清水中。将水中放入食盐完全溶解后除掉水中的杂质，将笋放入消毒干净的干燥密封罐中压实。注入盐水，注意不要将未溶解的食盐一起注入，盐水完全没过笋后将罐密封保存。

（2）酸笋配方优化工艺实验设计　将酸笋不添加任何菌种的情况下自然发酵成熟，作为对照组观察其风味以及脆性。

① 乳酸菌接种量对酸笋感官品质的影响　将乳酸菌分别以 3%、4%、5%、6% 的接种量接入试样，室温发酵，13 天后对各实验组进行感官评价。

② 蔗糖添加量对酸笋感官品质的影响　根据前面实验得出乳酸菌最佳接种量进行接种，将乳酸菌以 5% 的接种量接入试样后除蔗糖不添加其他反应物，分别接入 3%、4%、5%、6% 的蔗糖，室温发酵 13 天后对各实验组进行感官评价。

③ 酸笋感官评价标准　将腌制成熟的酸笋每个实验组都分成五个小份，邀请五个人将感官评价标准进行培训后随机发放，让他们从外观、风味、口感、总体可接受性这四个方面进行感官评价，取平均分为总感官评价评分。根据酸笋的色泽、味道以及脆性进行综合评价，感官指标见表 4-69。

表 4-69　酸笋感官评价指标

评分项目	评分标准	分数
外貌形态（30）	颜色均匀，色泽乳白，无黑斑，纹理清晰	21 ～ 30
	颜色较为均匀，色泽较暗，有少量黑斑，纹理结构明显	11 ～ 20
	颜色不均匀，色泽暗沉，有明显黑斑，纹理结构模糊	0 ～ 10
风味（30）	酸笋的发酵风味明显，笋酸咸，笋味浓郁无异味	21 ～ 30
	酸笋的发酵风味不明显，笋略带酸咸，笋味淡，略有其他异味	11 ～ 20
	没有发酵风味，笋不酸咸，无笋味，有明显异味	0 ～ 10
口感（30）	酸咸适中，口感脆嫩，清脆爽口，有浓郁笋香	21 ～ 30
	笋略酸或略咸，口感不够脆嫩爽口，略带笋香	11 ～ 20
	酸味或咸味太重，入口过硬或者软烂，无笋香	0 ～ 10
总体可接受性（10）	外观、风味、口味可以完全接受	8 ～ 10
	外观、风味、口味基本可以接受	4 ～ 7
	外观、风味、口感都产生厌恶	0 ～ 3

（3）酸笋配方优化工艺实验结果

① 乳酸菌接种量对酸笋感官品质的影响　我国腌制类调味食品多数采用的都是传统工艺即自然发酵，产品香味浓郁绵长，具有独特的风味和营养。发酵初期随着发酵时间的延长，腌制液的 pH 值会有一个快速下降的过程，pH 的快速下降可以达到一个快速抑菌的效果。在发酵后期酸笋会进入一个后熟阶段，开始产酸。产生风味物质的时期，pH 值会上升。在自然条件下，发酵一个月是比较正常的，同时，在长时间的发酵过程中，腌制蔬菜还会产生大量的益生菌和风味化合物，例如乙醇和有机酸，它们可以刺激人们的食欲并维持内部的微生态平衡。发酵出来的酸笋鲜嫩可口，风味佳。

由表 4-70 可知，酸笋的腌制过程中加入适量的乳酸菌可以使酸笋的发酵时间缩短，且发酵状态会比较稳定。发酵过程中添加乳酸菌，会产生大量的乳酸以及一些抑菌物质，使得酸笋可以在短时间内稳定且大量地产出。抑菌物质的产生，有害菌会变少，影响酸笋变软的因素减少，脆性也会相应变高。酸笋中可以代谢的物质是比较有限的，乳酸菌的添加量过多，发酵过程中物质过多地消耗在细菌生长和繁殖里，故风味物质并不会一味地因为添加量的增长而增加。且细菌过多还会使得酸笋过酸，也会使得酸笋变软。

表 4-70　乳酸菌接种量对酸笋感官质量的影响结果分析

乳酸菌接种量 /%	外貌形态	风味	口感	总体可接受性
0	24	24	23	7
3	25	25	23	7.5
4	25	26	24	8
5	26	27	25	9
6	24	26	24	8

② 不同蔗糖添加量对酸笋感官品质的影响　在腌制过程中加入适量的蔗糖可以在一定程度上提高酸笋的脆性。但是过多的蔗糖添加量会使得酸笋的内外渗透压差变高。腌制过程中细胞内外液浓度的不同产生渗透压，会使得酸笋细胞内的水分外流，失去水分的细胞液泡会缩小，细胞质壁分离后，使得细胞膨压下降，脆性降低。而腌制过程中盐的浓度过低也是蔬菜失脆的重要原因之一。低盐浓度下会促进蔬菜中乳酸的形成，形成高酸环境，使蔬菜软化。此外，腌制时的温度过高、器具不净、密封不严会促进腌制蔬菜表面有害菌繁殖，也成为蔬菜软化的原因。所以在给笋提供一定保护的前提下，蔗糖的添加量也不是越多越好。由表 4-71 可知蔗糖的加入会给乳酸菌发酵提供一些物质，使得酸笋发酵的速度变快，产物也会变多，进而使得酸笋的风味得到提升。添加过的蔗糖会使得腌制液的浓度过高，内外渗透压的差异会使得细胞内的液泡失去水分，虽然糖能在一定程度上对蔬菜的脆性起到保护作用，但是还是不及因渗透压而失去的脆性，酸笋的脆性也会随之降低。渗透压变大，也不利于乳酸菌的发酵，风味物资也被影响。综上所述，当蔗糖添加量为 4% 时酸笋的品质最佳。

表 4-71　蔗糖添加量对酸笋感官质量的影响结果分析

蔗糖添加量 /%	外貌形态	风味	口感	总体可接受性
0	24	24	23	7
3	23	24	24	8
4	25	27	25	9
5	22	23	26	8.5
6	23	22	24	8

第三节　中式面点及汤类调理食品

一、中式面点调理食品

“民以食为天”，根据我国传统饮食习惯特征，主食在人们日常生活中占据重要地位，中国居民膳食宝塔中也将主食放在最重要的塔底位置，并要求我国居民每日食用谷薯类主食食品 250 ～ 400g，其他肉类及蔬菜食品均位于宝塔上层，可见主食在我国居民日常饮食中的地位。一直以来，我国大多数家庭习惯采用传统方式制作主食（如米饭、包子、馒头等），不仅费时费力，并且冷后主食易出现严重老化，风味减弱，口感变差和淀粉消化率降低等问题。因此快捷、优质、卫生的调理主食面点市场发展潜力巨大。中式面点调理食品主要指在食用前只需简单烹调或直接可食用的，风味、口感、外形与新鲜主食产品基本一致的主食食品。根据包装及储藏方式的不同，又可分为罐装、无菌包装、冷藏和冷冻主食等种类。罐装主食主要形式为罐装米饭，开罐后需要加热才能食用，并且食用和携带都不太方便。无菌包装主食（如包子），由于在生产过程中要求有超净室和无菌包装生产线，导致成本过高、价格偏贵，但由于可以满足消费者多样化需求，经微波炉加热便可食用，口感也较好，因而逐渐被接受。脱水米饭，无须蒸煮，可用热水或冷水浸泡，食用较为方便。冷藏和冷冻主食虽然在流通和销售中均需配备相应制冷设备，需要一定成本，但冷冻复热后的风味和食感最接近新鲜产品，并且便捷卫生，符合现代快节奏社会的发展。在发达国家，特别是日本自 20 世纪 60 年代开始发展速冻主食类工业，如今速冻包子、馒头等主食的生产、包装和保鲜等技术完善，并且产品品种丰富、口感好、保质期长。我国主食类调理食品生产起步较晚，但发展也很快。下面介绍一下薄荷酸奶面包的生产。

1. 薄荷酸奶面包简介

随着我国烘焙行业的高速发展，近几年来，烘焙食品走进了各家各户，成了很多家庭喜爱的产品之一。随着人们生活质量的提高，开始追求营养价值高且低脂低糖的食品，越来越注重健康饮食。薄荷具有提神醒脑、抗氧化性、祛痰、清新口气等功效，刚好在现代人群中很多人晚睡熬夜早上起不来，起床之后不清醒，如果早餐含有由薄荷提取物制作的面包，会起到一定的保健功效。酸奶具有促进人体肠道排气、蠕动排便等功效。薄荷与酸奶都含有一定的抗氧化性，能延缓衰老，降低自由基的含量。在市面上，薄荷酸奶面包的研发还没有推出，算是一种新颖口味的保健类食品。

2. 薄荷酸奶面包制作工艺流程及操作要点

（1）薄荷酸奶面包制作工艺流程 按配方称取原材料，然后把液体材料依此加入盆内混合均匀，接着加入薄荷汁慢慢地和制成面团（揉制 15min，至面团表皮光滑），在室温中静置 30min（盆倒扣在面团上避免面团表皮干裂），将揉制好的面团进行分割与整形、排气，然后把整形结束好的面团放置于醒发箱中，取出烤盘待面包表面至稍干、不粘手的程度。最后把烤盘放进烤箱烤制，取出烤盘，把面包晾凉进行感官评价和测量比容、高径比。薄荷酸奶面包制作工艺流程如图 4-1 所示。

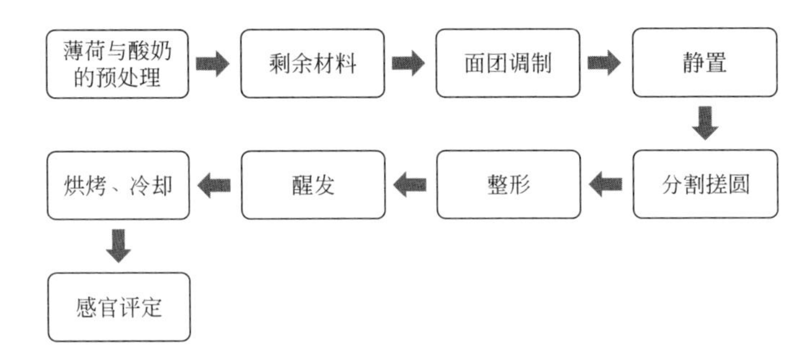

图4-1 薄荷酸奶面包制作工艺流程

（2）薄荷酸奶面包制作操作要点

① 原料预处理 将薄荷粉按一定的量放入水中调制成薄荷汁（这里的水包含配方中的水），然后过筛处理成细腻的薄荷汁。酸奶取出搅拌均匀，防止有结块，然后备用。取活性干酵母用适量的水搅拌均匀（要求是配方里的含水量），接着加糖搅拌至溶化，剩下材料称量好备用。

② 面团调制 先将称量好的高筋小麦粉、薄荷汁、酸奶、酵母、白糖，放入盆中混合均匀后，逐渐加水，边加水边搅拌成絮状。然后加入盐、黄油，揉至面筋完全舒展。然后继续揉制 15min，直至成为光滑的面团。

③ 分割搓圆 将揉制好的表面光滑的面团静置 30min，面团的表面盖上醒面布，防止表皮干裂 (或者盆倒扣在面团上)，之后面团分割为 5 份，每份 50g。将分好的小面团揉至表面光滑，没有裂缝，呈均匀的圆球状即可。

④ 整形 将分割搓圆后的面团做成一定形状，然后收口朝下放进烤盘。

⑤ 醒发 将整形好的 50g 均匀小面团放入醒发箱里醒发，醒发温度是 25 ～ 28℃，相对湿度为 75%，至面团的体积醒发到原来体积的 2.5 倍大，即醒发结束。

⑥ 烘烤、冷却　醒发好的均匀面团，从醒发箱中拿出，待表皮稍稍晾干，不粘手后便可放入烤箱中。烤箱提前预热至所需温度且设定所需时间，烤制时最后两分钟可把烤盘翻个面，以保证面包表皮色泽均匀。烘烤结束后拿出来静置冷却，接着从中间切开，查看面包横截面的内部结构。

3. 薄荷酸奶面包制作工艺实验设计

（1）配方的水平因素设计表　由于薄荷、酸奶和白砂糖的添加量显著影响面包的风味、口感、外观、内部结构以及人群的总体接受性等感官质量，因此本实验设计了薄荷、酸奶和白砂糖的添加量三种配方单因素实验。在薄荷酸奶发酵面包配方单因素实验中，固定基础配方（高筋小麦粉 250g、酵母 4g、精盐 2g）不变，通过改变薄荷、酸奶、白砂糖添加量单一变量，研究三种原料添加量对薄荷酸奶面包的品质影响（表 4-72 ～表 4-74）。

表 4-72　薄荷添加量水平表

实验序号	薄荷添加量 /%
1	0
2	0.6
3	1
4	1.2
5	1.4

表 4-73　酸奶添加量水平表

实验序号	酸奶添加量 /%
1	0
2	4
3	6
4	8
5	10

表 4-74 白砂糖添加量水平表

实验序号	白砂糖添加量 /%
1	4
2	6
3	8
4	10
5	12

（2）配方工艺的正交实验因素水平表 通过对薄荷、酸奶、白砂糖的添加量单因素实验中，在不改变固定基础配方（高筋小麦粉 250g、酵母 4g、精盐 2g）的情况下进行单因素水平实验，最后确定了最优的水平结果。根据本研究的正交实验，以薄荷的添加量、酸奶的添加量、白砂糖的添加量为影响面包品质的因素设置了三个因素，每一个因素设置了三个水平（表 4-75）。研究三种配方的添加量对薄荷酸奶面包的品质影响。

表 4-75 薄荷酸奶面包配方工艺正交实验因素水平表

水平	因素		
	A（薄荷添加量）/%	*B*（酸奶添加量）/%	*C*（白砂糖添加量）/%
1	0.6	6	6
2	1	8	8
3	1.2	10	10

（3）加工工艺的水平因素设计表 在薄荷酸奶面包的三种添加量的单因素实验与正交实验中，最后确定了薄荷、酸奶、白砂糖三种添加量的最优水平结果。在固定基础配方不变的情况下，通过改变发酵时间、烘焙时间、烘焙温度的单一变量，研究三种加工工艺方法对薄荷酸奶发酵面包的品质影响（表 4-76 ～表 4-78）。

表 4-76 薄荷酸奶面包发酵时间水平表

实验序号	发酵时间 /min
1	60
2	75
3	85
4	100
5	120

表 4–77　薄荷酸奶烘焙时间水平表

实验序号	烘焙时间 /min
1	8
2	10
3	15
4	18
5	20

表 4–78　薄荷酸奶烘焙温度水平表

实验序号	烘焙温度 /℃
1	160
2	170
3	185
4	190
5	210

（4）加工工艺的正交实验因素水平表　通过对发酵时间、烘焙温度、烘焙时间三种变量的加工工艺单因素实验中，在不改变固定基础配方（高筋小麦粉250g、酵母 4g、精盐 2g）以及薄荷、酸奶、白砂糖的最优配方工艺的情况下，对每个实验进行了单因素水平实验，最后确定了最优的加工工艺水平结果。根据本研究的正交实验，以发酵时间、烘焙温度、烘焙时间为影响面包品质的因素设置了三个因素，每一个的因素设置了三个水平（表 4-79），研究三种加工工艺的变量对薄荷酸奶发酵面包的品质影响。

表 4–79　薄荷酸奶面包加工工艺正交实验因素水平表

水平	因素		
	A（发酵时间）/min	*B*（烘焙温度）/℃	*C*（烘焙时间）/min
1	75	160	10
2	85	170	15
3	100	185	18

4. 薄荷酸奶面包制作工艺实验结果

（1）不同配料添加量对面包感官品质的影响 在本次的实验中，依据面包粉的用量作为标准，分别添加薄荷与酸奶，按照基础配方的基础上，薄荷和酸奶的加入量按照加入质量分数表示。

① 薄荷添加量对面包感官品质的影响 由表4-80可知，随着薄荷添加量从0、0.6%、1%、1.2%、1.4%逐渐增加，面包的品质总体呈下降趋势。薄荷添加量越多，面包的面筋网络结构延展越差，咀嚼性就差；面团的弹性下降，面筋强度不高，面包的体积和比容逐渐降低，以至于评分降低，影响面包的品质。薄荷添加量为0.6%的面包品质与普通的小麦面包没有太大区别，口感上与普通面包一致；面包表皮光滑平整，没有裂痕；面包成熟后冷却按压表面，面包迅速回弹，说明面包的弹性大，面筋网络结构延展好；切开面包后发现面包芯气孔小，组织细密且面包的内部色泽是淡绿色，总体接受性高。薄荷的添加量为1%的面包色泽呈现淡绿色，表面光滑平整，仔细闻有特别淡的薄荷的香气，在口腔中薄荷的味道平淡，组织结构细腻，气孔均匀。薄荷添加量为1.2%的面包呈现浅绿色，烤制时散发出薄荷的香气且面包内部组织膨松暄软，体积增大，薄荷的清香萦绕在口腔里，内部组织均匀，呈海绵结构。薄荷添加量为1.4%的面包颜色深，不光滑，伴随着薄荷的小麻点，薄荷香味重，内部气孔大，蜂窝不均匀，体积减小，面包的弹性变小，口感不佳。根据图4-2可知，随着薄荷添加量0、0.6%、1.0%、1.2%、1.4%逐渐增加，面包的比容渐渐增长达到1.2%最高值时下落。说明薄荷的添加量超过1.2%之后面包比容变小，体积减小。综合以上的感官评价以及面包比容，在上述的添加量中，薄荷的添加量为1.2%评价的分数最高，制作的工艺水平应该为最优。

表4-80 薄荷添加量对面包品质的感官评价表

薄荷添加量/%	外观形状（15）	风味口感（20）	弹性（25）	色泽（15）	内部结构（15）	总体可接受性（10）	总分（100）
0	14	17	22	13	12	9	87
0.6	15	18	21	11	12	8	85
1.0	14	18	22	13	11	8	86
1.2	15	19	22	13	11	9	89
1.4	13	17	20	12	10	7	79

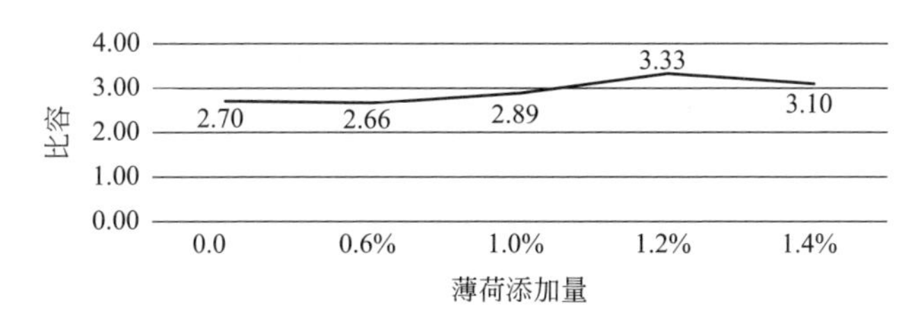

图4-2　不同薄荷添加量对面包比容的影响

② 酸奶添加量对面包感官品质的影响　由表4-81可知，随着酸奶添加量由0、4%、6%、8%、10%逐渐增加，面包的内部弹性开始升高后来降低，内部组织有黏结，按压不回弹，面包的气味闻起来有些微酸，乳酸菌发酵过久，导致面包的体积减小，比容下降。当酸奶添加量为4%时，面包的品质与正常制作的小麦面包无异，组织结构绵密，孔隙较小，面包体积大小正常。酸奶添加量为6%时，面包膨松有弹性，内部结构细腻，气孔小，面包无异味，面包体积略大。酸奶添加量为8%时，面包暄软膨松，富有弹性，按压时迅速回弹，结构紧密，口感适口；面包内部组织稳定，面包体积膨胀到最大。当酸奶添加量达到10%以上时，面包的黏度增大，和面时面粉的筋性松散，黏性增大；而且面包发酵时，面包酸味过大，发酵过久，整形困难。由图4-3表明，酸奶的添加量逐渐增加，面包比容的折线图呈现出先降低后增高又降低的趋势。结合以上的感官评价，由此可得知酸奶的添加量在8%时感官评价最高，是最佳的工艺配方水平。

表4-81　酸奶添加量对面包感官品质的影响

酸奶量/%	外观形状（15）	风味口感（20）	弹性（25）	色泽（15）	内部结构（15）	总体可接受性（10）	总分（100）
0	14	16	22	13	12	8	85
4	13	18	22	13	12	8	86
6	14	18	23	13	11	9	88
8	15	18	24	13	11	9	90
10	13	17	20	12	10	8	80

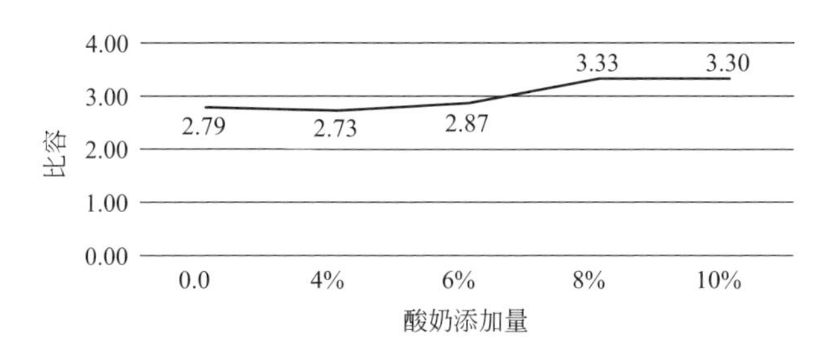

图4-3　不同酸奶添加量对面包比容的影响

③ 白砂糖添加量对面包感官品质的影响　由表 4-82 可得，随着白砂糖添加量由 4%、6%、8%、10%、12% 逐步增加，薄荷酸奶面包的感官评分先上升后降低，面包比容增大。当白砂糖的添加量为 4% 时，面包的外皮平整光滑，表面色泽金黄且面包内部组织弹性中等无明显气孔，面包孔隙无开裂，面包的味道基本没有甜味，白砂糖不影响面包的发酵程度。白砂糖的添加量为 6% 时，面包表皮色泽略呈现金黄色，面包表面平整不塌陷，内部结构细腻略微有些气孔无孔裂，面包咀嚼后有微微的甜味，面包体积略微增大且组织膨松。当白砂糖的添加量为 8% 时，面包表皮色泽金黄，内部结构无孔洞且细密，组织结构膨松暄软，面包弹性大且面包甜味适中，但是面包颜色比较浅。白砂糖的添加量在 10% 时，面包膨大且体积增大，表皮光滑，内部色泽淡绿色，面包的风味因为白砂糖的添加使得甜度适中，面包软硬度刚刚好，有面包的甜香味道。当白砂糖的添加量在 12% 以上时，过量的白砂糖导致面团内部面筋网络粘连，发酵程度不佳，面包体积减小且不易于整形揉面，面包表皮不光滑有气孔。由图 4-4 表明，随着白砂糖添加量的增加，面包的醒发与膨胀程度不稳定，导致面包的比容逐渐升高后降低。综上所述，白砂糖的添加量 10% 为最佳工艺配方用量。

表 4–82　白砂糖添加量对面包感官品质的影响

白砂糖量/%	外观形状（15）	风味口感（20）	弹性（25）	色泽（15）	内部结构（15）	总体可接受性（10）	总分（100）
4	12	15	20	11	10	7	75
6	14	14	21	11	12	8	80
8	12	17	22	13	11	8	83
10	15	19	22	13	11	9	89
12	14	18	21	13	11	8	85

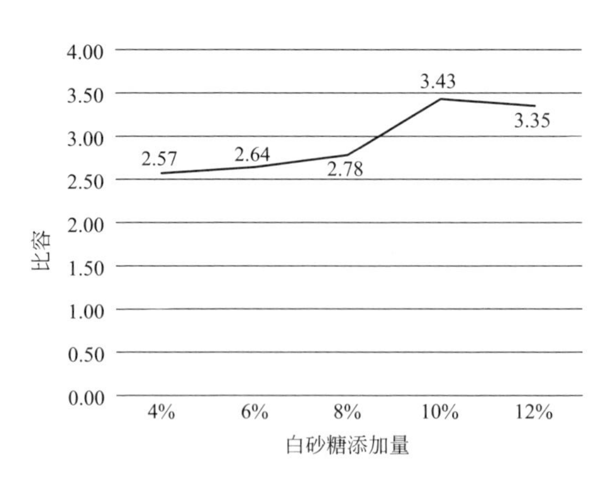

图4-4　不同白砂糖添加量对面包比容的影响

（2）不同加工工艺对面包感官品质的影响

① 发酵时间对面包感官品质的影响　发酵时间对面包品质有着重要的影响。发酵是烘焙工艺中最为关键的一环，因为发酵可以使面包膨松，组织结构膨胀，呈现蜂窝状的组织。发酵的时间决定了面包的膨大程度以及体积的大小，还有面包的松软程度。根据表 4-83 得知，发酵时间的长短对面包品质的影响较大。发酵时间在 60min 时，面包的体积不够膨大，表面不光滑，内部结构有气孔。发酵时间为 75min 时，面包表面质地不平滑，按压会回缩，内部组织不够紧密。当发酵时间为 85min 时，面包表皮平整光滑，内部结构呈蜂窝状，且有发酵的酸味，体积膨大。当发酵时间为 100min 时，面包体积减小，伴随着酸味，内部结构有些塌陷。发酵时间在 120min 时，面包体积略有些回缩，酸味大，质地变粗糙。由上述分析表明，当发酵时间为 85min 时，感官评分是最高的，面包体积为原来的 2.5 倍大，风味口感绵软，内部蜂窝组织均匀，用指按压一个洞没有回弹。所以，发酵时间为 85min 时，为最佳的发酵时间。由图 4-5 可知，发酵时间的长短决定了高径比的高低，在 85min 之内发酵时间越短，高径比越低。发酵时间超过 85min 时，面包的高径比也逐渐降低。当发酵 85min 时，高径比达到最高值。所以薄荷酸奶面包的最佳发酵时间为 85min。

表 4–83　发酵时间对面包感官品质的影响

发酵时间 /min	60	75	85	100	120
表皮色泽	4	6	14	10	11
总体可接受性	5	6	10	9	10
表面质地 / 形状	3	7	10	10	8
内部色泽	4	6	10	10	8
表皮触感	3	5	10	9	9
内部组织	5	7	10	10	7
口感	3	6	10	8	10
风味	3	5	11	8	9
综合评分 / 分	30	48	85	74	72

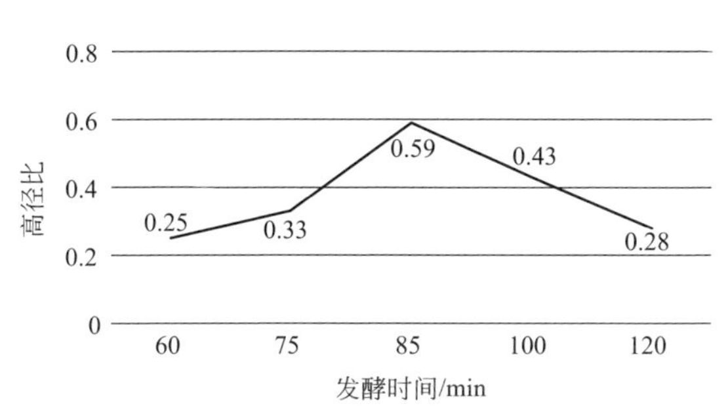

图4-5　不同发酵时间对面包高径比的影响

② 烘焙时间对面包感官品质的影响　根据表 4-84 可知，当烘焙时间由 8min、10min、15min、18min、20min 渐渐增加时，薄荷酸奶面包的品质先升高后降低。当烘焙时间为 8min 时，面包内芯不成熟，面包体积无法膨胀，内部结构粘连而且表面色泽泛白，面包的高径比低（图 4-6）。当烘焙时间为 10min 时，面包体积略微膨大，表面有些许微黄，有薄荷的香气，内部组织结构有些膨松，有细微的气孔，高径比增加。当烘焙时间 15min 时，面包表面色泽金黄，面包体积膨大，口感柔软，有淡淡的薄荷面包香气，面包的内部组织绵密无气孔，面包的高径比达到最大峰值。当烘焙时间为 18min 时，面包表面色泽开始微焦，表皮干，摸起来有些硬，内部结构干燥，口感干涩。当烘焙的时间达到 20min 时，面包表皮逐渐干燥，面包皮褶皱，颜色开始变深，面包体积减小，面包的高径比降低。综上所述，烘焙时间过短或者过长都导致面包的品质降低，感官评分过低。当烘焙的时间为 15min 时，感官评分最高，面包高径比最大，所以最佳的烘焙时间为 15min。

表 4-84　烘焙时间对面包感官品质的影响

项目	烘焙时间 /min				
	8	10	15	18	20
表皮色泽	4	7	14	11	9
总体可接受性	5	6	10	9	8
表面质地 / 形状	3	7	10	9	7
内部色泽	4	6	10	8	9
表皮触感	3	6	9	9	8
内部组织	5	7	10	10	7
口感	4	6	15	12	8
风味	3	5	10	9	9
综合评分 / 分	28	45	88	77	65

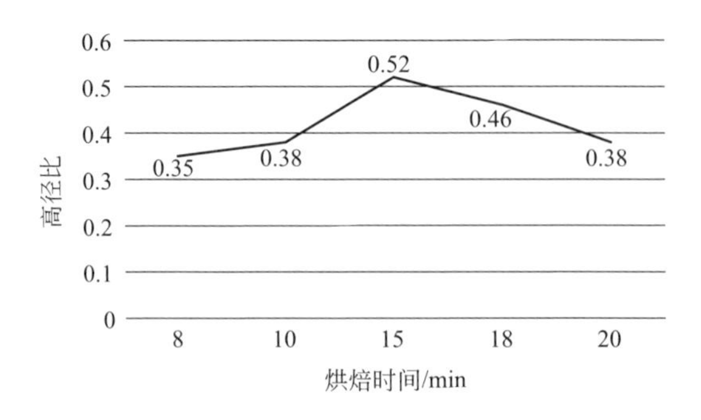

图 4-6　不同烘焙时间对面包高径比的影响

③ 烘焙温度对面包感官品质的影响 据表4-85可知，当烘焙温度为160℃时，面包表皮色泽微白，面包体积膨胀过小，面包的面筋网络结构不稳定，内芯不够成熟，弹性小，质量大，水分多。当烘焙温度为170℃时，面包体积逐渐涨大，表皮色泽逐渐微黄，用手按压时有略微弹性，面包松软，面包组织结构紧密，水分逐渐减小，高径比增高（图4-7）。当温度逐渐升温至185℃时，面包表皮色泽金黄，面包的体积膨胀到最大，面包膨松柔软，带有烤面包的香气，内部组织绵密，水分减小，重量减轻。当温度达到190℃以上时，面包表皮逐渐焦黑，外皮渐渐发硬干燥，面包的内部结构干裂，面包的体积不再膨大，口感干硬，味道微焦。由上述的感官评价可得知，当烘焙温度为185℃时面包的色泽、外表、口感、面包高径比以及面包体积都达到最佳水平。所以最佳烘焙温度为185℃。

表4–85 烘焙温度对面包感官品质的影响

项目	烘焙温度/℃				
	160	170	185	190	210
表皮色泽	4	6	16	14	11
总体可接受性	5	5	9	8	10
表面质地/形状	3	7	10	10	10
内部色泽	4	6	10	9	10
表皮触感	3	5	9	9	10
内部组织	4	7	10	10	10
口感	4	5	15	10	12
风味	3	5	10	8	12
综合评分/分	27	41	89	78	78

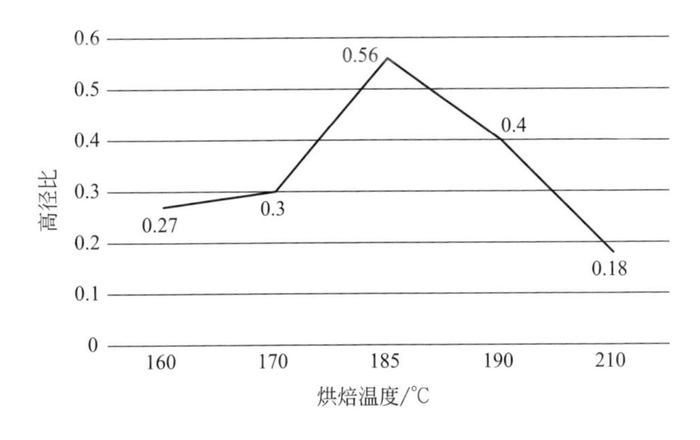

图4-7 不同烘焙温度对面包高径比的影响

（3）薄荷酸奶面包配方正交实验结果 在单因素实验的结果基础上选用 $L_9(3^4)$ 正交表进行试验，正交试验结果见表4-86，由表4-86可知，在 K_1、K_2、K_3 中，每水平中最大的 k 值所对应的水平因素就是这个因素的最优工艺。由极差 R 可知，薄荷酸奶面包配方实验因素的添加量对面包品质的影响大小主次为 $C>B>A$，即白砂糖添加量 > 酸奶添加量 > 薄荷添加量。由正交实验的极差分析可知，每个水平中最大的 k 值所对应的水平就是这个因素对应的最优配方。则最优的组合为 $A_3B_2C_3$，从而得出最优加工面包的配方是薄荷添加量1.2%，酸奶添加量8%、白砂糖添加量10%。

表 4-86　薄荷酸奶面包配方正交实验结果

试验号	A（薄荷添加量）/%	B（酸奶添加量）/%	C（白砂糖添加量）/%	空白列	综合评分
1	1（0.6）	1（6）	1（6）	1	75
2	1（0.6）	2（8）	2（8）	2	79
3	1（0.6）	3（10）	3（10）	3	82
4	2（1）	1（6）	2（8）	3	83
5	2（1）	2（8）	3（10）	1	76
6	2（1）	3（10）	1（6）	2	80
7	3（1.2）	1（6）	3（10）	2	74
8	3（1.2）	2（8）	1（6）	3	90
9	3（1.2）	3（10）	2（8）	1	82
K_1	236	232	245	233	
K_2	239	245	244	233	
K_3	246	244	232	255	
k_1	78.7	77.3	81.7	77.7	
k_2	79.7	81.6	81.3	77.7	
k_3	82	81.3	77.3	85	
极差 R	3.3	4.3	4.4	7.3	
优水平	A_3	B_2	C_3		
影响主次	$C>B>A$				
最优组合	$A_3B_2C_3$				

（4）薄荷酸奶面包加工工艺正交实验结果 在单因素实验的结果基础上选用 $L_9(3^4)$ 正交表进行实验，正交实验结果见表4-87。由正交实验的极差分析可知，

每个水平中最大的 k 值所对应的水平就是这个因素对应的最优工艺。由极差 R 可以看出，这三个因素对面包品质的影响主次顺序为发酵时间、烘焙温度、烘焙时间，从而得出最优加工面包的工艺是发酵时间 85min，烘焙温度 185℃、烘焙时间 15min。

表 4-87　薄荷酸奶面包加工工艺正交实验结果

试验号	A（发酵时间）/min	B（烘焙温度）/℃	C（烘焙时间）/min	空白列	综合评分
1	1（75）	1（160）	1（10）	1	76
2	1（75）	2（170）	2（15）	2	76
3	1（75）	3（185）	3（18）	3	80
4	2（85）	1（160）	2（15）	3	81
5	2（85）	2（170）	3（18）	1	85
6	2（85）	3（185）	1（10）	2	90
7	3（100）	1（160）	3（18）	2	82
8	3（100）	2（170）	1（10）	3	80
9	3（100）	3（185）	2（15）	1	86
K_1	232	239	246	247	
K_2	256	241	243	248	
K_3	248	256	247	241	
k_1	77.3	79.7	82	82.3	
k_2	85.3	80.3	81	82.7	
k_3	82.7	85.3	82.3	80.3	
极差 R	8	5.6	1.3	2.4	
优水平	A_2	B_3	C_2		
影响主次	$A>B>C$				
最优组合	$A_2B_3C_2$				

二、中式汤类调理食品

汤类食品在饮食中处于重要地位，它经过刺激唾液的分泌增加食欲，并能促进胃肠的蠕动，便于食物的消化吸收。因为汤类溶解了原料所分解产生的小分子物质，所以更利于人体的吸收。汤的种类极其繁多，依照食物的性质来分可以分为素汤、肉汤和海鲜汤。素汤是指利用植物原料或者菌类原料制作而成的汤如豆芽汤、鲜笋汤、口蘑汤等，肉汤是指兽肉和禽肉为原料制成的汤，海鲜汤的原料为海鲜产品。按照原料的数量分为单一料汤和复合料汤，单一料汤是指只有一种熬汤原料比如鲫鱼汤，复合料汤是指制汤的原料有两种以上，如排骨莲藕汤。目前，因为动物性原料营养价值更高，并且烹制过程中会释放特定的呈味物质，汤浓郁且味鲜美，因此煲汤大多使用家禽和鱼类等动物性原料，如猪肉、鸡肉、鸭肉、牛肉和骨头。

各个国家都有自己的制汤之道，比如像法国的马赛鱼汤、西班牙的冷汤、泰国的冬阴功汤和印度的咖喱汤等。同时在美国、日本、德国等发达国家，方便汤已占领很大的食品市场，主要包括三类，即速食冲调汤、浓缩汤和罐装即食汤，很大程度地满足了人们饮用汤类菜肴的需求。但是对于中国人而言，仍习惯于使用新鲜食材制汤，得到的汤营养和食用品质更高。现阶段，在中国传统的家庭熬煮汤都要经过选料、处理、配料、传统熬煮四大步骤，需要耗费较多的精力，时间成本较高，但随着现代工业化的发展，高压锅、电磁锅和微波炉等加工设备的出现，大大提高了生产效率。

现阶段对于汤类产品的研究主要集中在熬煮工艺、营养物质分析和食用品质分析上。熬煮工艺的研究主要集中在传统的工艺加工、加压煮制和酶解技术。魏秋霞研究了不同熬煮工艺所得到的骨汤品质，其工艺包括高压熬煮、常温熬煮和利用酶解工艺后进行的熬煮。实验发现，高压熬煮工艺条件下的骨汤粗蛋白质含量、固形物含量和碘价高于常温熬煮工艺，但是汤汁中一些其他指标有所下降，包括感官评价、挥发性风味成分、酸价、游离氨基酸和胶原蛋白含量等。酶处理的骨汤营养品质和食用品质均有显著提高，木瓜蛋白酶能促进蛋白质水解，提高骨汤的感官品质。Qin 等研究发现使用微波加工的汤游离氨基酸及核酸含量高于高压和传统熬制，但传统制备的蘑菇汤得到的特征风味物质更多，高压与微波加工的汤风味不存在显著性的差异。孙晓明等探究熬汤方法对蛋白质利用率的影响，结果表明，组合过程熬汤工艺下蛋白质含量最高，即高压条件下与酶解工艺相结合，再进行文火熬煮，在此条件下的蛋白质溶出率更大。徐红梅通过研究不同加工条件对鳙鱼汤品质的影响，得到温度和时间与蛋白质和氨基氮的溶出呈正相关关系。当时间高于两小时后，营养物质的溶解基本达到平衡，并且经过高温杀菌后的鱼汤中粗脂肪、粗蛋白和氨基氮等物质的溶出量均有下降，但对矿物质的影响较小。夏启泉研究烹制鲫鱼浓汤的最佳工艺，将鱼水比、宰杀放置时间、油脂种类、火候大小作为影响因素来进行研究，当鱼体被屠宰并放置 6h 后，利用中火烹制鱼汤时所获得的鱼汤的鲜味达到了最佳效果。

由以上陈述可知，不同的熬制方法对汤的营养和食用品质有着很大的影响。

使用酶解技术能够促进蛋白质的水解，提升汤的品质，但是较难控制其水解的程度。采用高压工艺煮制汤可以促进蛋白质等营养物质的溶解和提高烹饪效率，但是食用品质上会稍有欠缺。而微波、喷雾干燥等技术可以显著改善汤的品质，缩短加工时间。下面将以龙江特产的大麻哈鱼作为对象，介绍大麻哈鱼浓汤关键技术工艺及其品质相关研究。

1. 大麻哈鱼浓汤简介

大麻哈鱼是鲑形目其中一种，属鲑科鱼类，是鲑鱼的一种，是著名的冷水性溯河产卵洄游鱼类。它们出生在江河淡水中，却在太平洋的海水中长大。大麻哈鱼是肉食性鱼类，本性凶猛，到大海后以捕食其他鱼类为生。而在幼鱼期则以水中的底栖生物和水生昆虫为食。大麻哈鱼可以长到6kg，其卵也是著名的水产品，营养价值很高。大麻哈鱼素以肉质鲜美著称于世，历来被人们视为名贵鱼类。

2. 大麻哈鱼浓汤制作工艺及操作要点

（1）原料

① 主料　大麻哈鱼。

② 调味料　食盐、酱油、葱段、姜块、胡椒粉、料酒及植物油。

（2）制作过程　将大麻哈鱼肉块解冻，去皮，把鱼肉改刀切成条，长4cm、宽1cm、厚1cm。

把炒锅置旺火上，放入植物油烧热时，放入大麻哈鱼100g，煎至两面变色，加入适当的水、葱段、姜块、料酒、酱油、食盐、胡椒粉。大火烧开，中火煮20min，小火煮20min。

（3）操作要点　加够一定量的冷水（一定不能加热水），中途不能再加水，这样熬出的鱼汤味才鲜。熬鱼汤时，向锅里滴几滴鲜牛奶，汤熟后不仅鱼肉嫩白，而且鱼汤更加鲜香。

3. 大麻哈鱼浓汤配方优化工艺实验设计

（1）不同食盐添加量对大麻哈鱼浓汤品质的影响单因素实验设计　此时固定制作时其余变量的用量，其中大麻哈鱼100g，植物油添加量为鱼肉重量的20%，水600%，姜8%，葱8%，料酒15%，酱油5%及胡椒粉0.5%，同时控制煮炖的时间为50min，研究食盐用量对大麻哈鱼浓汤的感官评价影响。实验设计见表4-88。

表 4–88　大麻哈鱼浓汤中食盐添加量的单因素实验表

实验组编号	1	2	3	4	5
食盐添加量 /%	0.5	1	1.5	2	2.5

（2）不同料酒添加量对大麻哈鱼浓汤品质的影响单因素实验设计　此时固定制作时其余变量的用量，大麻哈鱼 100g，植物油 20%，水 600%，姜 8%，葱 8%，盐 0.8%，酱油 5% 及胡椒粉 0.5%，同时控制煮炖的时间为 50min，研究料酒用量对大麻哈鱼浓汤的感官评价影响。实验设计见表 4-89。

表 4–89　大麻哈鱼浓汤中料酒添加量的单因素实验表

实验组编号	1	2	3	4	5
料酒添加量 /%	10	15	20	25	30

（3）不同酱油添加量对大麻哈鱼浓汤品质的影响单因素实验设计　此时固定制作时其余变量的用量，大麻哈鱼 100g，植物油 20%，水 600%，姜 8%，葱 8%，料酒 15%，食盐 0.8% 及胡椒粉 0.5%，同时控制煮炖的时间为 50min，研究酱油用量对大麻哈鱼浓汤的感官评价影响。实验设计见表 4-90。

表 4–90　大麻哈鱼浓汤中酱油添加量的单因素实验表

实验组编号	1	2	3	4	5
酱油添加量 /%	2	3	4	5	6

（4）不同胡椒粉添加量对大麻哈鱼浓汤品质的影响单因素实验设计　此时固定制作时其余变量的用量，大麻哈鱼 100g，植物油 20%，水 600%，姜 8%，葱 8%，料酒 15%，食盐 0.8% 及酱油 5%，同时控制煮炖的时间为 50min，研究胡椒粉用量对大麻哈鱼浓汤的感官评价影响。实验设计见表 4-91。

表 4–91　大麻哈鱼浓汤中胡椒粉添加量的单因素实验表

实验组编号	1	2	3	4	5
胡椒粉添加量 /%	0.2	0.4	0.6	0.8	1

（5）不同植物油添加量对大麻哈鱼浓汤品质的影响单因素实验设计　此时固定制作时其余变量的用量，大麻哈鱼 100g，酱油 5%，水 600%，姜 8%，葱 8%，料酒 15%，食盐 0.8% 及胡椒粉 0.5%，同时控制煮炖的时间为 50min，研究植物油用量对大麻哈鱼浓汤的感官评价影响。实验设计见表 4-92。

表 4-92　大麻哈鱼浓汤中植物油添加量的单因素实验表

实验组编号	1	2	3	4
植物油添加量 /%	10	15	20	25

（6）大麻哈鱼浓汤调味工艺正交实验　在单因素实验的基础上，以食盐用量、料酒用量、酱油用量及胡椒粉用量为变量，以单因素实验确定的最佳范围设计正交因素水平，每个因素设 3 个水平，采用 $L_9(3^4)$ 正交表进行正交实验，确定最佳优化条件。正交实验因素与水平见表 4-93，正交实验组见表 4-94。

表 4-93　大麻哈鱼浓汤制作工艺正交实验因素与水平

水平	A（食盐用量）/%	B（料酒用量）/%	C（酱油用量）/%	D（胡椒粉用量）/%
1	0.8	18	4.5	0.5
2	1	20	5	0.6
3	1.2	22	6	0.7

表 4-94　大麻哈鱼浓汤制作工艺的正交实验组

实验组	组合	A（食盐用量）	B（料酒用量）	C（酱油用量）	D（胡椒粉用量）
1	$A_1B_1C_1D_1$	1	1	1	1
2	$A_1B_2C_2D_2$	1	2	2	2
3	$A_1B_3C_3D_3$	1	3	3	3
4	$A_2B_1C_2D_3$	2	1	2	3
5	$A_2B_2C_3D_1$	2	2	3	1
6	$A_2B_3C_1D_2$	2	3	1	2
7	$A_3B_1C_3D_2$	3	1	3	2
8	$A_3B_2C_1D_3$	3	2	1	3
9	$A_3B_3C_2D_1$	3	3	2	1

4. 大麻哈鱼浓汤配方优化工艺实验结果

（1）大麻哈鱼浓汤调味工艺优化实验结果

① 不同食盐添加量对大麻哈鱼浓汤风味及品质的影响　实验结果见表 4-95。

由表 4-95 可知：大麻哈鱼浓汤中不同食盐的添加量对大麻哈鱼浓汤的滋味、口感及可接受度有一定的影响。当大麻哈鱼浓汤中盐含量过低时，汤的味道稍浅，滋味不够浓郁，感官评分不高。在大麻哈鱼浓汤中食盐添加量为 1% 时大麻哈鱼汤的口味最好，并且无异味。

大麻哈鱼浓汤中不同食盐添加量对大麻哈鱼浓汤的风味也有一定的影响，图4-8为不同食盐添加量的电子鼻主成分分析图。由图4-8可知：此时的传感器为S1、S2、S5、S6、S7、S10。此时主成分（principal component，PC）1的贡献率为99.2%，主成分（PC）2的贡献率为0.4%，两者之和为99.6%，说明涵盖了原始数据的绝大部分信息。区分指数（diffcrentiation index，DI）为94.0%，说明区分度良好。五组实验图分布位置无交叉，说明不同食盐添加量的鱼汤可以被电子鼻区分。

表4–95 大麻哈鱼浓汤中食盐添加量的感官评价表

序号	食盐添加量/%	色泽（15）	香气（20）	口感（25）	滋味（25）	可接受度（15）	总分（100）
1	0.5	10.2	12.5	18.4	16.0	10.4	67.5
2	1	10.2	12.7	19.1	21.9	13.2	77.1
3	1.5	10.4	14.1	20.0	19.4	10.4	74.3
4	2	10.7	13.4	21.8	18.8	10.0	73.7
5	2.5	9.5	12.4	18.1	17.8	10.2	68.0

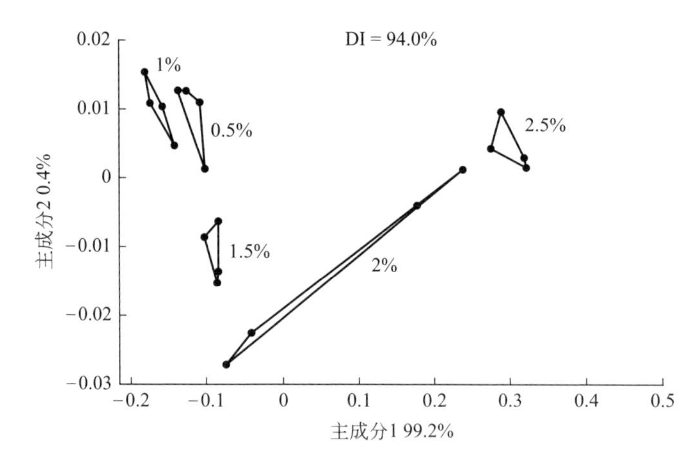

图4-8 不同食盐添加量的电子鼻主成分分析图

② 不同料酒添加量对大麻哈鱼浓汤风味及品质的影响 实验结果见表4-96。

由表4-96可知：大麻哈鱼浓汤中不同料酒的添加量对鱼汤的滋味和色泽有一定的影响。当料酒含量过低时，鱼的味道较腥，香气不够浓郁，感官评分不高。鱼体中的腥味物质主要是氧化三甲胺，它能溶解于乙醇中，其腥味随着酒精挥发而被带走。肉中含有脂肪滴，它有腻人的膻气，这种膻气也能溶解于热乙醇中，随着乙醇的蒸发而消失。因此，料酒用作烹饪调料，能达到除去腥味、膻味的目的，而且通过乙醇挥发，把食物固有的香诱导挥发出来，使菜肴香气四溢。在大麻哈鱼浓汤中料酒添加量为20%时大麻哈鱼浓汤的口味最好，并且无异味。

由图4-9可知：此时最敏感的传感器为S3、S8、S11、S13、S14。此时PC1的贡献率为91.8%，PC2的贡献率为8.0%，两者之和为99.8%，说明涵盖了原始数据的绝大部分信息。DI值为93.3%，说明区分度良好。五组实验图分布位置无交叉，说明不同料酒添加量的鱼汤可以被电子鼻区分。

表4–96　大麻哈鱼浓汤中料酒添加量的感官评价表

序号	料酒添加量/%	色泽（15）	香气（20）	口感（25）	滋味（25）	可接受性（15）	总分（100）
1	10	8.3	12.4	17.3	16.7	10.1	64.8
2	15	8.8	13.6	17.7	17.6	10.2	67.9
3	20	10.1	14.5	20.1	19.8	10.2	74.7
4	25	9.1	13.2	18.0	18.7	10.1	69.1
5	30	9.3	13.2	17.8	18.4	10.1	68.8

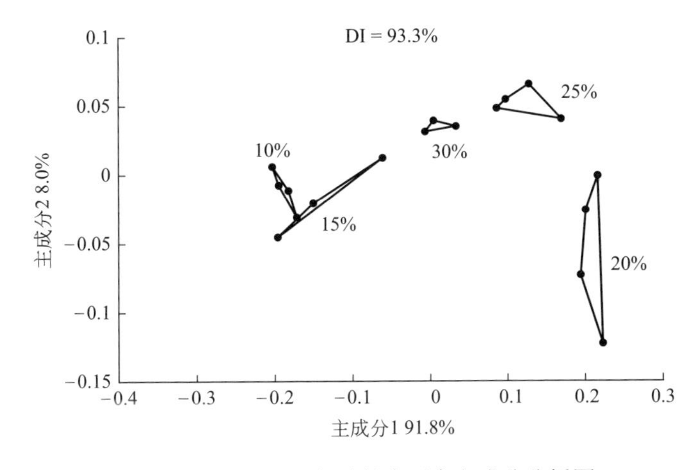

图4-9　不同料酒添加量的电子鼻主成分分析图

③ 不同酱油添加量对大麻哈鱼浓汤风味及品质的影响　实验结果见表4-97。

由表4-97可知：大麻哈鱼浓汤中不同酱油的添加量对大麻哈鱼浓汤的滋味有一定的影响。酱油在烹调中主要用于增加色彩，酱油色素的来源，除了添加焦糖色素外，主要是黄豆在酿造过程中所产生的氨基酸和糖类发生美拉德反应产生的黑色素，使成品显出红亮的色泽。酱油是咸的，能起到定成味、增鲜味的作用。酱油的鲜味是在酿造过程中由于酶的作用，将原料中的蛋白质逐渐分解成氨基酸和核苷酸类的钠盐，这些成分尤其是谷氨酸钠盐和肌苷酸具有较浓的鲜味。酿造酱油时所产生的氨基酸和糖类除产生黑色素外，还分解生成许多具有香味的物质。由此可知，不同烹调原料添加酱油后可得到不同的风味。当大麻哈鱼浓汤中酱油含量过低时，颜色较浅。根据图表可知最佳酱油添加量为 5%。

表 4–97　大麻哈鱼浓汤中酱油添加量的感官评价表

序号	酱油添加量 /%	色泽（15）	香气（20）	口感（25）	滋味（25）	可接受性（15）	总分（100）
1	2	10.2	12.5	18.4	16.0	10.4	67.5
2	3	10.2	12.7	19.1	16.9	10.2	69.1
3	4	9.7	13.4	19.8	18.8	10.0	71.7
4	5	10.4	14.1	20.0	19.4	10.4	74.3
5	6	9.5	12.4	18.1	17.8	10.2	68.0

由图 4-10 可知：此时最敏感的传感器是 S1、S3、S7、S8、S9、S14。此时 PC1 的贡献率为 99.6%，PC2 的贡献率为 0.4%，两者之和为 100%，说明涵盖了原始数据的绝大部分信息。DI 值为 95.8%，说明区分度良好。五组实验图像分布位置无交叉，说明不同酱油添加量的鱼汤可以被电子鼻区分。当酱油添加量为 3% 时，图像明显距离其他组的图像较远，说明此时鱼汤的风味与其他组有明显的区别。

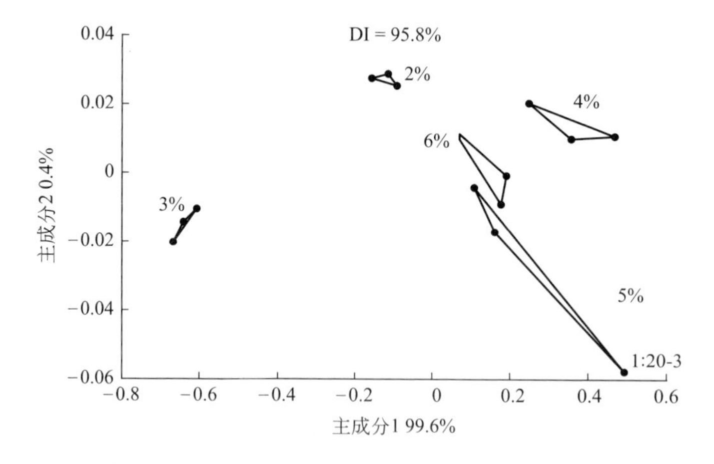

图4-10　不同酱油添加量的电子鼻主成分分析图

④ 不同胡椒粉添加量对大麻哈鱼浓汤风味及品质的影响　实验结果见表 4-98。

由表4-98可知：大麻哈鱼浓汤中不同胡椒粉的添加量对鱼汤的滋味有一定的影响。胡椒粉的食法主要有直接食用胡椒粉。胡椒粉的主要成分是胡椒碱，也含有一定量的芳香油、粗蛋白、粗脂肪及可溶性氮，能祛腥，解油腻，助消化，胡椒粉的气味能增进食欲。根据图表可知最佳胡椒粉添加量为0.6%。

表4-98　大麻哈鱼浓汤中胡椒粉添加量的感官评价表

序号	胡椒粉添加量/%	色泽（15）	香气（20）	口感（25）	滋味（25）	体态（15）	总分（100）
1	0.2	10.2	12.5	18.4	16.0	10.4	67.5
2	0.4	10.2	12.7	19.1	15.9	10.2	68.1
3	0.6	10.4	14.1	20.0	19.4	10.4	75.3
4	0.8	9.7	13.4	19.8	18.8	10.0	71.7
5	1	9.5	12.4	18.1	17.8	10.2	68.0

由图4-11可知：此时的传感器为S1、S2、S3、S10、S12。此时PC1的贡献率为94.8%，PC2的贡献率为3.6%，两者之和为98.4%，说明涵盖了原始数据的绝大部分信息。DI的值为98.2%，说明区分度良好。五组实验图分布位置无交叉，说明添加不同含量胡椒粉的鱼汤可以被电子鼻区分。

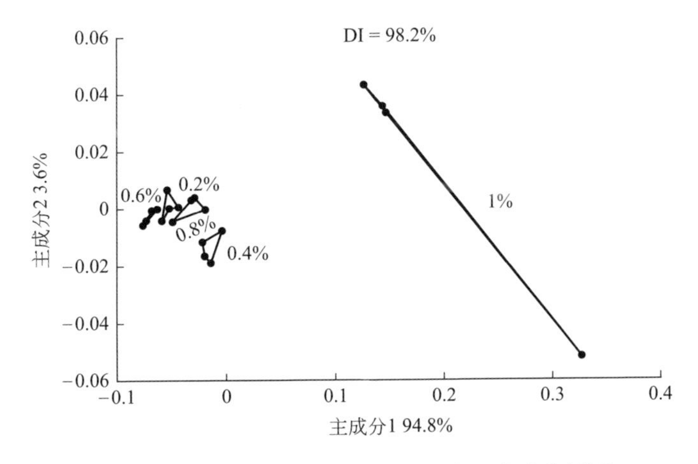

图4-11　不同胡椒粉添加量的电子鼻主成分分析图

⑤ 不同植物油添加量对大麻哈鱼浓汤风味及品质的影响　实验结果见表4-99。

表 4-99　大麻哈鱼浓汤中不同植物油添加量的感官评价表

序号	植物油添加量 /%	色泽（15）	香气（20）	口感（25）	滋味（25）	体态（15）	总分（100）
1	10	10.2	12.5	18.4	16.0	10.4	67.5
2	15	10.2	12.7	19.1	15.9	10.2	68.1
3	20	12.4	14.1	20.0	19.4	10.4	77.3
4	25	9.7	13.4	19.8	18.8	10.0	71.7

由表 4-99 可知：不同植物油的添加量对大麻哈鱼浓汤的色泽有一定的影响。根据图表可知最佳植物油添加量为 20%。

由图 4-12 可知：此时 PC1 的贡献率为 97.5%，PC2 的贡献率为 2.3%，两者之和为 99.8%，说明涵盖了原始数据的绝大部分信息。DI 的值为 92.7%，说明区分度良好。不同油的用量的图像之间没有交叉，所以鱼汤的用油与否可以用电子鼻检测出来。

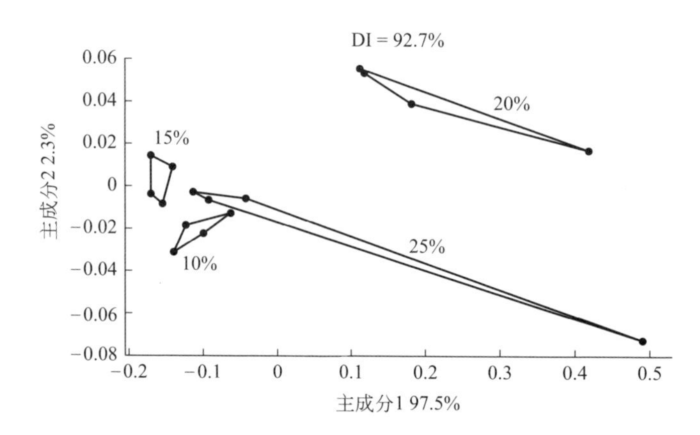

图4-12　不同植物油添加量的电子鼻主成分分析图

（2）调味工艺正交实验结果与分析　9 组不同食盐添加量、料酒添加量、酱油添加量和胡椒粉添加量正交实验结果见表 4-100。大麻哈鱼浓汤感官评价得分显著性分析表见表 4-101。

表 4-100　大麻哈鱼浓汤调味工艺正交实验结果

水平	*A*（食盐添加量）	*B*（料酒添加量）	*C*（酱油添加量）	*D*（胡椒粉添加量）	得分
1	A_1	B_1	C_1	D_1	76.53
2	A_1	B_2	C_2	D_2	82.33

续表

水平	A（食盐添加量）	B（料酒添加量）	C（酱油添加量）	D（胡椒粉添加量）	得分
3	A_1	B_3	C_3	D_3	77.64
4	A_2	B_1	C_2	D_3	78.33
5	A_2	B_2	C_3	D_1	81.90
6	A_2	B_3	C_1	D_2	77.42
7	A_3	B_1	C_3	D_2	80.16
8	A_3	B_2	C_1	D_3	82.00
9	A_3	B_3	C_2	D_1	80.17
k_1	78.83	78.34	78.65	79.53	
k_2	79.22	82.07	80.27	79.97	
k_3	80.77	78.41	79.90	79.32	
R	1.57	5.27	1.43	0.83	

表 4-101 大麻哈鱼浓汤感官评价得分显著性分析表

源	Ⅲ型平方和	d_f	均方	F	Sig
校正模型	38.120[a]	6	6.353	19.460	0.050
截距	57038.177	1	57038.177	174707.685	0.000
食盐添加量	6.357	2	3.179	9.736	0.093
料酒添加量	27.412	2	13.706	41.981	0.023
酱油添加量	4.350	2	2.175	6.663	0.131
胡椒粉添加量	1.715	2	0.858	2.628	0.233
误差	0.653	2	0.326		
总计	57076.949	9			
校正的总计	38.772	8			

a 为统计分析中表示效应的纳入顺序。

对大麻哈鱼浓汤调味料的添加量对鱼汤感官评价得分显著性进行分析，结果见表 4-101。从表中数据可以看出酱油添加量 Sig ＞ 0.050 和食盐添加量 Sig>0.050，说明二者的添加量对鱼汤菜肴的感官评价得分不显著，说明二者的添加量对菜肴品质的影响不大。而表中料酒添加量 Sig ＜ 0.05，说明料酒添加量对大麻哈鱼浓汤感官评价的得分影响显著，说明料酒添加量对大麻哈鱼浓汤的制作工艺起到显著性影响。其次是食盐的添加量，最后是酱油添加量。根据表4-101得出最佳制作大麻哈鱼浓汤的食盐添加量1.2%、料酒添加量为20%、酱油添加量为5%及胡椒粉添加量为0.6%时，制作的大麻哈鱼感官评分最高。

第五章　中式菜肴调理食品加工与品质控制

第一节　中式菜肴调理食品预处理工艺

一、预处理工艺的特点及其对调理食品品质的影响

中式菜肴调理食品加工时往往要经过适当的预加工处理，使食材便于加工、运输和贮藏。然而食材经预加工特别是热加工处理后会显著影响其嫩度、口感、色泽、风味、质地，因此加工技术是影响调理食品品质的关键因素。目前针对中式菜肴调理食品的研究也多集中在此方面，主要通过其预处理和预加工工艺的优化，使终产品品质达到最佳状态。预处理工艺是指在进行正式烹调前进行的各种准备工作，主要包括原料的初加工工艺、腌制工艺、上浆工艺和挂糊（裹糊）工艺等。本节中主要介绍在中式菜肴调理食品中常用的腌制工艺、上浆工艺和挂糊工艺。

1. 腌制工艺

腌制是指以食盐为主材料，加之其他的辅助材料，如硝酸钠或亚硝酸钠、硝酸钾等发色剂，以及一些用于品质改良的磷酸盐和增强风味的香辛料与调味剂等处理肉制品的过程。最初腌制的目的仅仅出于防腐保鲜，用来延长肉制品的保存时间，随着加工技术的不断提高，人们开始利用腌制来达到更多的目的，如提高肉的保水性，增加肉的风味，改善肉的颜色，进一步提高肉品的品质等。笔者近年来研究发现可以采用腌制的方法对预调理清炸大麻哈鱼进行预处理，提高产品的风味、营养及感官品质。研究结果发现，通过单因素实验确定腌制料的添加量，并结合测定水分含量、嫩度和感官质量分析总结了不同腌制料添加量对大麻哈鱼

肉品质与风味的影响及影响，筛选出适用于工业化生产的预调理清炸大麻哈鱼腌制工艺，得出腌制最适工艺为食盐添加量1.2%，白醋添加量2.0%，料酒添加量2.0%，生抽添加量1.8%，黑胡椒粉添加量0.20%。

2. 上浆工艺

上浆是中式菜肴生产中经常采用的嫩化肉的一种基本方法，通过利用食盐、蛋清、淀粉等原料，经过合理调制形成浆液（又叫“水粉浆”），通过浆液的渗透和搅拌，使淀粉、水等形成的浆液紧紧包裹在原料的表面，加热后在原料肉外形成一层薄薄的保护膜，使原料达到鲜嫩、光润的效果。在上浆工艺中，对不同类型的原料，其上浆调料的配比和添加量往往不同，例如含水量大的虾仁上浆时，浆液中水的添加量较少，含水量较少的牛肉片上浆时水分添加量较多。在传统加工过程中，上浆主要依赖于厨师的经验和感觉，各种配料没有准确的添加量，各组分之间的配比也不够准确，而在工业化生产中，需要对这些参数进行统一，以生产出质量稳定、均一的产品。此外，在工业化生产中往往还要通过上浆工艺向肉制品中添加品质改良剂（如复合磷酸盐）和抗氧化剂等。

3. 挂糊工艺

挂糊就是将经过初加工的烹饪食材，在烹制前用水淀粉或蛋泡糊及面粉等辅助材料挂上一层薄糊，使制成后的菜肴达到酥脆可口的一种技术性措施，同时肉类食品还可通过挂糊使其嫩度得以提高。挂糊区别于上浆主要在于其挂糊配料主要为固体或半固体，而上浆配料则为液态浆液。挂糊配料的种类较多，常用的有蛋黄糊、全蛋糊、发粉糊、蛋泡糊等。由于挂糊食品多是通过预油炸处理加工成半成品而提高产品的贮藏性和方便性，因此也越来越受到大众的喜爱。市面上常见的挂糊中餐调理食品有挂糊鸡米花、挂糊鱼块、挂糊猪排等。但挂糊食品在油炸过程中形成的壳层易吸收大量的油脂，研究表明油炸挂糊食品中含有较多量的油脂，其饱和脂肪酸和反式脂肪酸含量也较高，而这两者是导致心血管疾病和某些癌症的主要原因，因此对于当今越来越追求健康的人们而言，油炸挂糊类调理食品的年消费量也逐渐下降。此外，挂糊食品在二次复热时特别是微波复热后易出现水分“外迁”和油分“外浸”的现象，从而造成其脆性降低。因此如何有效降低挂糊食品的油脂是影响挂糊调理食品的主要问题，目前针对这一问题可以通过挂糊配料的配方优化工艺得以解决，例如Connor等在油炸薯片时发现不同的原料、不同的厚度都会对薯片中的油脂含量产生影响。潘广坤等在研究制作面包虾时发现，油炸温度、时间以及裹浆都对产品的油脂含量有影响。因此，对挂糊配方工艺优化进行研究将有助于提高挂糊食品的品质。另一方面也有研究者发现通过改善油炸条件、油炸方式等也可以尽可能降低挂糊食品的吸油率。

二、中式菜肴调理食品预处理工艺优化研究实例

1. 中式菜肴调理食品预腌制工艺优化研究实例

本研究实例主要采用腌制的处理方法，通过测定剪切力、水分含量以及感官评价研究不同腌制配料对清炸大麻哈鱼调理食品品质的影响，进而筛选出各调味料的最优腌制配比。

（1）清炸大麻哈鱼制作方法与工艺要点　冷冻大麻哈鱼→解冻→去皮→切块→腌制→油炸→成品。

第一步：将冷冻大麻哈鱼置于4℃冰箱解冻，解冻后去皮，切块，大小为50 g/块。第二步：根据单因素实验采用不同调味料配比对其进行腌制。第三步：将腌制后的大麻哈鱼进行油炸。油炸温度为160℃，时间为100 s。

（2）不同腌制配方对预调理清炸大麻哈鱼品质及风味的影响试验设计　首先确定腌制时各调味料的基础配方，即食盐添加量1.2%、白醋添加量2.0%、料酒添加量2.0%、生抽添加量2.4%、黑胡椒粉添加量0.20%。随后在基础配方上分别改变一种调味料的不同添加量进行单因素实验，其中调整食盐添加量为0.8%、1.0%、1.2%、1.4%、1.6%，对照组为0；白醋添加量为1.2%、1.6%、2.0%、2.4%、2.8%，对照组为0；料酒添加量为1.2%、1.6%、2.0%、2.4%、2.8%，对照组为0；生抽添加量为1.2%、1.8%、2.4%、3.0%、3.6%，对照组为0；黑胡椒粉添加量为0.12%、0.16%、0.20%、0.24%、0.28%，对照组为0，当改变一种调味料添加量时，其余四种保持不变。

（3）不同腌制配方对预调理清炸大麻哈鱼品质及风味的影响试验结果

① 食盐添加量对预调理清炸大麻哈鱼品质及风味的影响　水分含量与剪切力可以直接反映出鱼肉嫩度的变化。由表5-1可知，对照组的水分含量显著高于其他五组（$p < 0.05$），且随着食盐添加量的升高，水分含量逐渐降低，这可能是由于食盐的解离作用，使得肉中的游离水逐渐减少，从而影响水分含量使其下降。当食盐添加量为1.0%、1.2%与1.4%时，各组水分含量无显著性差异，而当食盐添加量较高，即1.6%时，水分含量显著低于添加量为0.8%时。由表5-1中剪切力分析结果可知，食盐添加量与剪切力值的大小呈正相关趋势，这是由于水分含量降低所致。且当添加量为1.6%时，其剪切力显著高于其他5组，说明当食盐添加量较高时对鱼肉的嫩度有显著影响。添加食盐可以有效改善成品的滋味等感官

质量，虽然添加较低含量的食盐（0.8%）时，成品的水分含量较高，嫩度较好，但是此时鱼肉的感官评价结果不佳，达不到改善成品鱼肉滋味的目的，因此综合感官评价结果，当食盐添加量 1.2% 时产品品质最优。

不同食盐添加量对其风味影响的电子鼻分析结果如图 5-1 所示。图中 DI 为区分指数，当 DI 值大于 80% 数据有效，由图 5-1 可知 DI 值为 91.2%，说明电子鼻可将 6 组清炸大麻哈鱼风味区分出来。其中，主成分 1（PC1）的贡献率为 92.8%，主成分 2（PC2）贡献率为 6.1%，合计为 98.9%，表明所提取信息能够反映原始数据的大部分信息。且 PC1 的贡献率明显大于 PC2，表明不同食盐添加量下产品风味差异主要受 PC1 影响。对照组即未添加食盐组与其他 5 组在横轴与竖轴上都有较大差异，说明食盐添加与否对清炸大麻哈鱼风味有明显影响。其中 1 ～ 5 组的差异主要集中于纵轴，且 4、5 两组之间有重叠，说明不同食盐添加量对清炸大麻哈鱼风味影响较小。

表 5-1　食盐添加量对产品品质的影响

食盐添加量 /%	水分含量 /%	剪切力 /N	感官评分 / 分
0	79.50±0.46[a]	63.00±1.70[e]	2.0±1.00[c]
0.8	75.40±1.47[b]	71.73±1.60[d]	4.0±0.00[b]
1.0	74.30±1.84[bc]	73.26±0.66[cd]	4.7±0.57[b]
1.2	73.80±1.19[bc]	76.30±1.41[c]	7.7±0.57[a]
1.4	73.40±1.04[bc]	82.30±1.12[b]	5.3±0.57[b]
1.6	70.70±0.61[c]	89.26±1.32[a]	2.0±0.00[c]

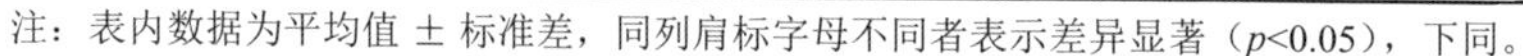
注：表内数据为平均值 ± 标准差，同列肩标字母不同者表示差异显著（$p<0.05$），下同。

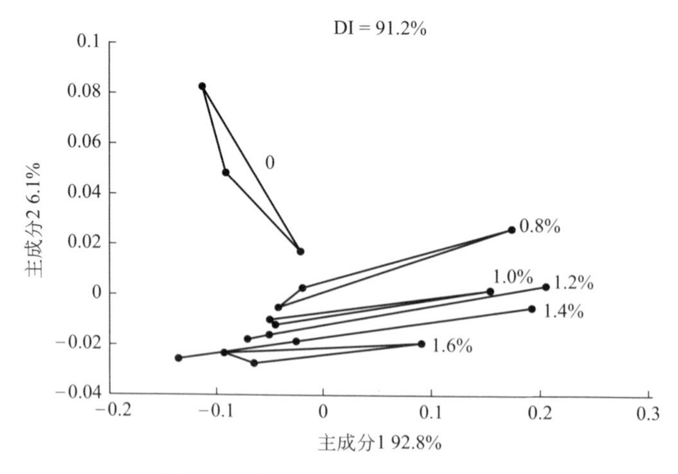

图 5-1　食盐添加量对产品风味的影响

对照组为0，1 号为0.8%，2 号为1.0%，3 号为1.2%，4 号为1.4%，5 号为1.6%

② 白醋添加量对预调理清炸大麻哈鱼品质及风味的影响　白醋添加量对预调理清炸大麻哈鱼品质的影响见表 5-2。清炸大麻哈鱼的剪切力值先下降后上升，且第 4 组（白醋添加量为 2.0%）剪切力显著低于其他 5 组，这可能是由于在一定程度上，白醋可以软化鱼肉组织，使其口感变嫩，但过量添加醋时，鱼肉可能由于蛋白质彻底变性凝固，导致质地变硬。水分含量与感官评价得分均是先上升后下降趋势，且均是第 4 组显著高于其他 5 组，因此得到白醋的最优添加量为 2.0%。

表 5-2　白醋添加量对产品品质的影响

白醋添加量 /%	水分含量 /%	剪切力 /N	感官评分 / 分
0	70.93 ± 0.56^{d}	85.92 ± 2.78^{a}	5.3 ± 0.28^{c}
1.2	73.46 ± 0.35^{c}	74.19 ± 1.96^{bc}	6.3 ± 0.28^{b}
1.6	74.36 ± 0.80^{bc}	71.57 ± 1.91^{c}	6.6 ± 0.28^{b}
2.0	78.43 ± 0.50^{a}	61.79 ± 2.58^{d}	8.6 ± 0.28^{a}
2.4	75.33 ± 0.76^{b}	70.93 ± 1.10^{c}	4.6 ± 0.57^{c}
2.8	73.46 ± 0.40^{c}	77.97 ± 1.73^{b}	3.1 ± 0.28^{d}

白醋添加量对预调理清炸大麻哈鱼风味的影响见图 5-2。判别指数 DI 为 93.9%，大于 80%，说明电子鼻可将 6 组产品风味区分出来。其中 PC1、PC2 的贡献率分别为 96.9% 和 2.5%，合计为 99.4%，数据有效，且 PC1 的贡献率大于 PC2，表明不同白醋添加量产生的风味差异主要受 PC1 影响。6 组样品在横轴上有明显差异，说明不同白醋添加量对产品的风味有较大影响，分析原因可能是鱼肉中丰富的蛋白质在酸性条件下水解生成具有鲜味特征的氨基酸，且白醋有一定的去腥效果。对照组由于未添加白醋，在横纵坐标上均与其他 5 组有较明显差异，除白醋本身具有特殊气味外，同时也因为添加白醋后，白醋中的醋酸与料酒中的乙醇发生反应生成为主要呈香物质的乙酸乙酯。而 5 号样品即白醋添加量为 2.8% 时，与 1 ～ 4 号样品在横轴上距离较远，分析原因可能是白醋添加过量时使鱼肉蛋白质发生变性进而影响风味。结合感官评价结果，对照组与 5 号样品评分均较低，主要表现在未能去除鱼腥和添加过量导致醋味太浓，与电子鼻测定结果相一致。

③ 料酒添加量对预调理清炸大麻哈鱼品质及风味的影响　料酒添加量对预调理清炸大麻哈鱼品质的影响见表 5-3。由表 5-3 可知，其水分含量呈逐渐下降趋势，剪切力呈逐渐上升趋势，分析原因可能是料酒中的乙醇分子量较小，故其渗透压较高，而由于原料内渗透压较低，使大量的水分从鱼肉组织内渗出。因此水分含量随料酒添加量的增加而降低，剪切力随水分含量的降低而升高。添加料酒可以

有效改善成品的滋味等感官质量，虽然料酒添加量较低（1.2%）时，成品的水分含量较高，嫩度较好，但是此时鱼肉的感官评价结果较差，达不到改善成品鱼肉滋味的目的，因此结合感官评价结果，得到料酒添加量为 2.0% 时为最优组。

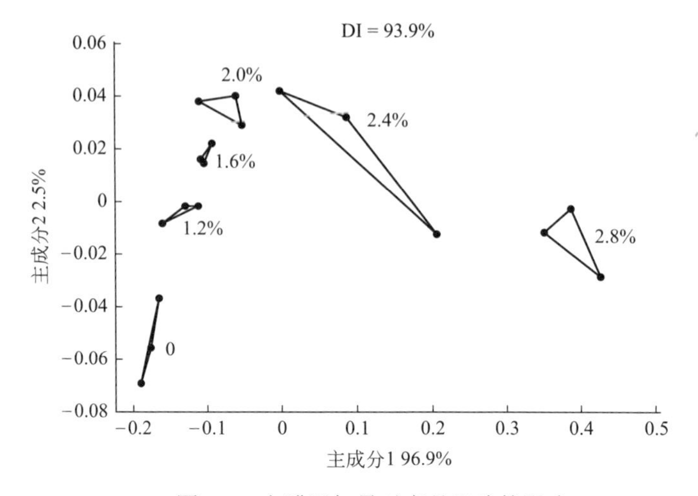

图 5-2　白醋添加量对产品风味的影响

对照组为 0，1 号为 1.2%，2 号为 1.6%，3 号为 2.0%，4 号为 2.4%，5 号为 2.8%

表 5–3　料酒添加量对产品品质的影响

料酒添加量 /%	水分含量 /%	剪切力 /N	感官评分 / 分
0	76.83±1.44[a]	57.17±2.71[d]	5.33±0.28[c]
1.2	75.66±0.76[a]	66.37±1.84[c]	6.33±0.28[b]
1.6	75.50±1.80[a]	70.32±4.46[c]	6.66±0.28[b]
2.0	73.33±1.15[ab]	85.51±1.92[b]	8.50±0.00[a]
2.4	71.50±1.73[b]	91.65±1.88[ab]	4.66±0.28[c]
2.8	70.96±1.34[b]	93.60±2.62[a]	3.33±0.28[d]

不同料酒添加量对预调理清炸大麻哈鱼风味的影响见图 5-3。DI 为 93.6%，且各组之间无交叉，表明电子鼻可将 6 组产品风味区分出来。由图 5-3 可知，PC1、PC2 的贡献率分别为 84.6% 和 13.3%，合计为 97.9%。且 PC1 的贡献率大于 PC2，表明不同料酒添加量对其产生的风味差异主要受 PC1 影响。其中对照组在横轴上与其他 5 组有明显差异，说明料酒的添加与否对产品有较大影响，原因可能是由于料酒本身具有浓烈气味，并且添加料酒后，其中的乙醇与白醋中的乙酸反应生成乙酸乙酯，是主要呈香物质。其中 1 号样品与 5 号样品在纵轴上有较大差异，与感官评价结果相一致，表现为添加量较低时无法达到较好的去腥效果，添加量较多时料酒味道过重。

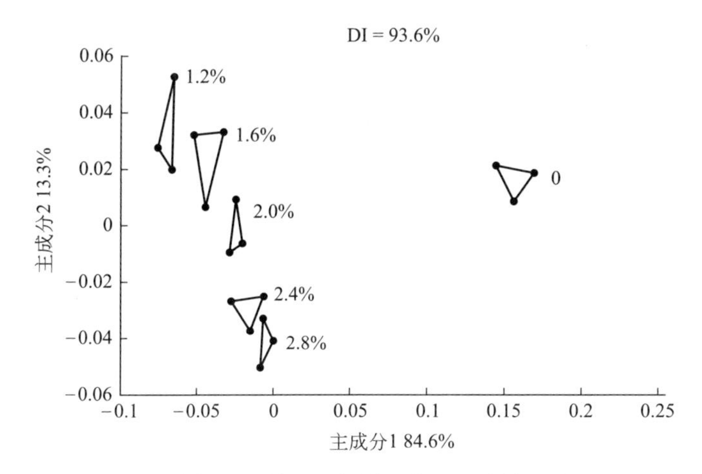

图 5-3　料酒添加量对产品风味的影响

对照组为 0，1 号为 1.2%，2 号为 1.6%，3 号为 2.0%，4 号为 2.4%，5 号为 2.8%

④ 生抽添加量对预调理清炸大麻哈鱼品质及风味的影响　生抽加量对预调理清炸大麻哈鱼品质的影响见表 5-4。由表 5-4 可知，预调理清炸大麻哈鱼的水分含量随生抽添加量的升高而逐渐降低，这可能是由于生抽里有少量食盐，食盐的解离作用会使得肉中的游离水逐渐减少，从而影响水分含量使其下降，但由于食盐的含量较少，因此影响并不显著。剪切力随水分含量的降低而升高。虽然第一组的水分含量最高，嫩度最好，但感官结果较差，且前三组水分含量与剪切力结果无显著性差异，因此结合感官评价得到第 3 组即生抽添加量为 1.8% 时为最优组。

表 5–4　生抽添加量对产品品质的影响

生抽添加量 /%	水分含量 /%	剪切力 /N	感官评分 / 分
0	76.16±1.04[a]	63.10±0.93[b]	4.83±0.28[c]
1.2	75.16±1.25[a]	70.50±0.50[b]	6.33±0.57[b]
1.8	75.10±1.03[a]	70.87±1.32[b]	8.33±0.28[a]
2.4	75.00±2.29[a]	80.74±2.49[a]	6.16±0.28[b]
3.0	74.83±0.28[a]	80.90±6.87[a]	4.16±0.28[cd]
3.6	73.66±0.76[a]	84.60±1.50[a]	3.50±0.50[d]

不同生抽添加量对预调理清炸大麻哈鱼风味的影响见图 5-4。DI 为 98.2%，大于 80%，数据有效。PC1、PC2 的贡献率分别为 80.4% 和 18.9%，合计为 99.3%，表明所提取信息能够反映原始数据的大部分信息。且 PC1 的贡献率大于 PC2，表明不同生抽添加量对其风味影响的差异主要由 PC1 决定。6 组样品的差异表现在纵轴上，因此生抽对产品风味影响较小。

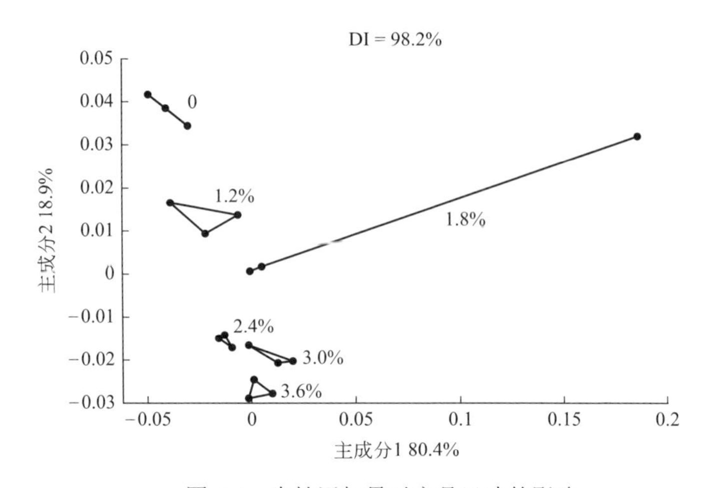

图 5-4　生抽添加量对产品风味的影响

对照组为 0，1 号为 1.2%，2 号为 1.8%，3 号为 2.4%，4 号为 3.0%，5 号为 3.6%

⑤ 黑胡椒粉添加量对预调理清炸大麻哈鱼品质及风味的影响　黑胡椒粉添加量对预调理清炸大麻哈鱼品质影响见表 5-5。由表 5-5 可知，黑胡椒粉添加量对清炸大麻哈鱼的水分含量与剪切力均无显著性影响，分析原因可能是黑胡椒粉为颗粒状调味料，不会浸入鱼肉组织中对其造成影响，多是附着在鱼肉表面，对风味产生影响。根据感官评价得到黑胡椒粉添加量为 0.20% 时为最优组。

表 5–5　黑胡椒粉添加量对产品品质的影响

黑胡椒粉添加量 /%	水分含量 /%	剪切力 /N	感官评分 / 分
0	74.16 ± 0.76^{a}	71.16 ± 0.76^{a}	5.00 ± 0.50^{c}
0.12	74.66 ± 0.76^{a}	71.87 ± 2.52^{a}	6.50 ± 0.50^{b}
0.16	76.83 ± 0.76^{a}	77.57 ± 5.49^{a}	6.16 ± 0.28^{b}
0.20	73.66 ± 2.02^{a}	72.31 ± 1.14^{a}	8.16 ± 0.28^{a}
0.24	74.33 ± 1.04^{a}	77.94 ± 1.29^{a}	4.16 ± 0.28^{c}
0.28	76.00 ± 1.80^{a}	76.41 ± 3.84^{a}	4.00 ± 0.50^{c}

不同黑胡椒粉添加量对预调理清炸大麻哈鱼风味的影响见图 5-5。DI 为 89.2%，大于 80%。其中 PC1、PC2 的贡献率分别为 82.6% 和 7.6%，合计为 90.2%，数据有效。且 PC1 的贡献率大于 PC2，表明不同黑胡椒粉添加量下其风

味差异主要由PC1决定。对照组与其他5组在横轴上有较大差异，说明黑胡椒粉的添加与否对产品风味有较明显影响，因为黑胡椒粉本身具有较为浓郁的气味，且会附着在鱼肉表面。其中1号样品与5号样品在横轴上有较大差异，与感官评价结果相似，表现为添加量较低时无法达到较好的去腥效果，添加量较高时黑胡椒粉味道过重。

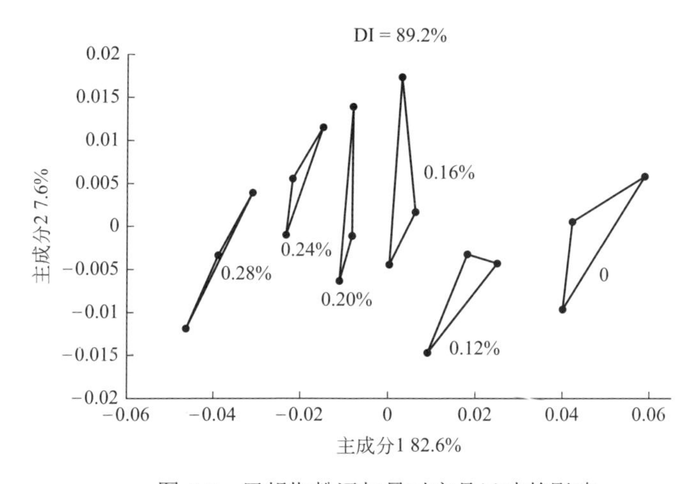

图5-5　黑胡椒粉添加量对产品风味的影响

对照组为0，1号为0.12%，2号为0.16%，3号为0.20%，4号为0.24%，5号为0.28%

2. 上浆工艺

本部分主要研究了不同上浆调料的添加量对预油炸鸡丁（简称鸡丁）食用品质的影响。通过测定预油炸鸡丁的出品率、保水性、质构特性和感官评价选择合适的上浆调料添加量，为工业化鸡丁半成品的生产提供可行参数。

（1）预油炸鸡丁调理食品制备工艺及操作要点　新鲜鸡胸肉→去结缔组织、切块→上浆→油炸锅低温加热→杀菌→冷却→包装。

将鸡丁切成1.2cm×1.2cm大小的块状后，称量一定比例的淀粉、水，混匀，加入切好的鸡丁中，4℃放置一定时间。

经高温杀菌或无菌包装，包装材料可采用PVDC、结晶型聚对苯二甲酸乙二醇酯（CPET）等复合软包装材料，也可使用真空玻璃容器包装，具体类型的选择可依据终产品的状态及工业成本而定。

（2）不同上浆配料对预油炸鸡丁调理食品品质的影响实验设计

① 上浆调料添加量对鸡丁口感的影响　鸡丁半成品上浆工艺的关键因素是上浆调味料的选择与用量，根据预实验上浆液选用经济常用的水粉浆，其中需要

添加的调料为淀粉、水、盐、料酒，在预实验中采用方差分析法选择出关键影响调料，为淀粉、水、食盐。实验时将淀粉、食盐、水配成浆液，上浆到鸡丁上。上浆后的鸡丁进行加热制成半成品，通过预实验选择油炸锅加热，加热温度为140℃，加热时间为1.5min（此时通过热电偶测温仪测量肉样中心温度已达到70℃）。

② 不同淀粉添加量对鸡丁口感的影响　本实验添加的淀粉量为鸡丁质量比的2%、4%、6%、8%、10%。每组实验鸡丁用量为100g，每次实验用盐量、用水量分别为鸡丁质量比的1.5%、10%。上浆后的鸡丁经油炸锅加热，加热时间为1.5min，加热温度为130℃。试验重复三次进行。并做口感分析。

③ 不同水添加量对鸡丁口感的影响　本实验添加的蒸馏水量为鸡丁质量比的2%、6%、10%、14%、18%。每组实验鸡丁用量为100g，每次实验所用淀粉量为上组试验中选择的最佳淀粉添加量，食盐添加量为1.5%。上浆后的鸡丁经油炸锅加热，加热时间为1.5min，加热温度为130℃。实验重复三次进行。并做口感分析。

④ 不同食盐添加量对鸡丁口感的影响　本实验添加的食盐量为鸡丁质量比的0.5%、1%、1.5%、2%、2.5%。每组实验鸡丁用量为100g，每次实验所用淀粉量、水量均为上两组试验选择的最佳添加量。上浆后的鸡丁经油炸锅加热，加热时间为1.5min，加热温度为130℃。试验重复三次进行。并做口感分析。

（3）不同上浆配料对预油炸鸡丁调理食品品质的影响实验结果

① 不同淀粉添加量对鸡丁口感的影响　不同淀粉添加量的鸡丁的出品率、水分含量、剪切力见图5-6，感官评价见表5-6。

表5–6　不同淀粉添加量的鸡丁感官评价

淀粉添加量/%	色泽	味道	组织状态	口感	总体可接受性
2	5.93 ± 1.25^{a}	5.52 ± 1.05^{ab}	5.89 ± 1.33^{a}	5.82 ± 0.71^{ab}	5.07 ± 0.88^{b}
4	6.14 ± 0.81^{a}	6.65 ± 0.66^{a}	6.78 ± 0.96^{a}	6.50 ± 1.18^{ab}	6.34 ± 0.67^{ab}
6	6.34 ± 1.35^{a}	6.41 ± 0.59^{a}	6.35 ± 0.77^{a}	6.52 ± 1.13^{a}	6.50 ± 0.45^{a}
8	6.56 ± 0.57^{a}	6.17 ± 0.93^{ab}	5.97 ± 0.65^{a}	5.79 ± 0.60^{a}	6.57 ± 0.49^{ab}
10	6.38 ± 0.77^{a}	5.25 ± 0.48^{b}	6.01 ± 0.81^{a}	4.70 ± 0.57^{b}	5.68 ± 0.67^{ab}

注：在相同感官评价指标中不同字母代表差异显著（$p<0.05$）。

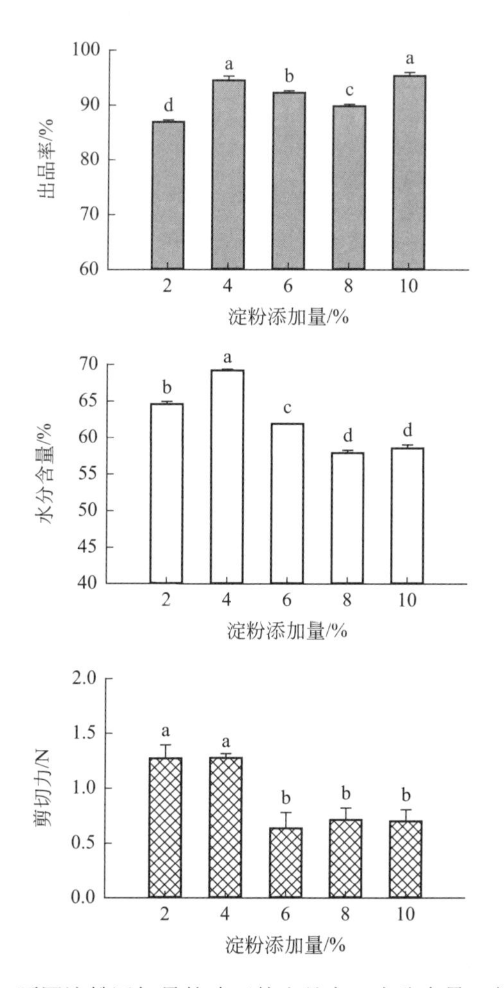

图5-6　不同淀粉添加量的鸡丁的出品率、水分含量、剪切力

在上浆过程中往往要加入淀粉，这是因为在之后的加热过程，淀粉发生糊化，蛋白质变性凝固，会在原料外形成致密性保护层，使原料肉中的水分不易散逸，从而最大限度地增加了原料的持水力。图 5-6 显示了添加 5 个不同淀粉添加量的鸡丁的出品率、水分含量、剪切力情况，结果显示，鸡丁中加入的淀粉量超过 6%，成品出品率、水分含量反而呈下降之势，原因是鸡丁表面过多的淀粉，在油中加热达到糊化时，形成的糊化层厚而产生的重力作用，很容易从鸡丁表面部分脱落或者全部脱落，从而使鸡丁暴露失水，出品率也会随之下降。而且加入淀粉过多，鸡丁也比较容易黏结，感官评价显示淀粉量超过 8%，鸡丁有黏滞感，这可能是因为鸡丁表面淀粉较厚，受热后改变了鸡丁的“流变学味觉”，即黏弹性、硬度、粗糙感等，淀粉凝胶的弹性模量较大，使人感觉到硬度较大而可接受性不佳。

因此上浆时并不是加入的淀粉量越多越好。另外可以看到淀粉量超过6%以后，鸡丁的嫩度并无显著性差异，感官评价显示，6%的味道和总体可接受性最好。因此综合这几种理化分析，以添加6%的淀粉量为上浆最佳条件。

② 不同水添加量对鸡丁口感的影响　不同水添加量的鸡丁的出品率、水分含量、剪切力见图5-7，感官评价见表5-7。

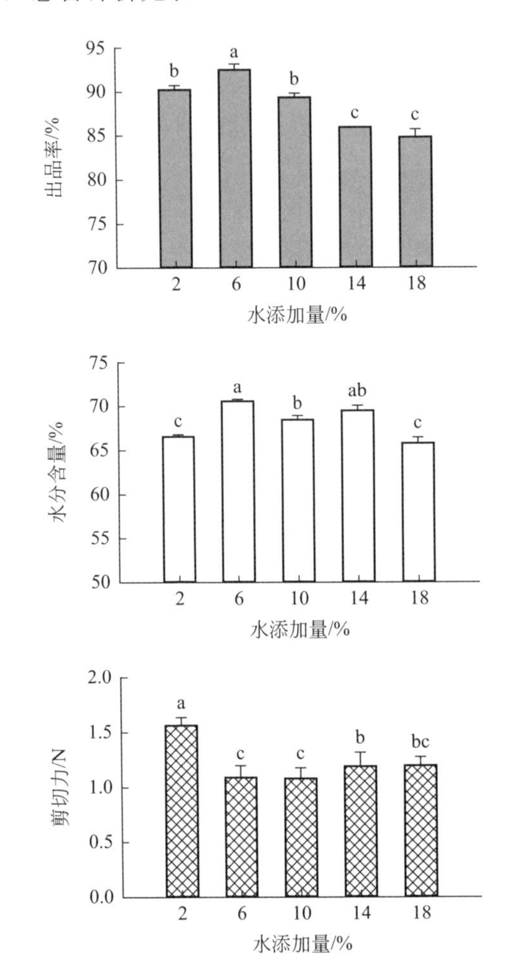

图5-7　不同水添加量的鸡丁的出品率、水分含量、剪切力

表5-7　不同水添加量的鸡丁感官评价

水添加量/%	色泽	味道	组织状态	口感	总体可接受性
2	6.65 ± 1.24^{a}	6.32 ± 0.91^{a}	6.35 ± 0.78^{a}	6.20 ± 0.77^{a}	6.63 ± 1.20^{a}
6	5.99 ± 0.89^{a}	5.87 ± 1.32^{a}	6.13 ± 0.90^{a}	5.99 ± 0.82^{a}	6.18 ± 0.92^{a}
10	6.38 ± 0.87^{a}	6.24 ± 0.75^{a}	6.55 ± 1.14^{a}	6.35 ± 0.80^{a}	6.33 ± 0.94^{a}

续表

水添加量 /%	色泽	味道	组织状态	口感	总体可接受性
14	6.42±1.17[a]	6.17±0.79[a]	6.43±0.91[a]	6.41±1.26[a]	5.88±1.00[a]
18	5.84±0.84[a]	5.99±1.24[a]	6.11±1.05[a]	6.37±0.88[a]	6.37±0.72[a]

注：在相同感官评价指标中不同字母代表差异显著（$p < 0.05$）。

在肉类菜肴的制作过程中，水起着溶剂的作用，它可以溶解盐、蛋白质等物质，分散不溶性的淀粉颗粒，使其均匀地黏附于原料表面，而且水还有浸润作用，水中的亲水基团与肉蛋白质发生水合作用，从而使其嫩度增加，因此在上浆过程中一定要加入水。图 5-7 中显示了 5 个不同水平的加水量鸡丁的出品率、水分含量、剪切力情况，结果显示，当水添加量不超过 6% 时，鸡丁的嫩度增加，这是因为加水后，水分子与亲水官能团发生水合作用，而使水被牢固地吸附在蛋白质上，肌肉含水量增多，也就使加热后的成品质感软嫩。但是水也不易添加过多，从图中看出当加水量超过 6% 后，随着加水量的增加，鸡丁的出品率和水分含量也随之下降，嫩度也有所下降，这是因为当水添加过多时，会使原料产生“脱浆”现象，使原料暴露在油中，使产品的表面变得粗糙，因而出品率、含水量、剪切力都会有所下降。不同水分添加量对感官并无显著性差异，但是由于加水量大于 6% 后，出品率和含水量均会有所下降，因此从工业的经济角度考虑，以添加 6% 的水添加量为上浆最佳条件。

③ 不同食盐添加量对鸡丁口感的影响　不同食盐添加量的鸡丁的出品率、水分含量、剪切力见图 5-8，感官评价见表 5-8。

表 5–8　不同食盐添加量的感官评价

食盐添加量 /%	色泽	味道	组织状态	口感	总体可接受性
0.5	6.27±0.87[a]	5.68±0.41[b]	6.27±0.46[a]	6.00±0.32[b]	6.14±0.55[ab]
1	5.55±1.44[a]	6.64±0.44[ab]	6.65±0.78[a]	6.31±0.62[ab]	6.53±0.85[a]
1.5	6.13±0.79[a]	6.73±0.51[a]	6.13±0.54[a]	6.75±0.41[a]	6.61±0.48[a]
2	5.81±0.90[a]	5.99±0.52[ab]	6.76±0.43[a]	6.29±0.48[ab]	5.44±0.42[b]
2.5	6.04±0.74[a]	4.84±0.42[c]	6.31±0.52[a]	6.23±0.33[ab]	5.13±0.59[b]

注：在相同感官评价指标中不同字母代表差异显著（$p < 0.05$）。

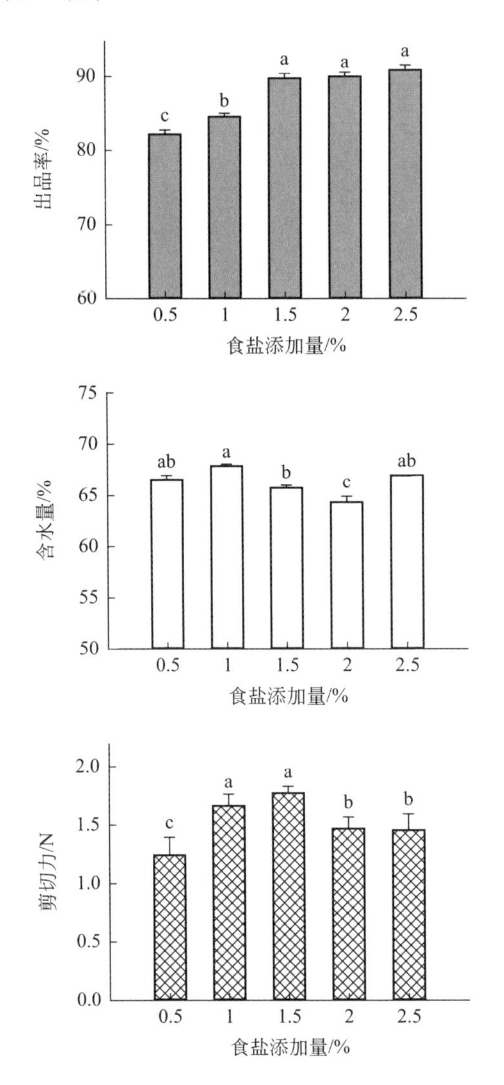

图5-8　不同食盐添加量的鸡丁的出品率、水分含量、剪切力

在上浆过程中加入食盐可以使鸡丁半成品有一个基本味，也可以通过食盐的渗透使食盐成分与鸡肉蛋白质发生作用，使表面蛋白质的静电荷增加，水化作用加大，鸡丁表面黏液增多，变得黏稠，从而稳定了浆液与鸡丁的结合。图5-8中显示了5个不同水平的加盐量鸡丁的出品率、水分含量、剪切力情况，结果显示，随加盐量增加，鸡丁的出品率逐渐增加，含水量先增加后下降再增加，嫩度则是先降低后增加。产生这种现象的原因主要是，当食盐量添加的偏少时，由于盐浓度过低，形成水化作用的离子不足以使鸡丁吸水增加黏性，从而裹浆不匀，出品率较低。但是食盐也不宜放得过多，盐多味咸，并且强烈的水化作用能剥去蛋白质分子表面的水化层，使大量的水分从组织内渗出，导致脱浆。只有当食盐添加

适当，食盐电离出的Na^+、Cl^-吸附在蛋白质分子表面，增加了蛋白质表面的极性基团，这样亲水性官能团与极性基团一起，使蛋白质水化能力大大增加，原料吸水，黏性增加（即俗称的“上劲”），肌肉含水量增多，烹制后的成品质感软嫩。因此选择食盐的添加量为2%。

3. 挂糊工艺

挂糊工艺丰富了菜肴品种，为传统菜品制造了菜肴研发创新的条件，加快了传统油炸肉制品工业化进程的脚步。然而淀粉糊的组成成分、油炸工艺（油炸温度和油炸时间）以及油炸用油等均会影响油炸挂糊类肉制品的品质。

（1）制作工艺及要点

① 猪肉的处理　选择猪里脊肉冲洗干净后，使用厨房吸干纸处理肉块，改刀成6cm×3cm×0.5cm规格的肉片一共400g，加4g盐、4g料酒，腌制8min后备用。

② 淀粉糊的配制　取干淀粉200g，再将干淀粉和水按1∶0.8混合调制成糊，混合均匀待用。

③ 油炸工艺流程　猪里脊肉片→挂淀粉糊→初炸→沥油→复炸→成品。

（2）挂糊工艺优化实验设计　根据张令文等研究结果建议，实验过程中将油炸工艺固定为初炸温度180℃、初炸时间110s、复炸炸温度195℃、复炸时间45s。选择不同淀粉种类（马铃薯淀粉、玉米淀粉、红薯淀粉），对油炸挂糊肉片进行感官评价、中心肉片的嫩度测定以及放置24h后外壳糊的脆性测定。

（3）挂糊工艺优化实验结果

① 淀粉种类对挂糊肉片感官质量的影响　使用马铃薯淀粉挂糊炸出来的肉片样品感官评分为84.62分，是三个样品中评分最高，总体接受度最高的样品；其次是红薯淀粉，得分为79.38分；最低的是用玉米淀粉制糊的样品，感官评分为74.27分，感官评分见表5-9。使用马铃薯淀粉制糊油炸后的肉片形状规则，外壳色泽金黄，肉片个体外形饱满，口感酥脆膨松，有浓郁的油炸香味。马铃薯淀粉受热后膨胀度高，在高温下生成一层淀粉糊保护膜，有效避免了肉片中水分的流失。使用红薯淀粉挂糊油炸出来的肉片在色泽和气味方面与另外两种淀粉有明显差异。使用红薯淀粉挂糊炸出来的肉片颜色发白，外壳糊的气味明显，但酥脆度和外壳膨胀度较好，口感较好。使用玉米淀粉挂糊炸出来的肉片形状不规则，外壳较硬膨胀度低，对肉片黏结性较差，使得肉片在炸制过程中并没有很好地被淀粉糊包裹，因此肉质较硬，挂糊效果不理想。

表 5-9 不同淀粉对油炸挂糊肉片的感官评定结果

项目	红薯淀粉	玉米淀粉	马铃薯淀粉
酥脆度（40）	33.65±0.60[b]	32.5±0.15[c]	34.75±0.45[c]
膨胀度（20）	15.8±0.33[a]	11.85±0.42[a]	16.5±0.36[a]
色泽（15）	8.56±0.21[b]	10.04±0.65[b]	10.95±0.22[b]
气味（10）	6.92±0.85[c]	8.2±0.77[c]	8.55±0.89[c]
总体接受度（15 分）	13.45±0.55[c]	11.68±0.90[c]	13.87±1.22[a]
感官评分	78.38±1.07[b]	74.27±1.20[c]	84.62±2.14[a]

注：表内数据为平均值 ± 标准差，同列肩标字母不同者表示差异显著（$p < 0.05$）。

② 淀粉种类对挂糊肉片剪切力的影响　油炸挂糊肉制品的另一特点是外酥里嫩，而其中嫩字指的就是肉的嫩度。剪切力越小，肉质越嫩，不同淀粉对成品肉剪切力的影响不同，如图 5-9 所示。使用马铃薯淀粉挂糊的肉剪切力最小为 14.54N（$p < 0.05$），表明产品肉质最嫩；其次是使用红薯淀粉挂糊的产品，此类样品剪切力为 18.96N，产品肉质较嫩；含玉米淀粉产品肉的剪切力最大为 26.88N（$p < 0.05$），肉质发柴，肉片表面干硬。

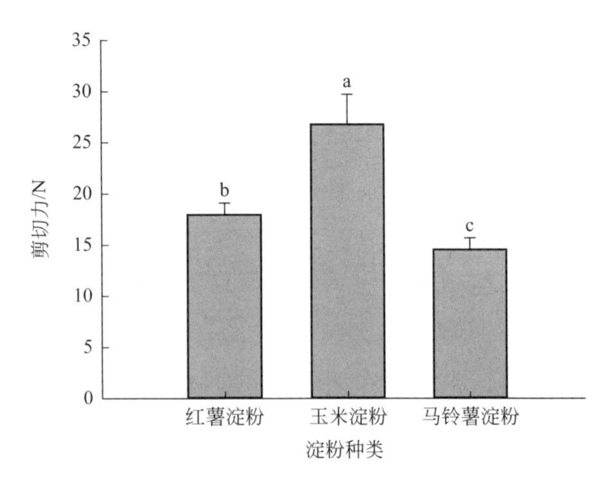

图5-9　不同淀粉种类对挂糊肉片剪切力的影响

③ 淀粉种类对挂糊肉片外壳糊脆性的影响　由表 5-10 可见，在常温下放置 24h 后油炸挂糊肉片的外壳糊硬度大小顺序依次为红薯淀粉、玉米淀粉、马铃薯淀粉。油炸挂糊肉片刚出锅时，样品表面外壳糊的温度比肉片内部要高，使油炸挂糊肉片内部水分向外表转移的速度小于表面水分蒸发的速度，从而淀粉糊表面比其刚出锅时较干瘪坚硬，使得其硬度比刚出锅时的硬度增大。在研究三类淀粉糊中，其中使用马铃薯淀粉挂糊的挂糊肉片感官评分最高（84.62 分），并且肉片嫩度最高（14.54N），但是在后续常温放置 24h 的实验中，使用马铃薯淀粉挂糊的

外壳在硬度上是三种中最低的，并且脆性也是最低（1.0300N/N）。使用红薯淀粉挂糊的挂糊肉片感官评分（78.38 分）低于马铃薯淀粉，这表明使用红薯淀粉挂糊的挂糊肉片总体可接受度是在优选范围内，但是红薯淀粉在气味评分项目上较其他两类淀粉低（6.92 分），表明红薯淀粉挂糊肉片的外壳气味接受度较低。在贮藏实验 24h 后，红薯淀粉的脆性是三种淀粉中而最高（1.0799N/N）。而玉米淀粉的脆性紧随其后（1.0564N/N），而使用玉米淀粉挂糊的挂糊肉片感官评分却最低（74.27 分），玉米淀粉在酥脆度项目评分中得分最低，这与玉米淀粉糊的糊黏度有关。因为玉米淀粉黏度较差，导致挂糊效果较差，使得肉片部分没有被糊包裹而直接与高温油接触，水分散失较多，最后此部分较硬口感较差。

表 5-10　不同淀粉对贮藏期内油炸挂糊肉片外壳糊脆性的影响结果

项目	红薯淀粉	玉米淀粉	马铃薯淀粉
硬度 /N	46.271±30.242[a]	43.201±21.063[a]	27.497±14.603[a]
脆性 /（N/N）	1.0799±0.033[a]	1.0564±0.019[b]	1.0300±0.011[c]

注：表格数据为平均值 ± 标准差，同一指标不同淀粉种类小写字母不同表示差异显著（$p < 0.05$）。

第二节　中式菜肴调理食品预加热工艺

一、预加热工艺的特点及其对调理食品品质的影响

调理食品往往要经过预加热处理过程，这是因为预加热处理加工大大缩短了备餐时间，免去了繁琐的家庭制作过程，方便快捷，另外调理食品的预加热过程也具有标准化、工厂化和机械化的特点，相比传统“一步式”加热更符合食品卫生标准，加工效率较高。

1. 预油炸工艺

预油炸是肉制品最为常见的一种热加工的方式，是指利用油脂的高温对肉品进行加热的过程。肉品在油脂高温的作用下，表面迅速升温，水分气化，使表面呈现多孔干燥状态，随着油炸的进行继而向内部迁移，使内部温度逐渐上升，经油炸加工能够有效地杀死肉中腐败的微生物，延长肉制品贮藏的货架期，提高其营养价值，并使产品具有独特的香味、富有食欲的色泽以及外脆里嫩的口感。油炸的温度以及油炸的时间是影响油炸工艺效果的主要因素。本书笔者研究团队前期研究发现，不同油炸温度与油炸时间对预调理清炸大麻哈鱼品质具有显著的影响，加热时间过长或加热温度过高均会使鱼肉的持水力下降，进而导致产品嫩度

等感官品质下降。此外通过电子鼻对不同油炸温度与油炸时间下大麻哈鱼进行风味测定，对所得数据进行主成分分析，发现不同加热条件下预调理清炸大麻哈鱼的风味有所不同，结合质构、水分含量和感官评价的结果表明预调理清炸大麻哈鱼的最佳加热工艺条件是油炸温度为160℃，油炸时间为100s，此时预调理清炸大麻哈鱼的嫩度、水分含量和感官质量最佳。再如笔者研究团队结果发现采用的“低温油炸”加工方法，可以模拟传统烹饪中的“滑炒”工艺。“滑炒”是中式菜肴烹饪方法之一，因初加热采用温油滑，而名“滑炒”，但是传统“滑炒”工艺的火候难以把握，温度过低时肉不易熟，而温度过高时肉质干老无嚼劲，在工业化生产中“滑炒”的火候更加难以控制。因此采用低温预油炸处理工艺，能够在工业化生产中代替传统炒锅的“滑炒”，利于方便食品的加工，使得产品肉质软嫩、色泽美观、便于储藏。采用低温预油炸工艺模拟传统烹饪中的“滑炒”工序，对肉类的预油炸参数进行优化，结果显示，预加热温度与时间对预油炸后肉类主料的出品率、水分含量、嫩度和感官评价有显著影响（$p < 0.05$）。肉丝主料包的预油炸工艺参数为加热温度130℃，时间30s；肉丁及肉片的预油炸工艺参数为加热温度140℃，时间90s。

2. 烘烤工艺

预加热方式还包括烘烤加热，肉制品经过预烘烤加工后，产品的气滋味会发生很大的变化，产品的色泽也会得到明显的改善，与此同时产品的口感也会得到提升，因这种独特的烧烤风味使得产品广受消费者所喜爱。传统烤肉串腌制后将肉切块后签子串起，炭火直接烘烤，配以盐、辣椒粉、孜然粉、花椒等调料，随意翻转烘烤，边烤边撒调料，烤熟后即食。然而传统烤羊肉经高温烘烤容易产生多环芳烃、杂环胺类致癌物质和其他潜在致癌物质，烘烤过程中滴落炭火中的油脂容易引发燃烧，引起炭灰等漂浮物附着在肉表面，影响食物卫生性。现代科技可以通过使用电烤箱、微波炉等现代电热设备进行烘烤，从而避免烤肉因明火使用而产生的一些致癌物。因此中式菜肴调理食品在工业化生产中可以将传统配方与现代加工技术结合起来，开发出一种既符合人们传统饮食口味又满足人们对于食品方便、营养、健康需求的食品，必将开辟一定的市场。2013年孙宝国院士也曾指出未来我国方便食品更趋于向着坚守传统特色和彰显中国风味的方向发展。现代科技可以通过使用电烤箱、微波炉等现代电热设备进行烘烤，从而避免烤肉因明火使用而产生的一些致癌物，同时具有杀菌防腐、脱水干燥、增加耐藏性等作用。

3. 微波加热工艺

新型预加热方式还包括微波辅助加热。微波是指频率在 300MHz ～ 300GHz 的范围内，具有一系列的波动特性，波长为 1mm ～ 1m 的电磁波。微波加热具有加工速度快、热效率高、穿透性好、反应灵敏以及应用范围广等特点。传统的熬汤工艺往往耗时耗力，采用微波辅助加热可以有效地缩短加热时间，保留食材的营养价值。笔者所在的研究团队研究也发现，微波加热可有效缩短传统的大麻哈鱼汤的烹制时间，更加方便快捷、经济、高效、营养并不失美味。传统大麻哈鱼汤的制作工艺主要是先将大麻哈鱼煎炸至金黄，然后大火烧开 100℃下炖 20min，控制温度为 90℃再加热 50min，耗时耗力。然而试验结果表明微波加热有利于鱼汤营养物质的溶出和鲜美风味的形成，通过测定不同微波参数下加热大麻哈鱼汤的水溶性蛋白质含量、游离氨基酸含量、固形物、色度、感官评价以及电子鼻风味分析，确定最佳微波加热条件为：微波功率 960W 下煮沸后，功率 720W 下进行保沸加热 40min 可达到最佳煲汤效果，并且与传统工艺加热 70min 的鱼汤具有相似的营养品质和感官品质。

二、中式菜肴调理食品预加热工艺优化研究实例

1. 中式菜肴调理食品预油炸工艺优化研究实例

近年来，国内外已有很多关于预加热工艺优化的文献报道，但是有关中式传统菜肴方便食品方面的却很少，另外能够结合低场核磁共振技术更加客观地探讨不同的预油炸温度对上浆后的原料肉水分分布及品质变化的研究更是少之又少。

羊肉在油炸过程中会发生重量损失、肌肉持水性降低、肌纤维收缩以及颜色和风味的改变等一系列的物理化学变化。与此同时，羊肉的前处理、加热方式、加热温度和加热时间也影响着油炸类羊肉制品的质量特征。基于此本部分试验以羊肉丝作为主料，胡萝卜、木耳和青豆作为辅料，以糖、白醋、精盐、酱油、辣椒油、树椒、味精等作为调料，羊肉丝经上浆后采用恒温“低温油炸”工艺模拟传统的“滑炒”烹饪技术，研究在油炸时间为 40s 的条件下，不同的油炸温度（120℃、130℃、140℃、150℃）对样品出品率、剪切力、水分含量、水分活度、T_2 弛豫时间以及颜色和感官质量的影响，从而筛选出适合鱼香羊肉丝工业化生产的预加热条件。

（1）鱼香羊肉丝制作工艺流程及操作要点

① 鱼香羊肉丝制作工艺流程

羊肉丝的加工：冷冻羊肉→解冻→去结缔组织、切丝→上浆→油炸锅预油

炸→包装→冷冻→羊肉丝成品。

配料的加工：青豆清洗，水发木耳、胡萝卜清洗切断→色拉油→木耳、胡萝卜炒制→配料→冷却→包装→杀菌→检验→配料成品。

调味料的加工：姜、树椒、大蒜、葱粉碎→红油→炒制→配料→冷却→包装→杀菌→检验→调味料成品。

② 操作要点

切丝：将羊肉去筋后切成长 × 宽 × 厚为 5cm×0.5cm×0.4cm 的肉丝。

上浆：按羊肉：淀粉：水：盐=100 ：6 ：16 ：1.5 的比例称量淀粉、水和盐，混匀后制成上浆液，加入切好的羊肉中。

醒浆：将配好的上浆液与切好的羊肉丝混拌均匀，在 4℃条件下放置 30min。

预油炸：油炸时间设定为 40s，进行不同温度的油炸（120℃、130℃、140℃、150℃）。

真空包装：加热后的羊肉丝采用高温蒸煮袋进行真空包装，并迅速用冷水冲洗冷却，置于 4℃贮存。

（2）鱼香羊肉丝预油炸温度优化实验设计　首先确定油炸时间，分别在不同温度（120℃、130℃、140℃、150℃）下对羊肉丝进行低温油炸。测定羊肉丝的出品率、水分含量、剪切力、水分迁移、颜色及感官评价。

（3）鱼香羊肉丝预油炸温度优化实验结果

① 油炸温度对出品率、水分含量和剪切力的影响　通过预实验筛选出四组适宜于羊肉丝低温预油炸温度，表 5-11 结果显示，随着加热温度的升高，羊肉丝的出品率下降，这是可能是由于较高温度油炸时，会使羊肉表面肌原纤维蛋白变性，发生聚集和缩短，肌动蛋白纤丝和肌球蛋白纤丝间的空隙减小，使肉的持水力降低，导致出品率逐渐降低。但是在温度为 130℃、140℃和 150℃时，羊肉丝的出品率并无显著性差异（$p > 0.05$），这可能是由于较高温度油炸时上浆后的羊肉丝在其外面形成一层保护膜，降低羊肉丝对油温的“敏感”。孙京新研究发现，上浆后的鸡柳能保持其内部的水分和鲜味，且出品率显著提高。

从表 5-11 可知，随着油炸温度的升高，羊肉丝的水分含量逐渐下降，在温度为 120℃时，羊肉丝水分含量显著高于 150℃组（$p < 0.05$）。这一结果印证了出品率降低的原因，高温加热诱导肉的持水力下降，内部含水量降低。除此以外，含水量的降低也与肉制品的多汁性密切相关，含水量较低的肉类菜肴在消费者咀嚼时，会产生“干燥感”，降低菜肴的口感与品质。

肉嫩度指咀嚼或切割肉时的剪切力，羊肉丝的剪切力值越小，羊肉丝的肉质越嫩。由表 5-11 可知，随着加热温度的升高，羊肉丝的剪切力显著增加（$p < 0.05$），在温度为 120℃时，羊肉丝的剪切力最小（$p < 0.05$），说明此时肉质最嫩。黄明等认为加热所引起的肉嫩度变化主要源于肉中肌原纤维蛋白和胶原蛋白的热变化。随着加热温度的升高，上浆后的羊肉丝在加热后肌原纤维蛋白发生热变性并失去其高级结构甚至溶解，肌内结缔组织中的胶原蛋白紧缩，而加热温度越高，蛋白收缩变性数量增加得越多，持水力下降得越多，结缔组织张力下降得越多，最终使肉质嫩度大大下降。但是根据预实验结果如果加热温度低于 120℃，羊肉丝的嫩度的确显著高于 120℃加热条件下的嫩度，但是其中心温度并未达到 74℃，也就是此时的羊肉丝并未熟透。而测定加热温度为 120℃时羊肉丝的中心温度，已达到 74℃。

表 5-11　不同油炸温度对羊肉丝出品率、剪切力以及水分含量的影响

油炸温度 /℃	出品率 /%	水分含量 /%	剪切力 /N
对照组	—	70.63 ± 1.90^{a}	12.52 ± 1.51^{e}
120	85.82 ± 1.81^{a}	67.22 ± 1.15^{ab}	20.80 ± 1.32^{d}
130	78.54 ± 1.60^{b}	65.22 ± 1.15^{bc}	26.53 ± 1.91^{c}
140	76.80 ± 2.84^{b}	63.83 ± 1.57^{bc}	30.41 ± 1.35^{b}
150	75.39 ± 0.44^{b}	62.65 ± 0.49^{c}	35.67 ± 2.13^{a}

注：数据表示为平均值 ± 标准差。在同一列字母中，相同字母表示差异不显著（$p > 0.05$），不同则表示差异显著（$p < 0.05$）。

② 油炸温度对（T_2 弛豫时间）水分子动态分布的影响　油炸温度对不同组分水的 T_2 弛豫时间分布情况如图 5-10 所示，计算得到的 T_2 弛豫时间如表 5-12 所示。从 T_2 弛豫时间的分布情况可以看出，不同的油炸温度处理对羊肉丝的 T_2 弛豫时间具有显著性影响（$p < 0.05$），LF-NMR 衰减曲线拟合的 T_2 弛豫时间分布主要为 2 个峰，T_{21} 的弛豫时间集中在 17.0 ～ 29.0ms，T_{22} 的弛豫时间多在 64.0 ～ 130.0ms 之间，根据 Carneiro 等的研究可以认为 T_{21} 和 T_{22} 分别代表肌纤维内部的水以及肌原纤维与膜间存在着的不易流动水。由于肉中的结合水（以 T_{2b} 表示）在不同油炸温度处理下没有显著变化，因此这里只讨论 T_{21} 和 T_{22} 的变化。从表 5-12 可以看出，油炸温度超过 120℃后，T_{21} 和 T_{22} 弛豫时间变短（$p < 0.05$），且振幅也显著减小，表明肌纤维内部的水有所减少，这可能是由于油炸温度的升高，肌原纤维蛋白的变性或油分浸入等原因导致纤维内的水分受到限制，趋向于与蛋白更紧密地结合。

但是130℃以后，随着油炸温度的升高，T_{21}和T_{22}弛豫时间变化并无显著性差异（$p > 0.05$），说明在油温130～150℃之间时，样品的水分不会进一步发生迁移，这可能是由于本实验采用的低温油炸技术的油温较低，不足以使这两部分水发生迁移。

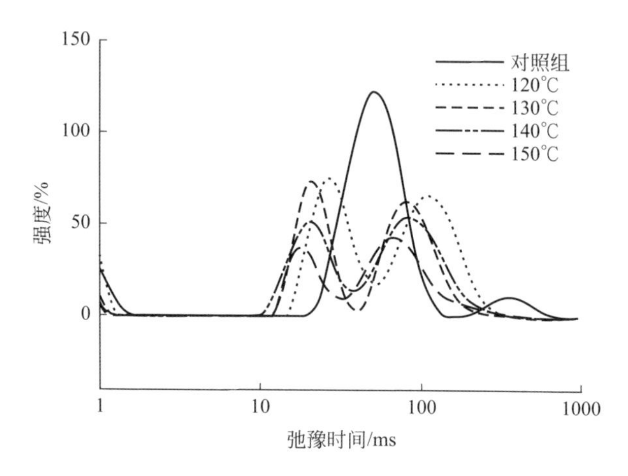

图5-10　不同油炸温度下T_2弛豫时间的分布

表5-12　不同油炸温度对羊肉丝T_2弛豫时间的影响

油炸温度/℃	T_{21}/ms	A_{21}/%	T_{22}/ms	A_{22}/%
对照组	48.4 ± 0.7^{a}	121.0 ± 3.1^{a}	300.0 ± 20.0^{a}	66.0 ± 0.2^{a}
120	27.0 ± 2.0^{b}	75.0 ± 1.4^{b}	110.0 ± 20.0^{b}	62.0 ± 0.2^{b}
130	21.0 ± 1.0^{c}	73.0 ± 1.0^{b}	83.0 ± 8.0^{bc}	54.0 ± 0.4^{c}
140	20.6 ± 0.9^{c}	51.0 ± 1.2^{c}	81.0 ± 5.0^{bc}	43.0 ± 0.3^{d}
150	17.9 ± 0.9^{c}	37.0 ± 0.6^{d}	69.0 ± 5.0^{c}	11.0 ± 0.1^{e}

注：数据表示为平均值±标准差。在同一列字母中，相同字母表示差异不显著（$p > 0.05$），不同则表示差异显著（$p < 0.05$）。

③ 油炸温度对颜色的影响　肉与肉制品的颜色是消费者的第一感官印象，也是消费者在不接触状态下评价肉制品质量的重要依据。构成肉颜色的蛋白质有肌红蛋白、血红蛋白和细胞色素C等，一般来说，烹饪后肉的颜色取决于变性后的肌红蛋白（球蛋白氯化血色原）的组成和未变性肌红蛋白的数量（包括氧合肌红蛋白），脂肪、其他方式相关的蛋白和碳水化合物的氧化和聚合作用影响着烹饪肉的最终颜色。表5-13反映了各油炸温度对羊肉丝颜色的影响，油炸温度的升高，

L^*值（亮度）、b^*值（黄度）下降，a^*值（红度）增加（$p < 0.05$）。羊肉经油炸后色泽变暗，这是由于加热过程中，三种形式的肌红蛋白通过氧化作用和氧化还原反应发生互变，最终影响着肉的表面颜色，L^*的降低可能是因为肌红蛋白发生了氧化变性生成高铁肌红蛋白和球蛋白氯化血色原，这二者分别呈褐色和灰褐色，从而导致L^*下降。从表5-13中还可以看出，油温为130～150℃的各处理组之间，羊肉丝的L^*值和b^*值的变化无显著性差异（$p > 0.05$）。林琳等研究同样证明，油炸温度在135～140℃之间时，不同油炸温度处理对大黄鱼的色泽没有影响。Barbut在研究油炸条件下鸡胸肉色泽变化时发现，鸡胸肉经油炸后色泽变暗，但油炸温度继续升高对色泽并无显著影响。

表5-13　不同油炸温度对羊肉丝颜色的影响

油炸温度/℃	L^*值	a^*值	b^*值
对照组	46.51 ± 1.35^{b}	11.96 ± 0.37^{a}	14.38 ± 0.41^{b}
120	53.82 ± 1.25^{a}	6.22 ± 0.38^{d}	16.26 ± 0.14^{a}
130	48.51 ± 1.71^{b}	7.00 ± 0.06^{cd}	14.07 ± 0.34^{b}
140	48.08 ± 0.60^{b}	7.24 ± 0.10^{c}	13.74 ± 0.75^{b}
150	47.61 ± 0.70^{b}	8.34 ± 0.52^{b}	13.32 ± 0.45^{b}

注：数据表示为平均值±标准差。在同一列字母中，相同字母表示差异不显著（$p > 0.05$），不同则表示差异显著（$p < 0.05$）。

④ 油炸温度对感官质量的影响　油炸温度对羊肉感官质量的影响结果如表5-14所示。随着油炸温度的上升，羊肉丝的感官品质如色泽、味道、组织状态、口感及总体可接受性评分呈现先增加后减小的趋势。在加热温度为130℃和140℃时，羊肉丝的总体可接受性得分较高，而在120℃和150℃油温下羊肉的总体可接受性得分较低（$p < 0.05$）。这是因为当油炸温度较低时（120℃），虽然测定肉丝内部中心温度达到74℃且此时的嫩度显著高于（$p < 0.05$）其他各组（表5-11），但是这时羊肉丝略带有的不熟滋味也与人们习惯接受的羊肉滋味相左。而油炸温度较高，羊肉丝的色泽较暗（表5-14），组织状态较差，总体可接受性得分较低（$p < 0.05$）。另外根据前面的测定结果，130℃油温下羊肉丝的嫩度显著高于140℃组，因此综合考虑所有测定指标结果以及能源节约的角度，最终选择130℃为羊肉丝的预油炸工艺的最优加热温度。

表 5-14　不同油炸温度对羊肉感官评价的影响

加热温度 /℃	色泽	味道	组织状态	口感	总体可接受性
120	5.67±0.61[c]	5.50±0.28[b]	5.43±0.35[c]	5.32±0.21[c]	5.48±0.42[b]
130	6.96±0.43[a]	7.25±0.36[a]	7.31±0.49[a]	6.95±0.66[a]	7.26±0.23[a]
140	6.23±0.26[ab]	6.65±0.40[ab]	6.74±0.22[ab]	6.74±0.43[ab]	7.04±0.27[a]
150	6.11±0.17[bc]	6.23±0.77[ab]	6.34±0.14[b]	5.66±0.15[bc]	6.22±0.25[b]

注：数据表示为平均值 ± 标准差。在同一列字母中，相同字母表示差异不显著（$p > 0.05$），不同则表示差异显著（$p < 0.05$）。

⑤ T_{21} 与水分含量及出品率的相关性　表 5-15 表示了羊肉丝的 T_{21} 弛豫时间与水分含量及出品率的相关性。从表中数据可以看到，T_{21} 与羊肉丝水分含量（r=0.906）和出品率（r=0.967）为极大正相关。出品率与水分含量呈极大正相关（r=0.935）。这说明随着油炸温度的升高，羊肉丝的水分含量、出品率逐渐降低，T_{21} 弛豫时间对应的肌纤维内部的水分随之减少。由此分析可以得知，通过 LF-NMR 方法可以预测油炸温度对羊肉丝出品率以及水分含量的变化趋势。

表 5-15　T_{21} 弛豫时间与水分含量以及出品率的相关性

项目	T_{21}/ms	水分含量 /%	出品率 /%
T_{21}/ms	—	0.906	0.967
水分含量 /%	0.906	—	0.935
出品率 /%	0.967	0.935	—

2. 中式菜肴调理食品预烘烤工艺优化研究实例

本部分实验以羊排肉作为主料，以盐、鸡精、料酒、孜然粉、熟芝麻、香油、白糖等作为腌料，羊排肉经腌制后经烤箱烘烤加热模拟传统的“炭烤”烹饪技术，研究在烘烤温度为 180℃的条件下，不同的烘烤时间 8min、11min、14min、17min 对样品出品率、剪切力、水分含量、水分活度、T_2 弛豫时间以及颜色和感官质量的影响，从而筛选出适合烤羊排工业化生产的加工参数，扩充市场中传统中式调理牛羊肉制品的种类。

（1）烤羊排制作工艺及操作要点

① 工艺流程　新鲜羊排整理切块→腌制→烘烤→涂料→翻转→包装→二次杀菌→成品。

② 操作要点

a. 新鲜羊排肉（去骨）整理切块（每组三块，每块 200g）。

b. 按照羊排 2kg 的比例配制腌料配方：盐 20g，鸡精 8g，料酒 640g，孜然粉 60g，熟芝麻 40g，香油 20g，白糖 25g。调配好腌料与羊排肉条混拌均匀，4℃下保鲜膜封口腌制 3h。

c. 烤箱预热 5min，将腌制后羊排摆放整齐，设定烘烤温度 180℃，分别在烘烤时间为 8min、11min、14min、17min 下对羊排进行烘烤。

d. 取中间时刻刷油、撒调料后翻转接着烤。

e. 烤制结束后，晾凉，真空包装。

f. 包装后成品于 100℃水浴 20min 进行二次杀菌，冷却后即为成品。

（2）烤羊排预烘烤时间优化试验设计　首先确定油炸温度为 180℃，分别在不同烘烤时间（8min、11min、14min、17min）下对羊排进行烘烤。测定烘烤羊排的出品率、水分含量、剪切力、水分迁移、颜色及感官评价。

（3）烤羊排预烘烤时间优化试验结果

① 不同烘烤时间对烤羊排出品率、水分含量、剪切力的影响　高温烘烤会使肉品表面蛋白受热迅速变性，形成一层保护膜，阻止水分外出，将内部水分锁住，选取适当的烘烤条件可以有效地将肉品水分控制在一定范围，从而改善肉品品质。由图 5-11 可知，随着烘烤时间的延长，羊排肉的出品率开始逐渐下降（$p < 0.05$），17min 时达到最小值。说明烘烤时间越长，烤羊排水分丧失越多，出品率下降越大。这是由于烘烤时间较长，会使羊肉表面肌原纤维蛋白变性，发生聚集和缩短，肌动蛋白纤丝和肌球蛋白纤丝间的空隙减小，使肉的持水力降低，导致羊肉表面水分的蒸发，从而导致出品率逐渐降低。

肉嫩度指咀嚼或切割肉时的剪切力，羊肉的剪切力越小，羊肉的肉质越嫩。通过图 5-11 可以看出，随着烘烤时间的延长，羊排肉剪切力越来越大，与未经烘烤处理的空白样品相比，烘烤 8min 的剪切力要显著低于空白样（$p < 0.05$），11min 时剪切力与空白组接近（$p > 0.05$），17min 时剪切力达到最高值，并显著高于其他烘烤时间的样品（$p < 0.05$）。

Juárez 等认为加热所引起的肉嫩度变化主要源于肉中肌原纤维蛋白和胶原蛋白的热变化。随着烘烤时间的延长，烘烤羊排肉在烘烤后肌原纤维蛋白发生热变性并失去其高级结构甚至溶解，肌内结缔组织中的胶原蛋白紧缩，而烘烤时间越长，蛋白收缩变性数量增加得越多，持水力下降得越多，结缔组织张力下降也越多，最终使肉质嫩度大大下降。

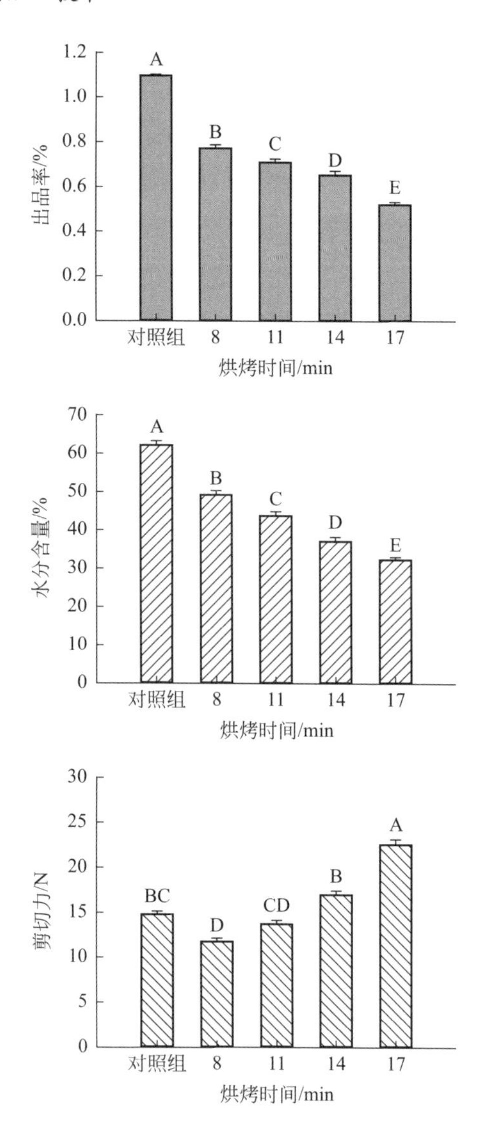

图5-11　不同烘烤时间对烤羊排出品率、水分含量和剪切力的影响

② 不同烘烤时间对烤羊排水分子动态分布（T_2 弛豫时间）的影响　不同烘烤时间下 T_2 弛豫时间的分布见图 5-12，不同烘烤时间对羊肉 T_2 弛豫时间的影响见表 5-16。

表 5-16　不同烘烤时间对羊肉 T_2 弛豫时间的影响

烘烤时间 /min	T_{21}/ms	A_{21}/%	T_{22}/ms	A_{22}/%	T_{23}/ms	A_{23}/%
对照组	43 ± 1^{a}	86 ± 13^{a}	210 ± 60^{a}	15 ± 8^{ab}	—	—
8	19 ± 1^{b}	55 ± 6^{b}	70 ± 10^{b}	29 ± 7^{a}	200 ± 100^{a}	10 ± 2^{a}

续表

烘烤时间 /min	T_{21}/ms	A_{21}/%	T_{22}/ms	A_{22}/%	T_{23}/ms	A_{23}/%
11	18 ± 2^{bc}	44 ± 3^{bc}	60 ± 10^{b}	28 ± 7^{a}	200 ± 200^{a}	8 ± 1^{a}
14	15.2 ± 0.6^{cd}	62 ± 3^{b}	80 ± 10^{b}	25 ± 5^{ab}	200 ± 100^{a}	11 ± 2^{a}
17	13 ± 0.8^{d}	30 ± 4^{c}	80 ± 20^{b}	10 ± 3^{b}	—	—

注：数据表示为平均值 ± 标准差。在同一列字母中，相同字母表示差异不显著（$p > 0.05$），不同则表示差异显著（$p < 0.05$）。

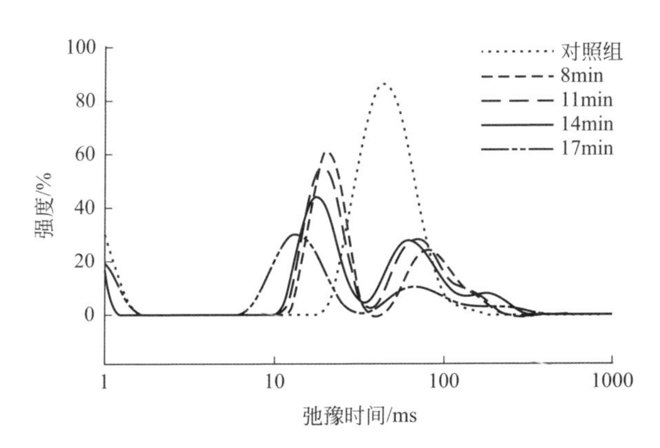

图5-12 不同烘烤时间下T_2弛豫时间的分布

图 5-12 表示了在相同烘烤温度下，不同烘烤时间对烤羊排中水分子动态分布的影响。由 T_2 弛豫时间的分布情况可以发现，不同时间的烘烤处理对羊排肉中 T_2 弛豫时间具有显著性影响（$p < 0.05$）。T_2 弛豫时间分布主要为 2 个峰，T_{21} 的弛豫时间集中在 12.2 ～ 44ms，T_{22} 的弛豫时间多为 50 ～ 270ms（表 5-16）。根据 Carneiro 等的研究可以认为 T_{21} 和 T_{22} 分别代表肌纤维内部的水以及肌原纤维与膜间存在着的不易流动水。可以看出，烘烤 8min、11min、14min 的样品时都存在 T_{23} 的弛豫时间，集中在 100 ～ 400ms，这种不规则的群体偶尔出现对水分变化影响不显著，因此这里只讨论 T_{21} 和 T_{22} 的变化。如表 5-16 所示，与对照组相比 T_{21} 和 A_{21} 显著降低（$p < 0.05$），而随着烘烤时间的延长，T_{21} 弛豫时间越来越短（$p < 0.05$），A_{21} 越来越小（$p < 0.05$）；与对照组相比，烘烤处理使得 T_{22} 弛豫时间显著变短（$p < 0.05$），但 T_{22} 受烘烤时间影响降低不显著（$p > 0.05$）。说明样品中的肌纤维与膜间的水含量发生了迁移，这部分的水可能在较长时间的烘烤下由肌纤维与膜间迁移出去，甚至在迁移至羊排肉的表面进而蒸发出去，从而使得导致 T_{21} 和 A_{21} 显著降低。Bertram 等研究发现，T_{21} 与烹饪损失呈正相关且相关系数达 0.76，这在本实验中也得到了相似的结论，出品率和 T_{21} 呈极大正相关。

③ 不同烘烤时间对烤羊排颜色的影响　从表 5-17 可以看出，在相同烘烤温度时，不同烘烤时间对羊排肉 L^* 值和 a^* 值并无显著影响（$p > 0.05$），而烘烤后的羊排肉的 b^* 值随着烘烤时间的延长有所降低，对照组与烘烤 8min 和 11min 的黄度值无显著差异（$p > 0.05$），但显著高于其他时间的黄度值（$p > 0.05$）。羊肉经烘烤后色泽变暗，这是由于加热过程中，三种形式的肌红蛋白通过氧化作用和氧化还原反应发生互变，最终影响肉的表面颜色，但是本研究结果表明，烘烤对羊排肉的 L^* 值和 a^* 值并无显著影响，这可能是因为在此烘烤温度下，不同烘烤时间对羊排肉的色泽影响不大。这一点张晓天等也发现，a^* 值可能还会与 L^* 值交互影响，当油炸时间持续延长时鸡肉的 a^* 值将不再降低。林琳等研究同样证明，在较低温度加热处理时，对大黄鱼色泽的影响并不显著。

表 5-17　不同烘烤时间对羊排肉颜色的影响

烘烤时间 /min	L^* 值	a^* 值	b^* 值
对照组	37.40 ± 2.52^{a}	10.47 ± 1.68^{a}	16.39 ± 2.77^{ab}
8	39.08 ± 1.21^{a}	4.95 ± 0.24^{b}	17.36 ± 1.29^{a}
11	37.67 ± 2.64^{a}	5.34 ± 0.79^{b}	14.27 ± 0.45^{bc}
14	39.49 ± 1.26^{a}	4.68 ± 0.81^{b}	13.89 ± 1.57^{c}
17	36.68 ± 2.59^{a}	4.43 ± 0.49^{b}	12.27 ± 0.88^{c}

注：数据表示为平均值 ± 标准差。在同一列字母中，相同字母表示差异不显著（$p > 0.05$），不同则表示差异显著（$p < 0.05$）。

④ 不同烘烤时间对烤羊排感官质量的影响　不同烘烤时间对羊排肉感官品质影响鉴定结果见表 5-18。由表 5-18 可知，烘烤时间为 11min 时的总体可接受性最高，与 14min 时接近（$p > 0.05$），但显著高于 8min 和 17min（$p < 0.05$）。烤羊排的色泽、滋味、组织状态及口感各项评分都在 11min 后整体开始下降。17min 时烤羊排的色泽、组织状态和总体可接受性较差，表面出现焦糊现象。说明在相同烘烤温度下，烘烤时间过长会使烤羊排的感官质量下降。

表 5-18　不同烘烤时间对烤羊排肉感官品质的影响

烘烤时间 /min	色泽	滋味	组织状态	口感	总体可接受性
8	5.63 ± 0.74^{b}	5.25 ± 0.89^{c}	5.38 ± 0.74^{b}	5.13 ± 0.99^{b}	5.63 ± 0.74^{b}
11	7.13 ± 1.13^{a}	7.88 ± 0.83^{a}	7.75 ± 1.04^{a}	7.75 ± 0.89^{a}	8.00 ± 0.93^{a}
14	6.88 ± 0.99^{a}	7.63 ± 0.92^{ab}	7.50 ± 1.20^{a}	7.50 ± 1.20^{a}	7.38 ± 0.92^{a}
17	6.75 ± 0.71^{ab}	6.50 ± 0.76^{b}	6.63 ± 0.74^{ab}	6.13 ± 0.64^{b}	6.00 ± 0.76^{b}

注：数据表示为平均值 ± 标准差。在同一列字母中，相同字母表示差异不显著（$p > 0.05$），不同则表示差异显著（$p < 0.05$）。

⑤ T_{21} 与水分含量及出品率的相关性　表 5-19 表示了在相同烘烤温度下，不同烘烤时间的烤羊排 T_{21} 弛豫时间与水分含量和出品率的相关性。由表 5-19 可知，T_{21} 与烤羊排水分含量（r=0.908）和出品率（r=0.961）都为正相关，出品率与水分含量也呈正相关（r=0.964）。即随着烘烤时间延长，烤羊排中水分含量和出品率逐渐降低，T_{21} 弛豫时间对应的不易流动水随之减少。由此分析可以得知，通过 LF-NMR 方法可以预测烘烤时间对烤羊排出品率和水分含量的变化趋势。

表 5-19　T_{21} 弛豫时间、水分含量、出品率之间的相关性

项目	T_{21}/ms	水分含量 /%	出品率 /%
T_{21}/ms	—	0.908	0.961
水分含量 /%	0.908	—	0.964
出品率 /%	0.961	0.964	—

3. 中式菜肴调理食品微波加热工艺优化研究实例

本文采用微波加热的方法替代传统熬汤工艺，通过研究不同微波功率与微波时间对大麻哈鱼汤营养及感官品质的影响，筛选出最佳微波加热参数，在不影响鱼汤营养品质和感官品质的同时，达到方便快捷的目的。

（1）大麻哈鱼汤制作工艺及操作要点　解冻大麻哈鱼，将鱼肉改刀切成条形，长 4cm、宽 1cm、厚 1cm，加入料酒和酱油混合均匀。葱洗净后切段，生姜切成片。

传统烹饪工艺：把铁锅放置于旺火上，放入植物油，待油烧热后加入大麻哈鱼，煎炸至两面变色后，加入水、葱段、姜片、盐和白胡椒粉。大火烧开，100℃下炖 20min，控制温度为 90℃加热 50min。

微波加热：将炒锅置于旺火上，放入植物油烧热后加入大麻哈鱼，煎炸至两面变色后盛出放入微波专用玻璃器皿中，倒入水、葱段、姜片、盐和白胡椒粉。放入微波炉中选择功率 960W 加热 10min，煮沸后，按照实验设计选择功率和时间进行保沸加热，保沸加热是指在沸腾后继续进行加热。

（2）大麻哈鱼汤微波加热工艺优化试验设计

① 微波功率单因素试验　控制微波保沸时间为 40min 不变，调整微波功率为 240W、480W、720W 与 960W，测定各指标，进行单因素试验分析。

② 微波时间单因素试验　控制微波功率为 720W 不变，调整微波保沸时间为 20min、40min、60min 和 80min，测定各指标，进行单因素试验分析。

（3）大麻哈鱼汤微波加热工艺优化试验结果

① 微波功率对大麻哈鱼汤营养素的影响　水溶性蛋白质与游离氨基酸是汤汁中的重要营养物质。有文献报道，水溶性蛋白含量的升高有助于动物机体的消化吸收，而汤中的游离氨基酸有助于形成肉汤鲜美的滋味。由表 5-20 可知，水溶性蛋白质含量随微波功率的升高呈先升高后降低的趋势，在微波功率为 720W 时，鱼汤中的水溶性蛋白质含量最高，但与传统工艺烹饪制得的鱼汤无显著性差异（$p > 0.05$）。在微波功率达到 720W 之前，微波功率的升高有利于可溶性蛋白质的溶出，而功率达到 960 W 时出现下降的趋势，分析原因可能是功率过大，使汤中水分迅速蒸发减少进而不利于蛋白质的溶出。游离氨基酸含量随微波功率的升高而逐渐升高，分析原因是随着微波功率的增加，蛋白质会发生降解导致游离氨基酸含量增加，但与传统工艺制得的鱼汤无显著性差异（$p > 0.05$），说明适当微波功率下对大麻哈鱼汤进行微波加热可替代传统加热工艺。固形物含量随微波功率的升高而显著升高（$p < 0.05$），这是因为高功率加热导致肉质松散，固形物溶出较多。

表 5-20　微波功率对大麻哈鱼汤营养素的影响

处理方法	水溶性蛋白质含量 /（mg/g）	游离氨基酸 /（mg/g）	固形物 /%
传统工艺	$4.27±0.04^{a}$	$1.80±0.10^{ab}$	$2.43±0.06^{b}$
微波功率 240W	$3.20±0.10^{c}$	$1.60±0.20^{b}$	$1.50±0.10^{d}$
微波功率 480W	$3.59±0.03^{b}$	$2.00±0.44^{ab}$	$1.85±0.05^{c}$
微波功率 720W	$4.21±0.09^{a}$	$2.10±0.26^{ab}$	$2.25±0.05^{b}$
微波功率 960W	$3.76±0.03^{b}$	$2.40±0.10^{a}$	$3.00±0.20^{a}$

② 微波功率对大麻哈鱼汤色度的影响　鱼汤的颜色通过色差计测得数据可以看出（表 5-21）。从低功率至中高功率，鱼汤颜色的明亮度呈增长趋势，且微波功率为 720W 时亮度值显著高于其他处理组（$p < 0.05$），而微波功率为 960W 时 L^* 数值较低，这是由于大功率加热使鱼汤中的固体物质增多，同时失水率增加，鱼汤颜色过于浓稠，所以较暗。a^* 的数值为负数说明该鱼汤颜色偏向绿色，且在微波功率为 720W 时，其 a^* 值与传统工艺无显著性差异（$p > 0.05$）。b^* 的数值为正数说明在黄蓝方向上该鱼汤的颜色偏向黄色。鱼汤熬制时选用中等微波功率得到汤汁颜色较佳，这是因为功率过低时，汤汁滚沸程度较低，达不到剧烈振荡的效果，乳化作用较低，汤汁色泽较暗；功率过高时，汤汁失水率较大，同样也会影响鱼汤的乳化效果。

表 5-21 微波功率对大麻哈鱼汤色度的影响

处理方法	L^*	a^*	b^*
传统工艺	51.19±0.86[c]	−0.37±0.01[c]	9.33±0.20[b]
微波功率 240W	54.61±1.17[b]	−0.13±0.02[a]	9.31±0.18[b]
微波功率 480W	56.62±0.61[ab]	−0.32±0.02[b]	9.57±0.07[ab]
微波功率 720W	57.72±0.36[a]	−0.37±0.01[c]	10.16±0.42[a]
微波功率 960W	51.29±0.72[c]	−0.24±0.03[b]	8.97±0.19[b]

③ 微波功率对大麻哈鱼汤风味的影响　电子鼻是模拟动物嗅觉器官开发出的测定样品风味的先进仪器，通过电子鼻能够准确检测出清炸大麻哈鱼汤风味的变化，减少主观影响。不同微波功率对大麻哈鱼汤风味的影响见图 5-13。有文献表明，当 DI 值介于 80% ～ 100% 之间就可以表明实验处理组之间的风味能够用电子鼻区分开来。由图 5-13 可知判别指数 DI 为 95.7%，表明 5 组大麻哈鱼汤风味可用电子鼻区分出来。主成分 1 的贡献率为 90.3%，主成分 2 贡献率为 5.9%，合计为 96.2%，表明所提取信息能够反映原始数据的大部分信息。且主成分 1 的贡献率明显大于主成分 2，表明不同微波功率下大麻哈鱼汤的风味差异主要由主成分 1 决定。对照组即传统工艺与微波功率 720W 组在横坐标、纵坐标轴均较为接近，说明微波功率为 720W 时，可以得到与传统工艺风味组成较为相近的鱼汤。

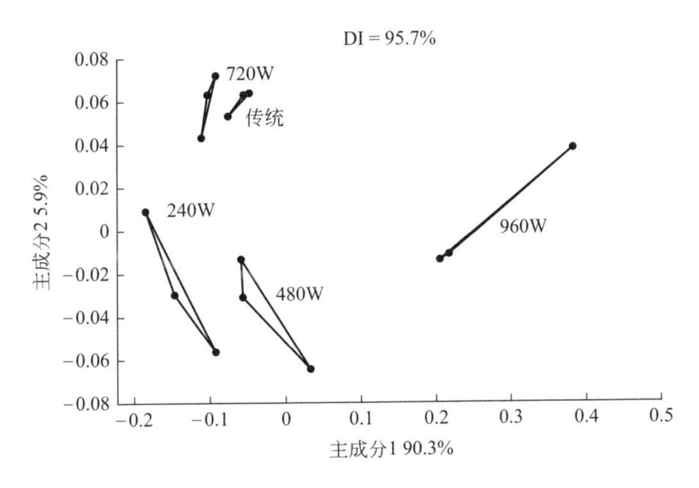

图 5-13　微波功率对大麻哈鱼汤风味的影响

④ 微波功率对大麻哈鱼汤感官品质的影响　由表 5-22 可知，在 240W 和 960W 功率下制得的鱼汤感官品质不佳，在 240W 时功率过低，使得鱼汤中的物质不能很好地溶出，影响鱼汤的色泽、香气和滋味；960W 时功率过高，会导致炖煮汤的温度增加过快，破坏分子间肽链的排列，降低蛋白质的溶解度。功率为 720W

时感官评价得分显著高于其他处理组（$p < 0.05$），且与传统工艺烹制的鱼汤无显著性差异（$p > 0.05$）。肉汤滋味形成与原料中蛋白质、核苷酸和多糖等物质有关，这些物质自身溶解性差，呈味性低，随着加热的进行，其中的蛋白质、糖类和核苷酸不断水解形成小分子物质，呈味性较好。

表 5–22　微波功率对大麻哈鱼汤感官品质的影响

指标	传统工艺	功率 240W	功率 480W	功率 720W	功率 960W
色泽	$7.17±0.16^{a}$	$6.24±0.13^{c}$	$6.47±0.14^{bc}$	$7.14±0.15^{a}$	$6.69±0.18^{b}$
滋味	$6.88±0.03^{a}$	$6.42±0.11^{c}$	$6.76±0.06^{ab}$	$6.60±0.10^{ab}$	$6.54±0.06^{bc}$
香气	$6.55±0.05^{a}$	$6.40±0.10^{a}$	$6.58±0.09^{a}$	$6.63±0.12^{a}$	$6.09±0.10^{b}$
口感	$7.50±0.10^{a}$	$6.51±0.10^{d}$	$6.88±0.07^{c}$	$7.63±0.14^{a}$	$7.15±0.05^{b}$
总体可接受性	$7.03±0.08^{a}$	$6.39±0.04^{c}$	$6.67±0.05^{b}$	$7.00±0.05^{a}$	$6.65±0.02^{b}$

⑤ 微波时间对大麻哈鱼汤营养素的影响　由表 5-23 可知，水溶性蛋白质含量随微波时间的增加呈显著升高的趋势（$p < 0.05$），因为在适宜温度下长时间加热有利于肌肉组织中水溶性蛋白的溶出。游离氨基酸含量随微波功率的升高而逐渐升高，原因是随着微波时间的增加，蛋白质会发生降解导致游离氨基酸含量增加。加热时间为 80min 时游离氨基酸含量显著高于传统工艺制得的鱼汤（$p < 0.05$），有研究表明，微波加热制得的汤汁中游离氨基酸含量高于水煮等传统加热方法。固形物含量随微波时间的延长而显著升高（$p < 0.05$），这是因为长时间加热使固形物溶出较多。

表 5–23　微波时间对大麻哈鱼汤营养素的影响

处理方法	水溶性蛋白质含量 /（mg/g）	游离氨基酸 /（mg/g）	固形物 /%
传统工艺	$4.27±0.04^{c}$	$1.80±0.10^{b}$	$2.43±0.06^{b}$
微波时间 20min	$3.74±0.05^{d}$	$1.90±0.10^{b}$	$1.25±0.01^{d}$
微波时间 40min	$4.22±0.13^{c}$	$2.10±0.26^{ab}$	$2.25±0.05^{c}$
微波时间 60min	$4.84±0.19^{b}$	$2.50±0.30^{a}$	$2.50±0.20^{b}$
微波时间 80min	$5.81±0.23^{a}$	$2.53±0.15^{a}$	$3.20±0.03^{a}$

⑥ 微波时间对大麻哈鱼汤色度的影响　由表 5-24 可知，不同微波加热时间下鱼汤的颜色有明显变化，随着保沸时间的增加，鱼汤颜色先逐渐变明亮后变暗，这是由于烹饪时间过长，会导致水分的流失，固体溶出物增多使得汤汁更加浓稠，颜色品质会有所下降。微波时间为 40min 时与传统工艺的鱼汤颜色无显著性差异（$p > 0.05$）。鱼汤的色泽与熬煮的时间有一定的相关性，熬煮时间越长，鱼汤色

度值越高。

表 5-24　微波时间对大麻哈鱼汤色度的影响

处理方法	L^*	a^*	b^*
传统工艺	51.19±0.86[b]	−0.37±0.01[ab]	9.33±0.20[a]
微波时间 20min	50.72±0.25[b]	−0.40±0.03[b]	8.39±0.50[b]
微波时间 40min	56.83±0.41[a]	−0.33±0.02[a]	9.41±0.13[a]
微波时间 60min	51.33±0.87[b]	−0.37±0.02[b]	9.20±0.08[a]
微波时间 80min	47.91±0.85[c]	−0.47±0.01[c]	9.06±0.06[ab]

⑦ 微波时间对大麻哈鱼汤风味的影响　由图 5-14 可知，主成分 1 的贡献率为 93.4%，主成分 2 贡献率为 3.6%，累积贡献率为 97.0%，表明所提取信息能够反映原始数据的大部分信息。且主成分 1 的贡献率明显大于主成分 2，表明不同微波时间下大麻哈鱼汤的风味差异主要由主成分 1 决定。对照组即传统工艺与微波时间 40min、功率 720W 组在横坐标、纵坐标轴均较为接近，说明当微波时间为 40min、微波功率为 720W 时，可以得到与传统工艺风味组成较为相近的鱼汤。加热时间为 80min 时在横纵坐标轴上均距离较远，说明加热时间过长，固体溶出物和风味物质增多，表现出风味的明显差异。DI 为 96.0%，介于 80% ～ 100% 之间，表明 5 组大麻哈鱼汤风味可用电子鼻区分出来。

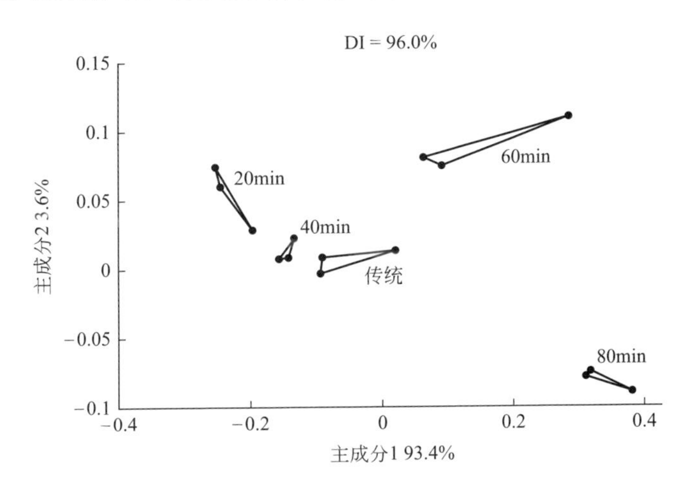

图 5-14　微波时间对大麻哈鱼汤风味的影响

⑧ 微波时间对大麻哈鱼汤感官品质的影响　由表 5-25 可知，微波加热时间对鱼汤的色泽、滋味、香气和口感均有明显影响，其中对色泽、滋味和香气尤为显著。在 60min 内随着时间的延长，鱼汤的感官品质随之提升，可能是由于随着

时间的延长水溶性蛋白质、呈味氨基酸和脂肪等物质含量变化的原因造成的。保沸加热的时间越长，汤汁也会更加浓稠，汤汁呈淡乳黄色，这是因为熬制过程中，大麻哈鱼脂肪和肌肉组织中的蛋白质溶出，卵磷脂、明胶分子和某些蛋白质作为乳化剂，形成了水包油形的乳化液。微波功率720W、微波时间40min的分值接近于传统方法制作的鱼汤。滋味物质的产生和形成是一个缓慢的过程，因此汤通常需要长时间加热，但加热时间不能无控制地延长。较长时间的加热能使滋味物质形成，但需要对加热时间进行控制，在保证感官品质的同时以求经济高效。

表5-25　微波时间对大麻哈鱼汤感官品质的影响

指标	传统工艺	20min	40min	60min	80min
色泽	$7.22±0.12^a$	$6.40±0.10^b$	$7.09±0.08^a$	$7.20±0.18^a$	$6.47±0.10^b$
滋味	$6.91±0.06^b$	$6.22±0.15^d$	$6.58±0.10^c$	$6.88±0.09^b$	$7.66±0.08^a$
香气	$6.60±0.11^b$	$6.11±0.17^c$	$6.44±0.12^b$	$6.69±0.09^b$	$7.50±0.10^a$
口感	$7.43±0.06^b$	$6.80±0.10^c$	$7.68±0.10^a$	$7.84±0.05^a$	$7.79±0.03^a$
总体可接受性	$7.04±0.07^b$	$6.39±0.03^c$	$6.95±0.09^b$	$7.12±0.07^b$	$7.36±0.06^a$

第三节　中式菜肴调理食品嫩化工艺

一、嫩化工艺的特点及其对调理食品品质的影响

嫩度是评价肉制品质量的重要指标，也是消费者较为重视的食用品质之一，因此如何提高肉的嫩度是生产加工中的关键技术。改善肉类原料嫩度的方法有很多，主要包括物理嫩化法、化学嫩化法和生物嫩化法。Barekat等研究发现单独使用木瓜蛋白酶或超声波处理均可降低牛肉的硬度，但是将二者相结合可提升效果，即添加1%木瓜蛋白酶，并在100W条件下超声处理20min为最佳嫩化处理方法。Li等研究了$CaCl_2$对调理鹅肉的嫩化途径，通过测定剪切力、肌动蛋白丝、f-肌动蛋白、g-肌动蛋白、原肌球调节蛋白等得出，$CaCl_2$通过解聚肌动蛋白丝和裂解原肌球调节蛋白使鹅肉变嫩。笔者前期研究结果发现采用复合磷酸盐可以有效提高肉制品的保水性，进而提高其嫩度，试验结果表明不同复合磷酸盐添加量对鱼香肉丝调理食品中肉丝的出品率、水分含量、嫩度和感官评价有显著影响（$p<0.05$），当复合磷酸盐的添加量为0.3%时，此时鱼香肉丝调理食品中的肉丝感官品质最佳。

二、磷酸盐嫩化技术

磷酸盐是目前世界各国应用最广泛的食品添加剂之一，我国已批准使用的磷酸盐包括三聚磷酸钠、六偏磷酸钠、焦磷酸钠、磷酸三钠、磷酸氢二钠、磷酸二氢钠、磷酸氢二钾、焦磷酸二氢二钠。在食品中添加这些物质可以有助于食品品种的多样化，改善其色、香、味、形，保持食品的新鲜度和质量，特别是在肉制品中磷酸盐可有效改善肉制品的保水性和嫩度。

复合磷酸盐是在食品加工中应用两种或两种以上的磷酸盐的统称。本部分研究实例主要研究复合磷酸盐的添加量对中式调理菜肴——鱼香肉丝中肉丝品质的影响，通过单因素试验筛选出复合磷酸盐最佳添加量，从而提高肉类主料的保水性。

1. 鱼香肉丝制作工艺流程及操作要点

（1）肉丝的加工　鱼香肉丝的预处理→肉丝上浆→油炸锅预油炸→肉丝→冷却→包装→杀菌→肉丝成品。

（2）配料的加工　青豆清洗，水发木耳、胡萝卜清洗切断→色拉油→木耳、胡萝卜炒制→配料→冷却→包装→杀菌→检验→配料成品。

（3）调味料的加工　姜、树椒、大蒜、葱粉碎→红油→炒制→配料→冷却→包装→杀菌→检验→调味料成品。

猪里脊肉洗净切成 0.4cm×0.6cm×8cm 的肉丝，经上浆工艺优化后配方进行上浆。上浆后的肉丝，于 4℃放置 30min，即醒浆 30min。上浆后的肉丝按预加热工艺参数进行预油炸处理，加热后的肉丝采用高温蒸煮袋进行真空包装，按二次杀菌工艺优化条件进行二次杀菌处理，并迅速用冷水冲洗冷却，置于 4℃贮存。

将胡萝卜切成 7cm 的细丝，青豆清洗，木耳水发并去根切段待用。经电磁炉烧热的炒锅中加入大豆油，加入青豆翻炒，再加入木耳、胡萝卜翻炒。加热后的配菜采用高温蒸煮袋进行真空包装，并进行二次杀菌处理，迅速用冷水冲洗冷却，置于 4℃贮存。

葱姜蒜洗净切末，树椒切成 4cm 长的细丝，将水与淀粉配成比例为 3 ∶ 1 的水淀粉待用。经电磁炉烧热的炒锅中加入大豆油，然后加入葱姜蒜翻炒，加入料酒、市售袋装辣椒油、白醋、酱油、糖、味精、盐后加水再次翻炒，最后加入水淀粉收汁。加热后的调味料采用高温蒸煮袋进行真空包装，并进行二次杀菌处理，迅速用冷水冲洗冷却，置于 4℃贮存。

2. 复合磷酸盐嫩度优化工艺试验设计

根据 GB 2760—2011 我国食品添加剂使用规则，并参考本研究团队前期研究结果，选择肉丝质量比为 0.1%、0.2%、0.3%、0.4% 和 0.5% 的复合磷酸盐，对照组不添加复合磷酸盐。同时将复合磷酸盐与上浆液一起混合使用，在上浆过程中可以与其他上浆配料一起在原料肉（如肉丝）表面形成透明浆液，从而形成致密性保护层，进而最大限度地提高原料肉的持水力。最后通过油炸锅于 130℃油炸 60s。测定肉丝的出品率、水分含量、剪切力和感官质量。

3. 复合磷酸盐嫩度优化工艺试验结果

（1）不同复合磷酸盐添加量对肉丝出品率的影响 由图 5-15 可知，不同复合磷酸盐的添加量对肉丝的出品率并无显著性的差异（$p < 0.05$）。许多文献表明向肉制品中添加一定量的磷酸盐，可以提高肉制品的保水性及出品率，但是在本试验中并未发现此现象。这可能是由于复合磷酸盐与上浆配料一同上浆到肉料表面，在加热预油炸过程中，部分复合磷酸盐会溶于加热介质（食用油）中，并且其与上浆配料形成的肉料“保护层”会在加热过程中脱落损失，因此使得不同组分间的出品率出现较大的差异，进而表现在各组间出品率无显著性差异（$p < 0.05$）。

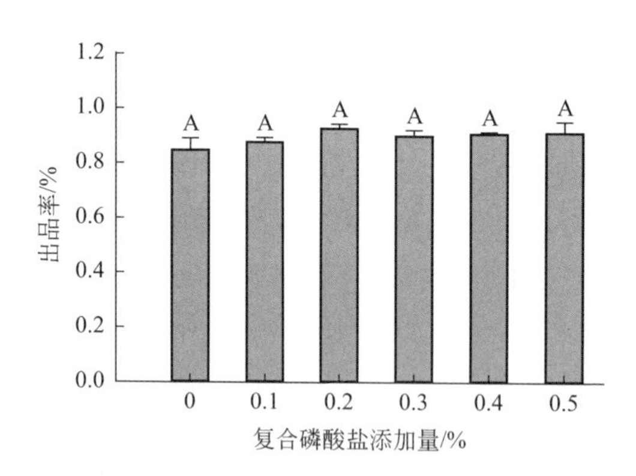

图 5-15 不同复合磷酸盐添加量对预油炸肉丝出品率的影响

图中不同字母表示差异显著（$p < 0.05$）

（2）不同复合磷酸盐添加量对肉丝水分含量的影响 由图 5-16 可知，添加复合磷酸盐可以提高肉丝的保水性。添加 0.1% ～ 0.5% 的复合磷酸盐的肉丝含水量均比未添加复合磷酸盐的肉丝含水量要高（$p < 0.05$）。这一点同芦嘉莹的研究一致。

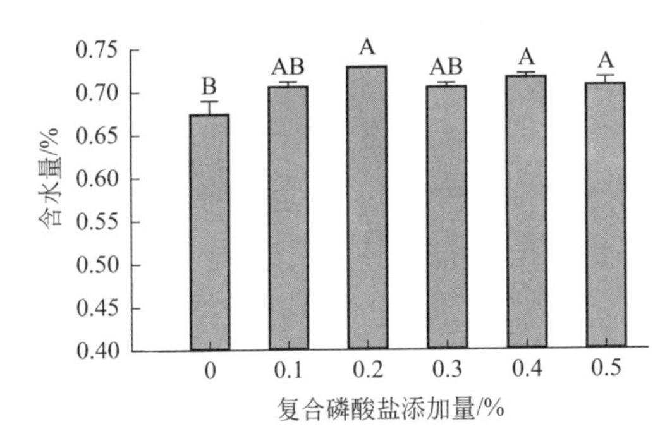

图 5-16　不同复合磷酸盐添加量对预油炸肉丝水分含量的影响

图中不同字母表示差异显著（$p < 0.05$）

（3）不同复合磷酸盐添加量对肉丝嫩度的影响　添加适量的复合磷酸盐可以提高肉丝的保水性并进而提高肉丝的嫩度。由图 5-17 可知，随着复合磷酸盐添加量的增加，肉丝的剪切力逐渐减小，当添加量达到 0.4% 和 0.5% 时，肉丝的剪切力值达到最小值（$p < 0.05$），此时肉质最嫩。而添加量为 0.4% 和 0.5% 的两组之间的剪切力并无显著性差异（$p > 0.05$）。

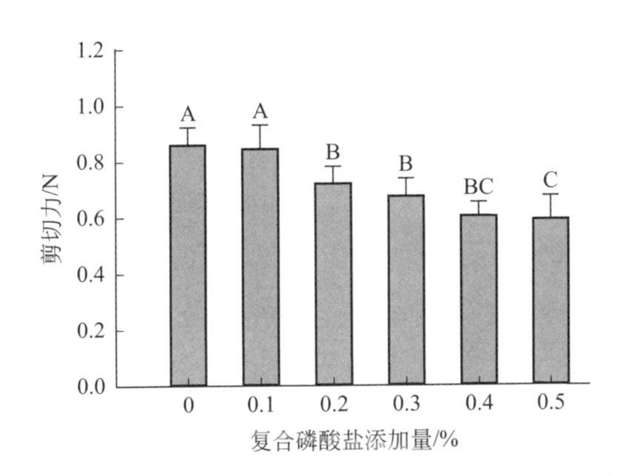

图 5-17　不同复合磷酸盐添加量对预油炸肉丝剪切力的影响

图中不同字母表示差异显著（$p < 0.05$）

（4）不同复合磷酸盐添加量对肉丝感官质量的影响　由表 5-26 可知，随着复合磷酸盐添加量的增加，肉丝的总体可接受性评分呈上升趋势。当添加量为 0.5% 时，其各项感官评价得分最高，且与 0、0.1% 几组均有显著性差异（$p < 0.05$），但是根据前面的结果，添加 0.3% 与 0.5% 的在含水量、嫩度、感官评价几方面均无显著性差异（$p > 0.05$），且从经济角度考虑，将复合磷酸盐的最适添加量确定为 0.3%。

表 5-26　不同复合磷酸盐添加量对预油炸肉丝感官质量的影响

添加量 /%	色泽	味道	组织状态	口感	总体可接受性
0	5.79 ± 0.81^{a}	5.51 ± 0.52^{b}	5.89 ± 0.63^{ab}	5.43 ± 0.45^{b}	5.35 ± 0.41^{b}
0.1	6.01 ± 0.68^{a}	5.73 ± 0.54^{ab}	5.65 ± 0.47^{b}	5.71 ± 0.50^{b}	5.47 ± 0.51^{b}
0.2	5.72 ± 0.72^{a}	5.99 ± 0.45^{ab}	$6.11 + 0.56^{ab}$	5.65 ± 0.48^{b}	5.58 ± 0.42^{b}
0.3	5.96 ± 0.62^{a}	6.27 ± 0.66^{ab}	6.21 ± 0.73^{ab}	6.01 ± 0.61^{ab}	$6.14 \pm 0.52a^{b}$
0.4	6.23 ± 0.75^{a}	6.31 ± 0.47^{ab}	6.17 ± 0.51^{ab}	6.23 ± 0.37^{a}	6.34 ± 0.46^{a}
0.5	5.65 ± 0.53^{a}	6.72 ± 0.68^{a}	6.52 ± 0.43^{a}	6.34 ± 0.44^{a}	6.48 ± 0.32^{a}

注：在相同列中不同字母代表差异显著（$p < 0.05$）。

第四节　中式菜肴调理食品护色与保脆工艺

一、护色工艺的特点及其对调理食品品质的影响

叶绿素中的镁离子在酸性条件下会被氢离子取代，形成脱镁叶绿素，从而使果蔬变为黄色、褐色或者绿褐色。当 pH>8 时，叶绿素会发生水解，即皂化反应，生成稳定的绿色化合物叶绿醇和叶绿酸等。贾丽娜做了回锅肉配料青椒护色研究，漂烫可以使青椒组织中的空气逸出，折射光减少，青椒的色泽比原料青椒的色泽更加鲜绿。此外，实验研究了在漂烫同时添加不同浓度氯化钠（0.0、0.2%、0.4%、0.6%、0.8%、1.0%）的护色效果，结果表明是否添加氯化钠对青椒色泽影响较大，氯化钠有较好的护色效果，最佳浓度为 0.6%。高伟民通过单因素实验研究了三种护色剂（$NaHCO_3$、维生素 C、$CuSO_4 \cdot 5H_2O$）对水煮青椒颜色的影响，结果表明只有 $NaHCO_3$ 有护色效果，且最佳浓度为 300mg/L。胡燕等研究了双氧水、亚硫酸钠和次氯酸钠三种护色剂对水煮藕片褐变的影响，通过测定明度、总色度差以及褐变度为判别指标，结果表明三种护色剂均有抑制水煮藕片褐变的作用。

二、方便地三鲜调理菜肴护色工艺优化

虽然护色技术的研究已有一些研究成果，但都集中于非烹饪条件下，传统烹饪工艺加工后再经冷藏处理的绿色蔬菜菜肴的护色研究却寥寥无几，如高伟民对青椒的护色技术进行了研究，采用了漂烫和研制的方法，并将护色剂对青椒颜色的影响进行了试验，但对贮藏后再加工的青椒未做研究。本研究以方便地三鲜菜

肴为研究对象，确定其制作工艺，将成品于4℃冰箱中冷藏3天，分别测定0天和3天时地三鲜中青椒的颜色（a^*）和感官质量。之后通过单因素实验研究不同护色剂浓度对方便地三鲜青椒护色效果的影响，再通过正交实验研究不同种护色剂交互作用对方便地三鲜颜色品质的影响，以筛选出方便地三鲜护色剂的最佳组合配方。进而解决地三鲜快餐型方便食品难以维持其色泽品质的问题，为实现具有一定保质期的高品质绿色蔬菜菜肴生产提供一定的理论依据和技术支持。

1. 方便地三鲜制作工艺流程及操作要点

原料准备→原料切配→加入护色剂→漂烫→油炸→烹饪→冷却→托盘包装→ 4℃冷藏。

每份方便地三鲜所需原料：青椒100g，马铃薯块200g，茄子300g。辅料：葱段、蒜末、糖、食盐、酱油、醋、淀粉、食用油、清水适量。酱油、食醋、食盐和白糖添加量按照10%、4%、4%和6%的比例添加。为控制实验变量，在制作过程中，原料的油炸温度为190℃，马铃薯块、茄子块油炸时间为90s，青椒油炸时间为15s。

2. 方便地三鲜护色工艺优化试验设计

将$CuSO_4 \cdot 5H_2O$、维生素C、$NaHCO_3$、$Zn(CH_3COO)_2$四种不同的护色剂分别配制成不同的浓度。即将$CuSO_4 \cdot 5H_2O$的浓度分别设定为0、30mg/L、60mg/L、90mg/L、120mg/L和150mg/L；将维生素C的浓度分别设定为：0、100mg/L、200mg/L、300mg/L、400mg/L和500mg/L；将$NaHCO_3$的浓度分别设定为：0、100mg/L、300mg/L、500mg/L、700mg/L和900mg/L；将$Zn(CH_3COO)_2$的浓度分别设定为0、40mg/L、80mg/L、120mg/L、160mg/L和200mg/L。取上述不同种类，不同浓度的护色剂溶液1L置于烧杯中，充分混匀溶解并置于水浴锅中待漂烫。将青椒放入装有护色剂的烧杯中进行漂烫处理，漂烫温度为80℃，漂烫时间为90s。漂烫结束后，取出青椒，根据方便地三鲜的制作工艺制作方便地三鲜菜肴，后托盘包装，4℃冷藏，最后分别测定贮存0天与贮存3天地三鲜中青椒的色泽及其感官质量。

3. 方便地三鲜护色工艺优化试验结果

（1）不同护色剂添加量对地三鲜贮藏期青椒颜色及感官质量的影响

① $CuSO_4 \cdot 5H_2O$对地三鲜青椒颜色及感官质量的影响结果分析　根据图5-18可发现，贮存0天时，随着$CuSO_4 \cdot 5H_2O$添加量的增加，a^*值整体趋于平缓，青椒颜色上没有较大的差异性，表明不同浓度的$CuSO_4 \cdot 5H_2O$对贮存0天的方便

地三鲜中青椒颜色没有显著影响。贮存 3 天时，当 $CuSO_4 \cdot 5H_2O$ 浓度由 0 增加到 60mg/L 时，随着 $CuSO_4 \cdot 5H_2O$ 浓度的增加，a^* 呈下降趋势，方便地三鲜中青椒的颜色逐渐加深，表示随着 $CuSO_4 \cdot 5H_2O$ 浓度的增加对方便地三鲜中青椒的护绿效果越来越显著。当 $CuSO_4 \cdot 5H_2O$ 添加量由 60mg/L 增加到 150mg/L 时，随着 $CuSO_4 \cdot 5H_2O$ 添加量的增加，a^* 值先上升后趋于平缓，且在 90mg/L 时 a^* 值最大，对方便地三鲜中的青椒护色效果不明显。由图 5-18 可知当 $CuSO_4 \cdot 5H_2O$ 浓度为 60mg/L 时，a^* 达到最低值，此时青椒颜色最绿，方便地三鲜中青椒颜色保持最好。

由表 5-27 可发现，贮存 3 天后，$CuSO_4 \cdot 5H_2O$ 的浓度对菜肴的口感、味道、组织状态、总体可接受性没有显著影响，但不同浓度的 $CuSO_4 \cdot 5H_2O$ 对方便地三鲜的色泽改变却产生了显著差异，表明了 $CuSO_4 \cdot 5H_2O$ 的确具有良好的护色作用。从经济角度以及护色效果、感官质量综合考虑，当 $CuSO_4 \cdot 5H_2O$ 浓度为 60mg/L 的时候，经油炸工艺并托盘冷藏 3 天后的方便地三鲜中青椒护色效果最好。

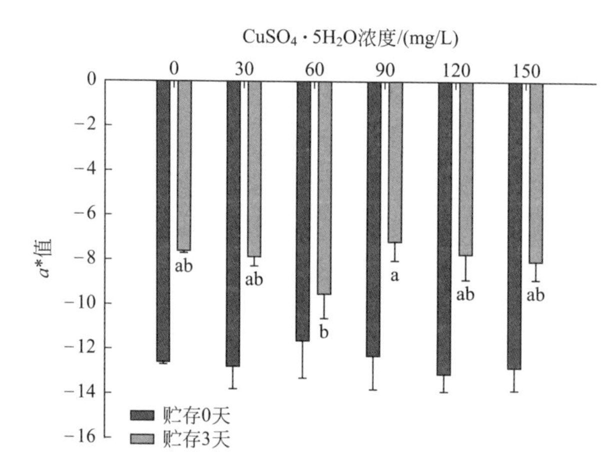

图 5-18　不同 $CuSO_4 \cdot 5H_2O$ 浓度对方便地三鲜中青椒在贮藏期内颜色的影响

② 维生素 C 对地三鲜青椒颜色及感官质量的影响结果分析　由图 5-19 可以看出，贮存 0 天时，随着维生素 C 浓度的增加，a^* 值整体趋于平缓，青椒颜色上没有较大的差异性，表明维生素 C 的浓度对方便地三鲜中青椒颜色没有显著影响。贮存 3 天时，当维生素 C 浓度由 0 增加到 200mg/L 时，随着维生素 C 浓度的增加，a^* 值的变化趋于平缓，且无显著差异，表示该段浓度下维生素 C 对方便地三鲜中

青椒的护色没有显著差异。当维生素 C 浓度由 200mg/L 增加到 500mg/L 时，随着维生素 C 添加量的增加，a^* 值先呈上升趋势后呈下降趋势，表明一定浓度的维生素 C 对方便地三鲜中的青椒具有显著的护色作用。且在维生素 C 浓度为 500mg/L 的时候，a^* 达到最低值，青椒颜色最绿，方便地三鲜中青椒颜色保持最好。

表 5-27　贮存 3 天时，不同 $CuSO_4 \cdot 5H_2O$ 浓度对方便地三鲜中青椒感官质量评价表

$CuSO_4 \cdot 5H_2O$ 添加量 /（mg/L）	口感	色泽	味道	组织状态	总体可接受性
0	8.2 ± 0.32^a	9.1 ± 0.42^{ab}	9.1 ± 0.41^a	8.8 ± 0.34^a	8.4 ± 0.52^a
30	8.6 ± 0.75^a	8.7 ± 0.51^{ab}	9.2 ± 0.30^a	8.5 ± 0.51^a	8.6 ± 0.30^a
60	8.2 ± 0.41^a	9.5 ± 0.67^a	9.1 ± 0.41^a	8.6 ± 0.32^a	8.8 ± 0.55^a
90	8.4 ± 0.68^a	8.9 ± 0.37^{ab}	9.0 ± 0.61^a	8.3 ± 0.73^a	8.5 ± 0.68^a
120	8.0 ± 0.44^a	8.5 ± 0.34^b	8.9 ± 0.40^a	8.8 ± 0.61^a	8.6 ± 0.74^a
150	8.1 ± 0.32^a	8.6 ± 0.62^b	8.8 ± 0.51^a	8.5 ± 0.34^a	8.7 ± 0.42^a

注：所得数值来自三次重复的平均值 ± 标准差；a、b 相同表示同一列数据差异不显著，不同则表示差异显著（$p < 0.05$）。

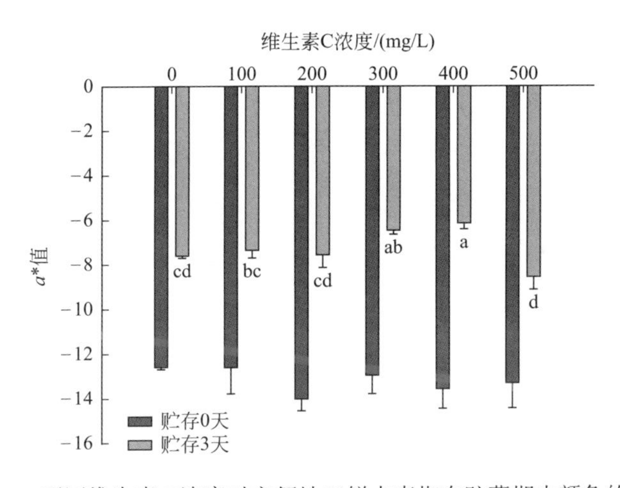

图 5-19　不同维生素 C 浓度对方便地三鲜中青椒在贮藏期内颜色的影响

由表 5-28 可发现贮存 3 天后，维生素 C 的浓度对菜肴感官质量的整体可接受性没有显著影响。当维生素 C 浓度为 300mg/L 和 500mg/L 时，感官品质中的色泽存在显著差异。结合 a^* 值的结果分析，浓度为 300mg/L 时颜色偏黄，浓度为 500mg/L 时颜色更绿，视觉效果更佳。其余浓度下维生素 C 的浓度对方便地三鲜的口感、色泽、味道、组织状态等都没有显著影响。从经济角度及护色效果 a^* 值、感官质量综合考虑，维生素 C 添加量为 200mg/L 的时候，经油炸工艺并托盘冷藏 3 天后的方便地三鲜中青椒护色效果最好。

表 5-28　贮存 3 天时，不同维生素 C 浓度对方便地三鲜中青椒感官质量评价表

维生素 C 添加量 /（mg/L）	口感	色泽	味道	组织状态	总体可接受性
0	8.0±0.32[a]	9.1±0.75[ab]	9.1±0.44[a]	8.8±0.64[a]	8.6±0.43[a]
100	8.4±0.42[a]	9.1±0.67[ab]	9.2±0.64[a]	8.9±0.42[a]	8.5±0.37[a]
200	8.1±0.41[a]	9.1±0.34[ab]	9.1±0.43[a]	8.7±0.34[a]	8.8±0.64[a]
300	8.2±0.65[a]	8.2±0.34[b]	9.2±0.52[a]	8.9±0.31[a]	8.9±0.48[a]
400	8.3±0.57[a]	8.5±0.70[ab]	8.9±0.63[a]	8.7±0.52[a]	8.4±0.57[a]
500	8.5±0.32[a]	9.3±0.55[a]	9.1±0.54[a]	8.8±0.34[a]	8.8±0.43[a]

注：所得数值来自三次重复的平均值 ± 标准差；a、b 相同表示同一列数据差异不显著，不同则表示差异显著（$p < 0.05$）。

③ $NaHCO_3$ 对地三鲜青椒颜色及感官质量的影响结果分析　由图 5-20 可以看出，贮存 0 天时，随着 $NaHCO_3$ 的增加，a^* 整体趋于平缓，青椒颜色上没有较大的差异性，表明 $NaHCO_3$ 浓度贮存 0 天的方便地三鲜中青椒颜色没有显著影响。贮存 3 天时，随着 $NaHCO_3$ 添加量的增加，a^* 值整体趋于平缓，表明 $NaHCO_3$ 的浓度对贮存 3 天的方便地三鲜中的青椒颜色没有显著影响，因此 $NaHCO_3$ 对该菜肴护色效果无显著差异。当 $NaHCO_3$ 浓度为 300mg/L 时，a^* 值最小，不考虑显著影响的条件下，该浓度下 $NaHCO_3$ 的护色效果最好。

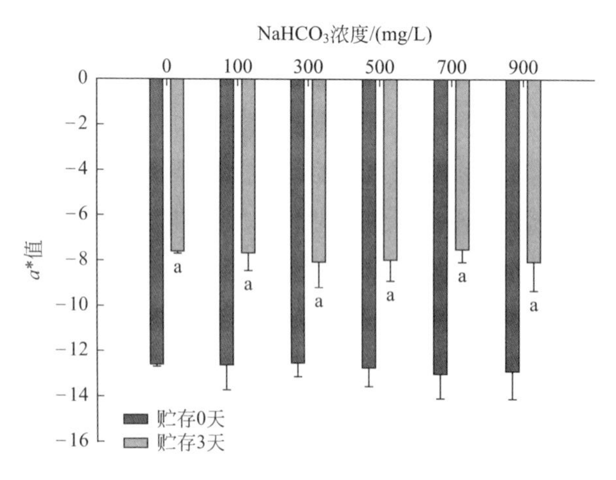

图 5-20　不同 $NaHCO_3$ 浓度对方便地三鲜中青椒在贮藏期内颜色的影响

由表 5-29 可以看出，贮存 3 天后，$NaHCO_3$ 的浓度对菜肴整体的感官质量的各个评价指标都没有显著差异。$NaHCO_3$ 的添加不会给菜肴带来口感和味道上的影响。结合护色效果、感官质量综合考虑，$NaHCO_3$ 浓度为 300mg/L 的时候，经油炸工艺并托盘冷藏 3 天后的方便地三鲜中青椒护色效果最好。

表 5-29　贮存 3 天时，不同 $NaHCO_3$ 浓度对方便地三鲜中青椒感官质量评价表

$NaHCO_3$ 添加量 /（mg/L）	口感	色泽	味道	组织状态	总体可接受性
0	8.3±0.62[a]	9.2±0.77[a]	8.1±0.42[a]	8.4±0.33[a]	8.0±0.67[a]
100	8.4±0.82[a]	9.1±0.69[a]	7.3±0.31[a]	8.3±0.44[a]	8.1±0.53[a]
300	9.2±0.51[a]	9.4±0.53[a]	7.5±0.33[a]	8.1±0.62[a]	8.2±0.64[a]
500	9.0±0.75[a]	9.2±0.34[a]	7.9±0.55[a]	7.9±0.64[a]	8.4±0.32[a]
700	8.5±0.42[a]	9.2±0.52[a]	7.6±0.42[a]	8.5±0.43[a]	8.3±0.41[a]
900	8.6±0.62[a]	9.2±0.31[a]	7.5±0.48[a]	8.6±0.64[a]	8.1±0.52[a]

注：所得数值来自三次重复的平均值 ± 标准差；字母相同表示同一列数据差异不显著（$p < 0.05$）。

④ $Zn(CH_3COO)_2$ 对地三鲜青椒颜色及感官质量的影响结果分析　由图 5-21 可以看出，贮存 0 天时，随着 $Zn(CH_3COO)_2$ 浓度的增加，a^* 整体趋于平缓，青椒颜色上没有较大的差异性，表明不同浓度的 $Zn(CH_3COO)_2$ 对贮存 0 天的方便地三鲜中青椒颜色没有显著影响。贮存 3 天时，当 $Zn(CH_3COO)_2$ 浓度由 0 增加到 120mg/L 时，随着 $Zn(CH_3COO)_2$ 浓度的增加，a^* 呈下降趋势，表示随着浓度的增加 $Zn(CH_3COO)_2$ 护绿效果越来越好。当浓度由 120mg/L 增加到 200mg/L 时，随着 $Zn(CH_3COO)_2$ 浓度的增加，a^* 值反而呈下降趋势，表明较高浓度的 $Zn(CH_3COO)_2$ 对该菜肴的护绿效果较差。由显著性分析结果可以看出，当 $Zn(CH_3COO)_2$ 浓度为 80mg/L、160mg/L、200mg/L 时，对方便地三鲜的护色效果没有显著差异。当 $Zn(CH_3COO)_2$ 浓度为 120mg/L 的时候，a^* 达到最低值，此时青椒颜色最绿，方便地三鲜中青椒颜色保持最好。

由表 5-30 可以看出，贮存 3 天后，$Zn(CH_3COO)_2$ 的浓度除对菜肴的色泽略有显著影响外，对方便地三鲜的其他任何感官指标和总体可接受性都没有显著性影响。表明不同浓度的 $Zn(CH_3COO)_2$ 不会影响方便地三鲜的口感和味道。从经济角度及护色效果、感官质量综合考虑，$Zn(CH_3COO)_2$ 浓度为 120mg/L 的时候，经油炸工艺并托盘冷藏 3 天后的方便地三鲜中青椒护色效果最好。

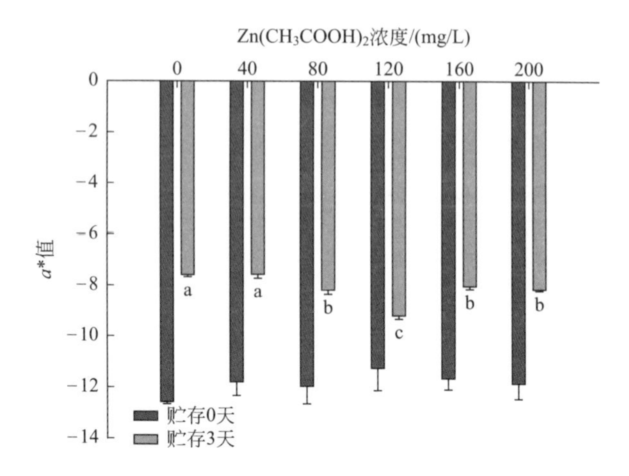

图5-21　不同Zn（CH_3COO）$_2$浓度对方便地三鲜中青椒在贮藏期内颜色的影响

表5–30　贮存3天时，不同Zn（CH_3COO）$_2$浓度对方便地三鲜中青椒感官质量评价表

Zn（CH_3COO）$_2$浓度/（mg/L）	口感	色泽	味道	组织状态	总体可接受性
0	$8.3±0.72^a$	$8.3±0.84^b$	$8.5±0.92^a$	$9.0±0.31^a$	$8.5±0.47^a$
40	$8.4±0.52^a$	$8.2±0.62^b$	$8.8±0.31^a$	$9.1±0.42^a$	$8.5±0.34^a$
80	$8.2±0.54^a$	$8.8±0.47^{ab}$	$9.1±0.55^a$	$9.1±0.34^a$	$8.2±0.62^a$
120	$7.7±0.67^a$	$9.5±0.34^a$	$8.3±0.67^a$	$9.1±0.53^a$	$8.6±0.41^a$
160	$7.5±0.42^a$	$8.8±0.35^{ab}$	$8.6±1.42^a$	$8.9±0.65^a$	$8.9±1.08^a$
200	$8.3±0.32^a$	$8.8±0.54^{ab}$	$8.8±0.62^a$	$9.0±0.41^a$	$8.4±0.87^a$

注：所得数值来自三次重复的平均值 ± 标准差；字母相同表示同一列数据差异不显著，不同则表示差异显著（$p < 0.05$）。

（2）护色剂混合配方正交优化实验结果分析　根据上述单因素实验，按照表5-31所示因素和水平进行正交优化实验。由正交实验结果表5-32可发现，从混合护色剂的护色角度考虑，最加添加浓度组合为$A_3B_3C_2D_1$，即$CuSO_4 \cdot 5H_2O$ 70mg/L、维生素C 500mg/L、$NaHCO_3$ 300mg/L、Zn（CH_3COO）$_2$ 110mg/L，此时的a^*值最低，且低于任何一种护色剂单独作用时的a^*值，表明混合护色剂的护色效果优于护色剂单独作用时的效果。且影响方便地三鲜中青椒颜色护色剂的主次排序为：$CuSO_4 \cdot 5H_2O$ > 维生素C > Zn（CH_3COO）$_2$ > $NaHCO_3$，与单因素实验中$NaHCO_3$的浓度对方便地三鲜的护色作用效果无显著差异的结果相符。且在最优组合下的方便地三鲜感官评价平均值为45.8分（满分50分），表明最优组合护色剂对菜肴的感官评分较高，整体可接受性较好。

表 5-31　护色剂混合配方正交优化实验

水平	因素			
	A（$CuSO_4 \cdot 5H_2O$）/（mg/L）	*B*（维生素 C）/（mg/L）	*C*［$Zn(CH_3COO)_2$］/（mg/L）	*D*（$NaHCO_3$）/（mg/L）
1	50	300	110	200
2	60	400	120	300
3	70	500	130	400

表 5-32　护色剂对方便地三鲜中青椒在贮藏期内颜色影响正交优化实验结果

样品	因素 *A*（$CuSO_4 \cdot 5H_2O$）	因素 *B*（维生素 C）	因素 *C*（$NaHCO_3$）	因素 *D*［$Zn(CH_3COO)_2$］	实验结果	
					*a**	感官得分
1	1（50）	1（300）	1（200）	1（110）	-6.98	46.9
2	1	2（400）	2（300）	2（120）	-7.62	46.2
3	1	3（500）	3（400）	3（130）	-8.22	45.4
4	2（60）	1	2	3	-8.52	43.2
5	2	2	3	1	-7.65	44.4
6	2	3	1	2	-9.06	43.7
7	3（70）	1	3	2	-8.92	41.9
8	3	2	1	3	-9.36	44.6
9	3	3	2	1	-10.04	45.8
均值 1	-7.61	-8.14	-8.47	-8.22		
均值 2	-8.41	-8.21	-8.73	-8.53		
均值 3	-9.44	-9.11	-8.26	-8.7		
极差	1.83	0.97	0.47	0.48		

三、保脆工艺的特点及其对调理食品品质的影响

原果胶决定果蔬脆度，它是细胞壁的组成部分，原果胶和纤维素在细胞层间与蛋白质结合，使细胞紧密黏合在一起，使蔬菜具有较高的脆度。但是原果胶在果胶酶或加热条件下易水解成果胶和果胶酸，从而使细胞间丧失黏结作用，细胞间失去黏结性而变得松软，进而使脆度随之下降。袁宗胜研究了水煮毛竹笋片罐头的保脆工艺，实验研究了三聚磷酸钠和氯化钙对脆度的影响，结果表明保脆剂的配比对脆度影响最大，比例为三聚磷酸钠∶氯化钙 =1 ∶ 2。Gang 等研究了微波结合保脆剂对小米辣椒脆度的影响，通过单因素实验确定微波漂烫的最优条件，结果表明最优工艺为微波功率 525W、处理时间为 64.5s、乳酸钙添加量为 0.08%。贾丽娜通过采用 $CaCl_2$ 对漂烫后的青椒进行浸渍处理，结果表明，处理后青椒的脆度提升了 22.128%。

四、预制发酵酸笋保脆工艺优化

酸笋是竹笋自然发酵的产物，酸笋受到了很多少数民族地区的人民喜爱，分布在云南地区的傣族就是其中之一。酸笋能掩盖食物中的腥味，傣族人民发现并利用了它这一特点，研制出了酸笋煮鱼、酸笋炖鸡等傣族代表菜。

由于酸笋的开发以及研究比较落后，制约酸笋工业化生产的主要原因就在于其爽脆的口感（即脆度）很难保持，而目前相关研究是少之又少，因此有必要加强对酸笋这一具有地方特色的传统产品的研究，使其发扬光大。

蔬菜脆度的保持最常用的就是保脆剂。常用的保脆剂是一类能提供金属离子的食品添加剂，例如氯化钙、乳酸钙等。保脆剂保护蔬菜脆性的作用机理：①钙离子的作用。含有钙离子的保脆剂在腌制盐中会使果胶因为酶而分解出的果胶酸与钙离子相互作用产生果胶酸盐。果胶酸盐会使高分子聚合物的结构产生变化，以此来加快果胶的胶凝。②一些金属离子的作用。有些金属离子会激活果胶甲酯酶，使果胶的分解速度变快。果胶分解成甲醇和果胶酸速度的加快，使得腌制品的自由羧基含量提高，加快与离子之间的交联作用，起到保护蔬菜脆性的作用。本研究实例是在酸笋腌制液中添加一些金属离子，以起到保护脆性的作用。

本研究实例从影响酸笋脆性的因素出发，找到提高酸笋脆性方法的同时研究影响酸笋腌制的因素。通过本研究筛选出适宜于酸笋批量化、产业化生产的腌制方法，同时提高酸笋的脆性和品质，进而提高酸笋的产出量，提升其经济效益。

1. 酸笋调理食品制作工艺流程及操作要点

竹笋去壳→清洗→切丝→用清水浸泡防止氧化→准备浓度为5%的盐水→缸体灭菌→将笋丝放入缸体中压实→倒入盐水→自然发酵→气调包装→4℃冷藏。

实验所用竹笋每份均为100g，将切成丝的竹笋浸泡在清水中。将水中放入食盐完全溶解后除掉水中的杂质，将笋放入消毒干净的干燥密封罐中压实。注入盐水，注意不要将未溶解的食盐一起注入，盐水完全没过笋后将罐密封保存。

2. 酸笋调理食品保脆工艺优化实验设计

将5%的乳酸菌接入每份试样，除保脆剂外不添加任何反应物。保脆剂的添加量见表5-33。

表5-33 保脆剂的添加量

保脆剂	添加量/g			
氯化钙	0.04	0.06	0.08	0.1
乳酸钙	0.06	0.09	0.12	0.15
丙酸钙	0.09	0.12	0.15	0.18

3. 酸笋调理食品保脆工艺优化实验结果

（1）$CaCl_2$ 添加量对酸笋脆性以及品质的影响 表 5-34 显示氯化钙对酸笋风味、总体可接受性并无明显影响，但是不同的氯化钙添加量对酸笋口感的影响却有一定的差别。这是由于钙离子能与果胶酸产生不溶于水的果胶酸钙凝胶，在细胞之间起到黏结作用，防止细胞解体，使细胞硬化产生保脆作用。当然氯化钙也不是添加得越多越好，当氯化钙添加量较高时，会使渗透压增大，导致酸笋的细胞发生质壁分离从而脆度下降。在食品添加剂的标准内添加 0.1g 的氯化钙，口感最好，脆性最佳。

表 5-34 $CaCl_2$ 对酸笋感官质量的影响结果分析

$CaCl_2$ 的添加量 /g	外貌形态	风味	口感	总体可接受性
0	24	24	23	7
0.04	25	25	23	7
0.06	21	24	26	8
0.08	26	25	25	9
0.1	23	23	28	8

（2）$C_6H_{10}CaO_6$ 添加量对酸笋脆性以及品质的影响 表 5-35 数据表明腌制过程中一定量乳酸钙的加入会使得酸笋的脆性有所提高，对酸笋的其他品质并无明显影响。乳酸钙中的钙离子能使酸笋的纤维弹性增强的同时，也会与酸笋的果胶酸结合，形成带有黏度的不溶性物质，使得酸笋的脆性得到提高。虽然添加钙离子能使脆度提升，但是添加钙离子过多也会使得口感变差。综上，食品添加剂标准内加入 0.09g 的乳酸钙时酸笋的口感最能为大众接受，脆性最好。

表 5-35 $C_6H_{10}CaO_6$ 对酸笋感官质量的影响结果分析

$C_6H_{10}CaO_6$ 的添加量 /g	外貌形态	风味	口感	总体可接受性
0	24	24	23	7
0.06	23	23	23	7
0.09	25	26	28	8
0.12	21	23	24	7
0.15	26	25	21	8

（3）$C_6H_{10}O_4Ca$ 添加量对酸笋脆性以及品质的影响 表 5-36 数据表明丙酸钙的加入使酸笋的口感较未加入前有明显的提升，对其他的因素无影响。丙酸钙在研制中能有效延缓脆性的下降，钙离子反应后能使分子间黏结更加紧密，脆度上升。但是丙酸钙过量的话，会影响人体内钙与磷之间的平衡，不利于人体的吸收。

浓度高也会影响酸笋的风味以及口感，甚至出现盐析，外皮皱缩，影响外观。以添加0.09g的丙酸钙后口感最佳。

表 5-36　$C_6H_{10}O_4Ca$ 对酸笋感官质量的影响结果分析

$C_6H_{10}O_4Ca$ 的添加量 /g	外貌形态	风味	口感	总体可接受性
0	24	24	23	7
0.09	26	26	29	9
0.12	24	27	23	8
0.15	21	23	26	7
0.18	24	25	24	8

第六章　中式菜肴调理食品杀菌与保藏技术

第一节　中式菜肴调理食品杀菌工艺

一、中式菜肴调理食品杀菌工艺概论

杀菌是指杀灭食品上包括细菌芽孢在内的全部病原微生物和非病原微生物的方法。产品加热熟制能够杀灭绝大多数的细菌，但是之后在食品进行分割、包装的过程中还会产生二次污染，即使产品经真空或气调包装后，其初始菌落总数仍然很高，影响其货架期，因此此类食品在包装后还需要经过二次杀菌降低其初始菌数。杀菌方法包括干热灭菌法（如干烤、红外线杀菌）、湿热灭菌法（如巴氏杀菌、常压加热煮沸杀菌、高温高压杀菌）、辐照杀菌法以及过滤除菌法等。在这其中湿热灭菌法由于其简便易行而常被食品企业所应用。早在许多年前国外的研究表明，高温高压灭菌法能够显著减小食品的初始菌落总数，使产品达到商业无菌状态，并可延长货架期，但是会影响产品的组织状态、风味和营养价值。黄文垒的研究也表明，将鱼香肉丝菜肴分别进行高温高压、巴氏杀菌、辐照三种杀菌方式处理后，高温高压杀菌在三种杀菌方式中货架期最长，但经此法处理的菜肴其口感、风味及感官品质均会有所下降。另一方面，许多研究表明，肉制品经真空包装后采用低温加热杀菌处理，能够降低肉制品的初始菌数且对其感官质量的影响也较小。

二、调理鱼香肉丝杀菌工艺优化研究

1. 调理鱼香肉丝杀菌工艺优化实验设计

本部分实验通过单因素试验确定菜肴主料的杀菌温度与杀菌时间。以肉丝主

料作为主要研究对象。本部分实验主要研究在相同杀菌温度条件下，不同杀菌时间对肉丝 pH、菌落总数、嫩度以及感官质量的影响。根据预试验的研究结果，将此部分试验的杀菌温度固定在对肉丝嫩度和感官质量影响较小的温度，即 90℃。

肉丝上浆后经油炸锅预加热处理，上浆配方采用第五章第一节中预油炸鸡丁调理食品试验中筛选出的最佳上浆配方。预加热条件依据第五章第二节中鱼香羊肉丝试验中筛选出的最佳工艺参数设置。预油炸的肉丝在冷却后采用高温蒸煮袋进行真空包装，二次杀菌温度为 90℃，杀菌时间为 10min、20min、30min，对照组不进行二次杀菌处理。杀菌后迅速用冷水冲洗冷却，置于 4℃贮存。每组试验肉丝用量为 25g。测定肉丝在 45 天贮藏期内的 pH、菌落总数、剪切力及感官质量，分别在 0、15、30 和 45 天时测定各指标。

2. 调理鱼香肉丝杀菌工艺优化试验结果

（1）不同二次杀菌时间对肉丝的影响

① 不同二次杀菌时间下肉丝菌落总数的变化　微生物生长繁殖是造成肉制品在贮藏期间品质劣变的主要原因。图 6-1 描述了真空包装肉丝在相同杀菌温度下经不同杀菌时间处理后，其冷藏过程中菌落总数的变化情况。从图中可以看出，随着贮藏时间的延长，肉丝的菌落总数逐渐增加，但在贮藏 30 ～ 45 天之间时，各处理组的菌落总数上升趋势缓慢，这是因为此时微生物与微生物之间在生长过程中相互竞争相同的营养物质，彼此之间存在相互抑制的关系，如一种微生物的代谢产物会抑制另一种微生物的生长（例如乳酸菌产生的乳酸菌素、乳酸等物质都具有抑制其他细菌生长的作用）。当肉丝在贮存到第 15 天时，对照组的菌落总数与其他各处理组已显示出显著差异（$p < 0.05$），对照组为 5.07 lgCFU/g，而其他各处理组的范围为（3.52 ～ 4.67）lgCFU/g。贮存至第 45 天时，对照组菌落总数上升至 7.61 lgCFU/g，已经超出了变质的标准，在感官上也给人以腐败的感觉。而其他各处理组的范围为（5.41 ～ 6.35）lgCFU/g，显著低于对照组（$p < 0.05$）。这表明，利用高温水浸杀菌法对真空包装的肉丝微生物生长有显著的抑制作用。在相同杀菌温度下，随着杀菌时间的延长，对肉丝中微生物的生长抑制作用越强，贮藏第 45 天，杀菌时间为 30min 的菌落总数显著小于其他各处理组（$p < 0.05$）。

② 不同二次杀菌时间下肉丝 pH 值的变化　肉制品的 pH 值是影响产品口感和微生物生长的重要指标。图 6-2 描述了真空包装肉丝在相同杀菌温度下经不同杀菌时间处理后，其冷藏过程中 pH 值的变化情况。从图中可以看出，除对照组外，其他各组 pH 值在贮藏过程中均随时间的延长而呈现上升的趋势，这与张丽红和康怀彬的研究一致。这可能是因为随着贮藏时间的延长，一些厌氧菌成为优势菌

株，进一步分解蛋白质导致pH值的提高。而对照组则呈现先上升后下降的趋势，且在贮藏末期，对照组pH值低于各处理组，且差异显著（$p < 0.05$），造成pH值下降的原因可能是肉丝中乳酸菌的作用所引起的，但是其他几组并未出现先上升后下降的趋势，这可能是因为杀菌处理有效地抑制了乳酸菌及其他部分微生物的生长，随着贮藏时间的延长，在相对无氧条件下对照组真空包装的肉丝中的微生物代谢以无氧酵解为主，产生的酸性成分对pH的升高具有一定缓冲作用。

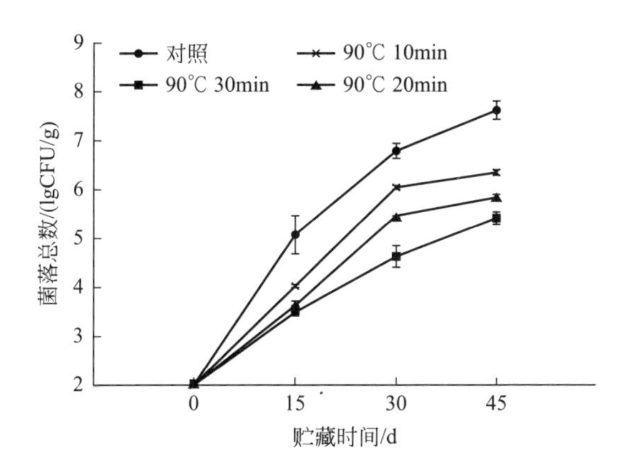

图6-1　不同杀菌时间对预油炸肉丝菌落总数的影响

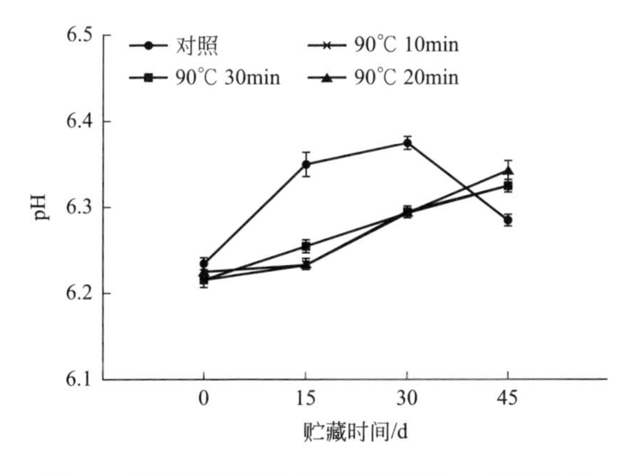

图6-2　不同杀菌时间对预油炸肉丝pH值的影响

③ 不同二次杀菌时间下肉丝嫩度的变化　图6-3描述了真空包装肉丝在相同杀菌温度下经不同杀菌时间处理后，其冷藏过程中剪切力值的变化情况。肉丝经质构仪剪切处理后，其剪切力值可以用来反映肉丝的嫩度。由图6-3可知，随着二次杀菌时间的延长，肉丝的嫩度逐渐增加。由于本试验中二次杀菌处理采用的是水浴杀菌法，故此杀菌过程类似于二次蒸煮过程，因此杀菌时间延长，肉丝的

组织状态不再致密，变得软、烂，表现为肉丝的剪切力值减小。这与王海军常压蒸煮会影响扣肉的嫩度研究结果一致。

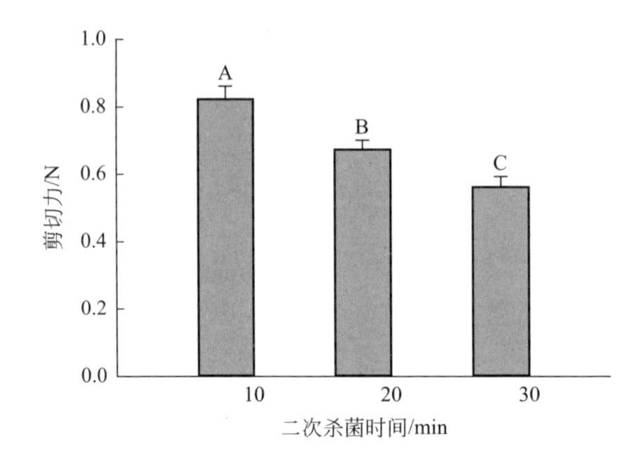

图6-3　不同杀菌时间对预油炸肉丝剪切力值的影响（杀菌温度90℃）

图中不同字母表示差异显著（$p < 0.05$）

④ 不同二次杀菌时间下肉丝感官质量的变化　真空包装肉丝在相同杀菌温度（90℃）下经不同杀菌时间处理后，其感官质量的变化如表 6-1 所示。结果表明，随着杀菌时间的延长，肉丝的感官质量逐渐下降。有研究表明高温二次杀菌方式（如 121℃高温杀菌法）虽能够杀灭肉制品中几乎全部的微生物，但是会引起肉制品感官质量的恶化，产生蒸煮味（WOF）等不良风味，以及出现表面渗出大量肉汁等现象。但是本试验中采用 90℃水浴杀菌 30min，虽然与 90℃杀菌 10min 相比评价得分较低，但是并未出现蒸煮味等不良风味。综上所述，在杀菌温度一定的条件下，杀菌时间越长，真空包装肉丝杀菌效果越好，肉丝的嫩度越差，感官质量也越差，但是感官质量并未出现较大不良影响，且对 pH 影响也不大。

表 6–1　不同杀菌时间对预油炸肉丝感官质量的影响

杀菌时间 /min	组织状态	色泽	风味	口感	总体可接受性
对照组	$7.40±0.39^a$	$7.24±0.28^a$	$7.38±0.34^a$	$7.12±0.35^a$	$6.93±0.28^a$
10	$6.79±0.56^a$	$6.87±0.50^a$	$6.65±0.43^a$	$6.71±0.27^a$	$6.43±0.45^a$
20	$5.21±0.31^b$	$6.92±0.35^a$	$5.88±0.29^b$	$5.51±0.44^b$	$5.19±0.21^b$
30	$4.96±0.45^b$	$6.86±0.47^a$	$5.02±0.31^c$	$4.99±0.24^b$	$4.75±0.44^b$

注：在相同列中不同字母代表差异显著（$p < 0.05$）。

（2）不同二次杀菌条件对肉丝的影响　根据前面的结果，在杀菌温度一定的情况下，杀菌时间越长（30min）杀菌效果越好，且在不超过 100℃的温度下，对肉制品的感官质量的不良影响也较小，因此选择两组杀菌温度不超过 100℃（即

80℃、90℃）进行长时间（30min）加热，与三组高温短时（100℃杀菌 10min、110℃杀菌 10min、120℃杀菌 10min）加热进行对比研究，比较几组不同杀菌条件下对肉丝杀菌效果、嫩度、pH 和感官质量的影响情况。

① 不同二次杀菌条件对肉丝菌落总数的影响　图 6-4 描述了真空包装肉丝在几组不同杀菌条件下进行杀菌处理后，其冷藏过程中菌落总数的变化情况。从图中可以看出，随着贮藏时间的延长，肉丝的菌落总数逐渐增加，但在贮藏 30 ～ 45 天之间时，各处理组的菌落总数上升趋势缓慢，这与前面相同杀菌温度下不同杀菌时间进行杀菌处理的试验结果一致。当肉丝在贮存到第 15 天时，对照组的菌落总数与其他各处理组已显示出显著差异（$p < 0.05$），贮存至第 45 天时，对照组菌落总数上升至 7.64 lgCFU/g，而其他各处理组的菌落总数范围为（4.97 ～ 6.18）lgCFU/g，显著低于对照组（$p < 0.05$）。两组不超过 100 ℃的低温杀菌处理组（80℃杀菌 30min 和 90℃杀菌 30min）之间菌落总数并无显著性差异（$p > 0.05$）。但是在贮藏第 45 天时，高温杀菌处理组（杀菌温度≥ 100℃）的菌落总数则显著小于低温处理组（$p < 0.05$）。这表明，利用高温水浸杀菌法对真空包装的肉丝微生物生长有显著的抑制作用，且随着杀菌温度的增加，对肉丝中微生物的生长抑制作用越强，从贮藏第 30 天开始，100℃ 10min 处理组的菌落总数明显低于 90℃ 30min 处理组（$p < 0.05$）。

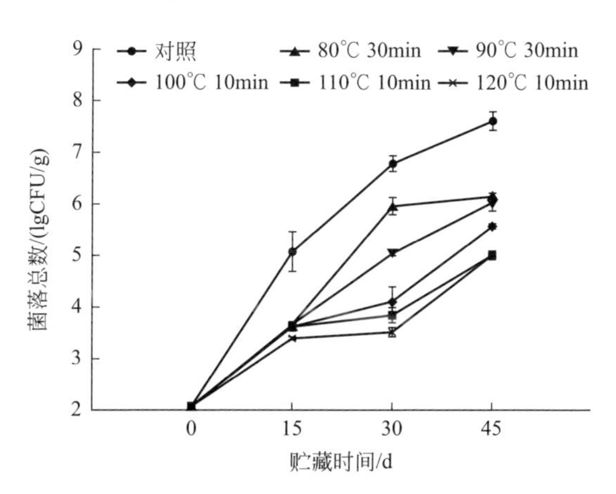

图6-4　不同杀菌条件对预油炸肉丝菌落总数的影响

② 不同二次杀菌条件对肉丝 pH 值的影响　肉制品的 pH 值是影响产品口感和微生物生长的重要指标。图 6-5 描述了真空包装肉丝在几种杀菌条件下经水浴杀菌处理后，其冷藏过程中 pH 值的变化情况。从图中可以看出，除对照组外，其他各组 pH 值在贮藏过程中均随时间的延长而呈现上升的趋势。对照组则呈现先

上升后下降的趋势，这可能由于某些产酸细菌的生长所造成的。在45天的贮藏期内，除对照组外，各处理组间pH值差异不显著（$p > 0.05$），说明不同的二次杀菌处理条件对肉丝贮藏期内pH值影响不大。这一点和康怀彬及林琳的研究相一致。

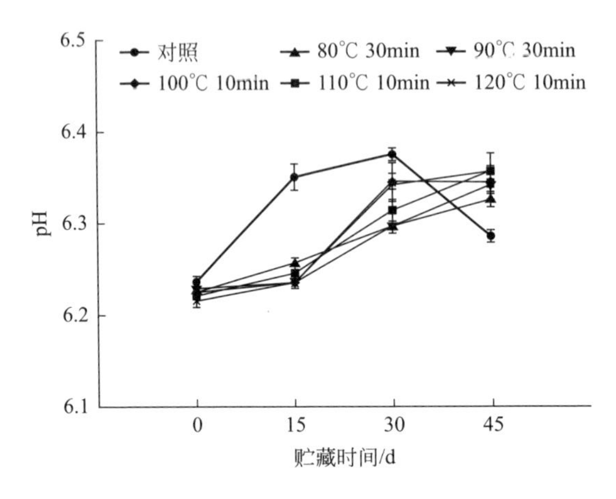

图6-5　不同杀菌条件对预油炸肉丝pH值的影响

③ 不同二次杀菌条件对肉丝嫩度的影响　图6-6描述了真空包装肉丝在几种杀菌条件下经水浴杀菌处理后，其冷藏过程中剪切力值的变化情况。肉丝经质构仪剪切处理后，其剪切力值可以用来反映肉丝的嫩度。由图可知，剪切力值与对照组最为接近的一组为100℃ 10min处理组，此处理组的剪切力值大于其他各处理组（$p < 0.05$），这说明100℃杀菌10min对肉丝嫩度的影响最小。另外，在杀菌时间相同的情况下，随着二次杀菌温度的增加，肉丝的剪切力逐渐下降，表明杀菌温度越高，对肉丝的嫩度影响越大。当杀菌时间一定，杀菌温度过高时，肉丝的组织状态不再致密，变得软、烂，甚至出现汁液流出的现象，严重影响了肉丝的品质。因此从肉丝嫩度的角度考虑，100℃杀菌10min对肉丝嫩度的影响最小，为最佳杀菌条件。

④ 不同二次杀菌条件对肉丝感官质量的影响　真空包装肉丝在几种杀菌条件下经水浴杀菌处理后，其感官质量的变化如表6-2所示。结果表明，在相同杀菌时间下，随着杀菌温度的增加，肉丝的感官质量逐渐下降，在高压120℃下杀菌10min除了可能引起真空包装的蒸煮袋涨破影响肉丝的包装外，还会引起肉制品感官质量的恶化，产生蒸煮味（WOF）等不良风味，以及出现表面渗出大量肉汁等现象。但是本试验中采用100℃水浴杀菌10min，感官评价中风味、口感和总体可接受性的得分均比90℃ 30min处理组要高（$p < 0.05$），而且其45天内的菌落

总数也明显低于 90℃ 30min 处理组（$p < 0.05$）。110℃ 10min 和 120℃ 10min 两处理组虽然 45 天内的菌落总数也较低，但是感官评价结果得分较低，感官质量较差。因此综上所述，杀菌最佳工艺条件确定为 100℃下水浴杀菌 10min。

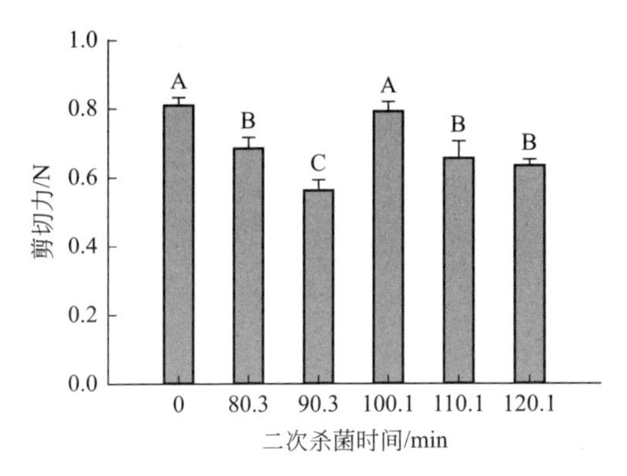

图 6-6 不同杀菌条件对预油炸肉丝剪切力值的影响

0 代表对照组，80.3 代表 80℃杀菌 30min，90.3 代表 90℃杀菌 30min，100.1 代表 100℃杀菌 10min，110.1 代表 110℃杀菌 10 min，120.1 代表 120℃杀菌 10min。图中不同字母表示差异显著（$p < 0.05$）

表 6-2 几种杀菌条件对预油炸肉丝感官质量的影响

杀菌条件	组织状态	色泽	风味	口感	总体可接受性
对照组	$7.40±0.39^{a}$	$7.24±0.28^{a}$	$7.38±0.34^{a}$	$7.12±0.35^{a}$	$6.93±0.28^{a}$
80℃，30min	$6.01±0.56^{b}$	$6.48±0.62^{a}$	$5.64±0.28^{c}$	$5.35±0.61^{c}$	$5.04±0.57^{c}$
90℃，30min	$4.96±0.45^{b}$	$6.86±0.47^{a}$	$5.02±0.31^{c}$	$4.99±0.24^{c}$	$4.75±0.44^{c}$
100℃，10min	$6.62±0.42^{ab}$	$6.84±0.27^{a}$	$6.35±0.37^{b}$	$6.37±0.39^{b}$	$6.19±0.32^{b}$
110℃，10min	$5.56±0.51^{bc}$	$6.24±0.73^{a}$	$5.32±0.30^{cd}$	$5.40±0.54^{c}$	$5.64±0.47^{bc}$
120℃，10min	$4.86±0.45^{c}$	$5.98±0.89^{a}$	$4.89±0.35^{d}$	$4.79±0.28^{c}$	$4.64±0.56^{c}$

注：在相同列中不同字母代表差异显著（$p < 0.05$）。

第二节 中式菜肴调理食品贮藏保鲜技术

一、中式菜肴调理食品贮藏保鲜技术概论

食品的腐败变质是指食品在各种内外因素的影响下，其原有化学性质或物理性质和感官性状发生变化，营养价值和商品价值降低或丧失。造成食品腐败变质的因素主要有微生物的作用、酶的作用、蛋白质变质、碳水化合物发酵以及脂肪氧化。食品的保鲜技术就是针对这几个因素，利用不同的方法和措施，抑制腐败变质的因素，进而延长食品的货架期。世界各国人民自人类文明以来，就开始利用各种手段延长食品的贮藏期，许多传统的保藏食品的手段沿用至今，如腌制、

干燥、发酵、烟熏等。而近年来，国内外研究人员也不断开拓各种食品防腐保鲜方法，例如通过调节栅栏因子的栅栏技术提高产品的质量，延长产品的货架期，还可以利用物理法和化学法进行食品保鲜。

营养和健康使人们对食品技术中使用的抗氧化剂有了新的认识，并广泛地将富含天然抗氧化剂的新食品引入实践。合成抗氧化剂如丁基羟基茴香醚（BHA）等已被用于鱼肉产品的抗氧化。但近年来，由于合成添加剂的代谢产物对人体健康的不良影响，许多国家对合成添加剂有严格的规定。因此近年来研究多集中在天然抗氧化剂如香辛料提取物的使用。香辛料提取物中含有的黄酮类、酚类以及鞣质类等物质具有抑菌、抗氧化的效果。

Sara 等研究了孜然籽与野生薄荷叶提取物对（4±1）℃下贮藏虹鳟鱼片的微生物指标、化学成分以及感官质量的影响。结果显示，与对照组相比，添加植物提取物可以显著抑制脂肪氧化腐败。其中添加薄荷叶提取物处理的样品抗氧化与抑菌效果最好，且感官评分最高，可使鱼片保存 18 天。Jinjie 等研究了花椒粉对中国传统干腌草鱼（腊鱼）脂质氧化与的影响，结果表明花椒添加量对草鱼的营养含量无显著性影响，但对游离脂肪酸含量、过氧化值以及硫代巴比妥酸值的增加有显著抑制作用。同时还能抑制油脂中饱和脂肪酸的增加，以及加工过程中多不饱和脂肪酸含量的下降，有效延缓脂质氧化分解。Pankyamma 等研究了薄荷与酸橙皮提取物对冻藏印度鲭鱼脂质氧化及生化指标的影响。结果表明薄荷与酸橙皮提取物对脂质过氧化物和硫代巴比妥酸反应物质的形成均有明显抑制作用。植物提取物处理还能降低冷冻过程中的脂质水解和三甲基胺的生成，其中薄荷提取物是一种非常有效的脂质和肌红蛋白氧化抑制剂，在控制冻藏鱼肉生化指标变化方面具有很大的潜力。

二、调理鱼香肉丝贮藏保鲜

1. 调理鱼香肉丝抗氧化优化实验设计

根据本课题组前期的实验结果，本研究选择抗氧化活性较高的几种香辛料提取物迷迭香、肉桂和维生素 E（简写为 VE）提取物添加到真空包装的肉丝菜肴中。在 4℃的冷藏过程中比较其对肉丝抗氧化的作用效果。并筛选出作用效果最强的香辛料提取物与市售的 2 种人工抗氧化剂（BHA 和 PG）作用效果进行比较，通过测定过氧化物值（PV 值）、硫代巴比妥酸值（TBARS 值）和颜色（L^*、a^* 值），评价其在低温油炸肉丝软罐头中的作用效果。优化出可作为天然抗氧化剂的香辛料提取物的种类与添加量。

（1）天然抗氧化剂（香辛料提取物）的制备方法　参照陈璐的实验方法并作适当改动。将香辛料置于恒温干燥箱中，在45℃下烘干8h，之后利用超微细粉碎机进行捣碎处理并称取50g的香辛料粉末，将粉末加入至500mL烧杯中并缓缓注入400mL 95%的食用酒精。利用恒温水浴电子搅拌器在55℃条件下搅拌12h，所得滤液用Whatman 2号滤纸进行过滤，剩余残渣可再加200mL相同酒精进行重提12h，并再次过滤。将2次所得的滤液在50℃用旋转蒸发仪蒸发浓缩，浓缩液利用真空冷冻干燥器于–50℃条件下进行冻干处理，最后将冻干物在–20℃的冰箱中保存待用。

（2）添加抗氧化剂对肉丝软罐头的脂肪抗氧化效应的作用　本实验在肉丝软罐头中添加不同种类及浓度的抗氧化剂，研究肉丝软罐头在贮藏期间的氧化情况，根据GB 2760—2014设置抗氧化剂的添加种类及浓度。

① 天然抗氧化剂对肉丝软罐头脂肪氧化的影响　不同天然抗氧化剂的各处理组的添加量如表6-3所示。天然抗氧化剂同料酒混合后与其他上浆配方一起上浆到肉丝上。然后制作成低温油炸肉丝软罐头。每组实验肉丝用量为25g。测定肉丝在21天贮藏期内的POV、TBARS、色差，分别在0、7和21天时测定各指标。

表6–3　不同天然抗氧化剂的添加量

处理组	抗氧化剂	添加量 /（mg/kg）
对照组	—	0
C1	肉桂	100
C2	肉桂	200
C3	肉桂	300
R1	迷迭香	100
R2	迷迭香	200
R3	迷迭香	300
VE1	维生素E	100
VE2	维生素E	200
VE3	维生素E	300

② 天然抗氧化剂和人工合成抗氧化剂对肉丝软罐头脂肪氧化的影响　将上述实验中筛选的最佳天然抗氧化剂与人工合成的抗氧化剂进行比较。抗氧化剂各处理组的添加量参考GB 2760—2014进行添加，其中BHA的最大限量为200mg/kg，根据预实验的结果当BHA的添加量过大（≥120mg/kg）时，与上浆配方混合后的溶解性较差，因此将BHA的最大添加量设置为120mg/kg，PG添加的最大限

量为100mg/kg，为了便于PG和BHA各处理添加量具有对比性，因此抗氧化剂各处理组的添加量设置如表6-4所示。抗氧化剂同料酒混合后与其他上浆配方一起上浆到肉丝上。每组试验肉丝用量为25g。测定肉丝在21天贮藏期内的POV、TBARS、色差，分别在0、7和21天时测定各指标。

表6-4　不同抗氧化剂的添加量

处理组	抗氧化剂	添加量 /（mg/kg）
对照组	—	0
R1	迷迭香	100
R2	迷迭香	200
R3	迷迭香	300
P1	PG	30
P2	PG	60
P3	PG	90
B1	BHA	60
B2	BHA	90
B3	BHA	120

2. 调理鱼香肉丝抗氧化优化实验结果

（1）天然抗氧化剂对肉丝软罐头脂肪氧化作用的影响　本实验研究将香辛料的提取物用于真空包装肉丝中，与市售化学合成的防腐抗氧化剂的抗氧化效果进行比较，替代或降低化学防腐抗氧化剂的用量，增强食品的贮藏稳定性，提高食用安全性，延长产品的货架期。

① 添加天然抗氧化剂对肉丝软罐头POV值的影响　脂肪可通过以下两种途径发生氧化：一是水解反应，脂肪在贮藏过程中其中的水、不饱和脂肪酸类物质和甘油酸酯类物质会水解，其水解产物会使其酸价上升，表现为异常的滋味、气味。二是氧化反应，由于脂肪中含有不饱和双键，极易被氧气氧化，因此在贮藏过程中会缓慢地发生自发氧化。另外细胞受挤压变形、破裂，释放出氧化酶、促氧化剂及其底物，亦会加速氧化过程。添加肉桂、迷迭香、维生素E到肉丝中，对过氧化值的影响如图6-7所示，由图可知，随着贮藏天数的增加，过氧化值均逐渐增加，说明脂肪氧化程度随贮藏天数增加而升高。贮藏21天时，添加肉桂、迷迭香、维生素E的各组样品过氧化值显著低于对照组（$p < 0.05$），说明这几种物质对脂肪氧化有显著的抑制作用，但是在贮藏第7天时，一些处理组的POV值显著

高于对照组（$p < 0.05$），这是因为有研究表明，随着贮藏时间的延长，POV 值的变化主要为先增加再减小再增加的趋势，7 天时，由于对照组肉丝发生脂肪氧化程度较大，一些初级氧化产物会进一步氧化为次级氧化产物，使得此时对照组的 POV 值反而比其他一些组的 POV 值小。第 21 天时，R3 组的 POV 值显著低于除 VE1 以外的其他各组（$p < 0.05$），说明添加 300mg/kg 的迷迭香和 100mg/kg 的维生素 E 对初级氧化产物的抑制效果较好。

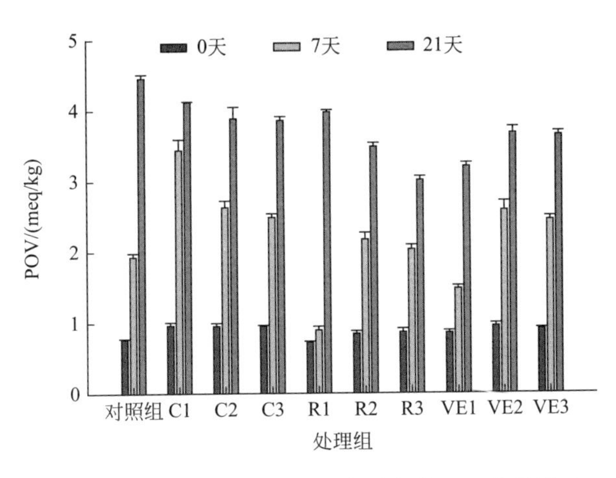

图6-7　添加不同香辛料提取物对肉丝POV值的影响

② 添加几种天然抗氧化剂对肉丝 TBARS 值的影响　图 6-8 描述了不同处理组肉丝在冷藏过程中 TBARS 值的变化情况。从图中可以看出，随贮藏时间的延长，各处理组的 TBARS 值均呈上升趋势。在第 0 天时，各处理组的 TBARS 值与对照组差异并不显著（$p > 0.05$）。而贮藏到第 7 天时，各处理组显著小于对照组且 R2、R3、VE2、VE3 组的 TBARS 显著小于对照组及其他各组（$p < 0.05$），说明添加肉桂、迷迭香、维生素 E 这几种物质对脂肪氧化有显著的抑制作用。肉桂、迷迭香在相同贮藏时间内，其 TBARS 值均随着其浓度的增加而降低，但是维生素 E 并不呈现此种趋势，这可能是因为维生素 E 的油中溶解度较大，在肉丝预油炸过程中维生素 E 会溶于食用油介质中，使维生素 E 的有效抗氧化作用量改变。在贮藏至第 21 天时 R3、VE2、VE3 组的 TBARS 显著小于其他各组（$p < 0.05$），极显著小于对照组、C1 组、R1 组和维生素 VE1 组（$p < 0.01$）。这说明添加迷迭香、维生素 E 在较高浓度（200mg/kg 和 300mg/kg）下对脂肪氧化有显著的抑制作用，其中添加 300mg/kg 的迷迭香和 300mg/kg 的维生素 E 对脂肪抑制作用最好（$p < 0.05$）。因此综合 POV 的测定结果，在三种天然抗氧化剂中浓度为 300mg/kg 的迷迭香对预油炸肉丝脂肪氧化抑制作用较好。

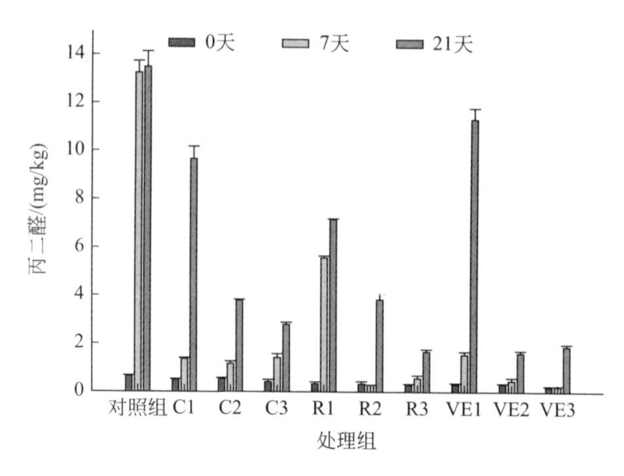

图6-8　添加不同香辛料提取物对肉丝TBARS值的影响

（2）天然抗氧化剂和人工抗氧化剂对肉丝软罐头脂肪氧化作用的影响

① 迷迭香、PG、BHA 对肉丝 POV 值的影响　图 6-9 是不同处理组肉丝在贮藏过程中过氧化值的变化。可以看出，随着贮藏时间的延长，各处理组肉丝的过氧化值呈上升趋势，第 7 天至第 21 天，除对照组和 R1 组以外，各处理组 POV 值上升趋势变缓，这是因为在贮藏末期时初级氧化产物如氢过氧化物分解为次级氧化产物丙二醛，一定程度上降低了氢过氧化物的含量。对照组在第 21 天时达到 4.46meq/kg，各处理组肉丝的 POV 值均明显低于对照组（$p < 0.05$）。对于不同添加量的迷迭香而言，添加量越大，抑制效果越强，即以添加 300 mg/kg 迷迭香提取物的处理组效果最好，且与 PG、BHA 各浓度的处理组 POV 值无显著性差异（$p > 0.05$）。说明高浓度迷迭香提取物对抑制脂肪氧化初级产物生成的效果并不比 PG 和 BHA 的抑制效果差。

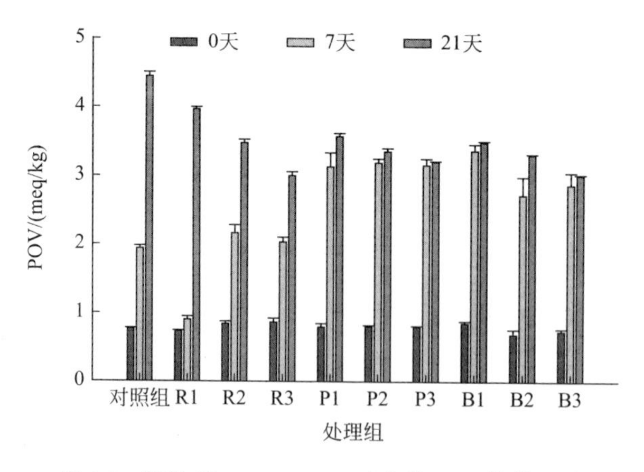

图6-9　迷迭香、PG、BHA对肉丝POV值的影响

② 迷迭香、PG、BHA 对肉丝 TBARS 值的影响　图 6-10 描述了不同处理组肉丝软罐头在冷藏过程中 TBARS 值的变化情况。从图 6-10 中可以看出，随贮藏时间的延长，各处理组的 TBARS 值均呈上升趋势。在第 0 天时，各处理组的 TBARS 值与 R1 组差异并不显著（$p > 0.05$）。而贮藏到第 7 天时，各处理组的 TBARS 极显著小于 R1 组及其他各组（$p < 0.01$），说明三种浓度下的 PG、BHA 对次级氧化产物的抑制作用强于低浓度（100mg/kg）的迷迭香。PG、BHA 在相同贮藏时间内，其 TBARS 值并不随着其浓度的增加而降低，这可能是因为 PG、BHA 的油中溶解度较大，在肉丝预油炸过程中会溶于食用油介质中，使它们的有效抗氧化作用量改变。在贮藏至第 21 天时 B2、B3、P2、P3 组的 TBARS 显著小于 R3（$p < 0.05$），而 R3 组显著小于 B1 组并与 P1 组无显著性差异。这也证明了人工抗氧化剂对脂肪氧化的抑制作用较天然抗氧化剂好，添加迷迭香在较高浓度（300mg/kg）下对脂肪氧化有显著的抑制作用，虽不及高浓度的人工抗氧化剂（90mg/kg PG 和 120mg/kg BHA），但是优于较低浓度的人工抗氧化剂（30mg/kg PG 和 60mg/kg BHA）。若从对于初级氧化产物、次级氧化产物抑制作用的总体效果来看，人工抗氧化剂对脂肪氧化的抑制作用较天然抗氧化剂更好。其中，B3 组在第 7 天时，其 TBARS 值显著小于 B2 组（$p < 0.05$），而在第 21 天时，其 TBARS 值显著小于 PG3 组（$p < 0.05$）。综上所述，可以认为添加较高浓度的迷迭香提取物可以适当地替代人工抗氧化剂的使用，其中当迷迭香添加量为 300mg/kg 时可以具有良好的抑制脂肪氧化的作用。

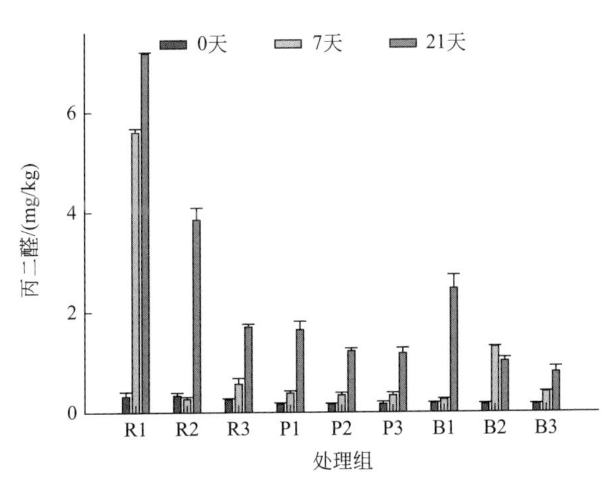

图6-10　迷迭香、PG、BHA对肉丝TBARS值的影响

③ 天然抗氧化剂和人工抗氧化剂对肉丝色差的影响　肉的颜色本身对肉的营养价值和风味并无多大影响，但是它是影响消费者购买力的最重要因素。在贮

藏过程中，肉的颜色会由于一系列反应的发生而发生变化，例如脂肪氧化和色素降解反应等。表 6-5 是添加不同浓度的肉桂、迷迭香、VE、PG、BHA 的肉丝在贮藏期间的 L^*、a^* 值变化情况。由表 6-5 可知，第 0 天迷迭香提取物各组（R1、R2、R3）、VE3、P2、B2 与对照组 L^*、a^* 值有显著差异，其他各组与对照组无显著性差异（$p > 0.05$）。说明添加迷迭香提取物对肉丝颜色有一定的影响，但是感官评价结果显示添加迷迭香提取物对肉丝无肉眼可见的显著性差异（$p > 0.05$）。对照组与其他各处理组在贮藏期 L^*、a^* 值的变化趋势大体相同，在贮藏过程中，a^* 值均呈下降趋势，可能是由于贮藏期间，脂肪氧化过程产生的过氧化物会与氧合肌红蛋白反应，形成高铁肌红蛋白，使肉变成褐色。对照组 a^* 值降低的程度最大。总体来说，适当浓度的天然抗氧化剂和 PG 在贮藏期间对肉丝可以起到一定的护色作用。

表 6–5　几种抗氧化剂对肉丝 L^* 值、a^* 值的影响

处理组	0 天		21 天	
	L^*	a^*	L^*	a^*
对照组	56.95±1.00^{ef}	6.21±0.19^{a}	55.23±1.92^{efg}	2.66±0.12^{ef}
C1	58.22±0.14^{def}	6.07±0.28^{ab}	56.15±0.77^{defg}	2.67±0.18^{ef}
C2	58.96±0.09^{cde}	6.32±0.43^{ab}	58.11±0.52^{cdef}	5.75±0.44^{ab}
C3	61.15±0.31^{bcde}	5.91±0.42^{ab}	60.70±0.38^{bcd}	4.71±0.06^{abcd}
R1	52.98±1.20^{f}	5.56±0.50^{ab}	52.61±1.63^{g}	3.31±0.43^{cde}
R2	64.05±2.75^{abc}	4.61±0.37^{bc}	64.45±1.00^{ab}	3.96±0.74b^{cde}
R3	69.33±0.62^{a}	3.93±0.11^{c}	64.39±2.79^{ab}	1.39±0.18^{f}
VE1	59.01±1.70^{cde}	5.94±0.22^{ab}	55.67±0.38^{efg}	2.66±0.33^{ef}
VE2	59.59±0.86^{cde}	5.67±0.64^{ab}	66.89±0.04^{cdefg}	5.74±0.41^{ab}
VE3	66.08±1.72^{ab}	5.19±0.27^{abc}	66.89±0.04^{a}	2.14±0.79^{ef}
P1	61.11±1.52^{bcde}	6.48±0.40^{a}	58.06±0.96^{cdef}	6.10±0.92^{a}
P2	62.84±1.13^{bcd}	5.62±0.84^{ab}	57.96±1.29^{cdef}	4.88±0.28^{abc}
P3	62.32±2.04^{bcde}	6.20±0.16^{a}	54.70±0.65^{fg}	5.60±0.33^{ab}
B1	62.61±0.59^{bcde}	6.22±0.03^{a}	61.00±0.82^{bc}	3.21±0.22^{cdef}
B2	62.82±0.88^{bcd}	6.15±0.08^{a}	59.68±1.03^{bcde}	3.24±0.30^{cdef}
B3	61.54±2.47^{bcde}	6.21±0.16^{a}	57.80±1.33^{cdef}	2.89±0.69^{def}

注：在同一列字母中，相同表示差异不显著，不同则表示差异显著（$p < 0.05$）。

第七章　中式菜肴调理食品风味控制技术

第一节　中式菜肴调理食品的风味概论

一、中式菜肴调理食品风味物质

生肉很少有香味，只有血腥味。在受热条件下，肉通过发生美拉德反应、脂质氧化降解反应，以及更复杂的交互反应，产生大量挥发性化合物，形成肉的香味。从熟肉中鉴定的化合物种类涉及烃类、醛类、酮类、醇类、羧酸类、酯类、含硫化合物、杂环化合物等。食品众多的挥发性化合物中，对香气起作用的仅是少量的化合物。由于复杂多样的烹饪方式、原料搭配以及调味料的使用，使得中式菜肴的风味物质种类很多，分析起来具有较大困难。

二、中式菜肴调理食品风味物质检测方法

对于风味物质的检测，目前最常见的方法为气相色谱 - 质谱联用分析，包括顶空固相微萃取 - 气相色谱 - 质谱联用技术。同时也有采用气相色谱 - 嗅闻分析以及电子鼻技术进行检测分析。张风雪等采用顶空固相微萃取 - 气相色谱 - 质谱联用技术检测沟帮子烧鸡油炸及煮制过程中滋味及风味物质的含量变化，并确定主要呈香物质。Shota 等采用气相色谱 - 质谱联用技术对蒸制黄尾鱼的挥发性风味物质进行了测定，结果表明贮藏 7 天后挥发性化合物的种类与含量有所增加。Tarja 等同样采用气相色谱 - 质谱联用技术，测定了波罗的海鲱鱼的挥发性风味物质，结果表明，新鲜鲱鱼中共检测出 23 种化合物，贮藏 3 天与 8 天分别检测出 28 与 41 种化合物，包括醛、酮、醇、烷烃、烯烃、呋喃、芳烃、吡咯以及含硫化合物，其中醛类为主要成分。

第二节　中式菜肴调理食品风味控制技术研究实例

一、调理清炸大麻哈鱼贮藏期间风味控制试验设计

1. 预制清炸大麻哈鱼制作方法

清炸大麻哈鱼的制作工艺根据课题组前期试验结果。第一步：将大麻哈鱼解冻，然后去皮，切成50g/块。第二步：将切块后的大麻哈鱼进行腌制，各个调味料的配比分别是食盐添加量为1.2%，白醋添加量为2.0%，料酒添加量为2.0%，生抽添加量为1.8%，黑胡椒粉添加量0.20%。第三步：油炸温度设置为160℃，油炸时间为100s，对其进行油炸。第四步：包装成品。

2. 贮藏试验方法

在-18℃条件下分别贮藏1个月、2个月、3个月、4个月，对照组为贮藏0天，分别测定各组样品的电子鼻及气相色谱-质谱联用（GC-MS）。

二、调理清炸大麻哈鱼贮藏期间风味控制试验结果

1. 调理清炸大麻哈鱼电子鼻测定结果

通过传感器阵列优化得到最优传感器阵列为S1，S4，S6，S8，S10，S14。其中S1的敏感成分为芳香族化合物，如酚、芳香醛等；S4的敏感成分以有机酸与萜类为主，其次是醇、酮、酸；S6的敏感成分主要为1-辛烯-3-醇；S14的敏感成分主要为食物烹调中的挥发性气体。通过主成分分析法得到图7-1，由图可知，

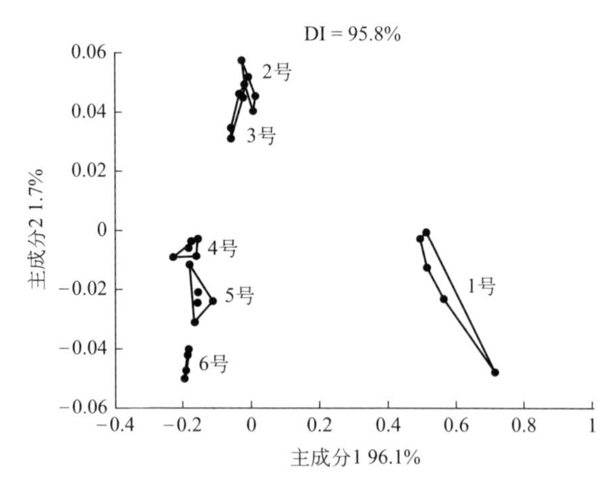

图7-1　贮藏期间预制调理清炸大麻哈鱼风味变化

1号为生肉，2号为贮藏0天，3号为贮藏1个月，4号为贮藏2个月，5号为贮藏3个月，6号为贮藏4个月

主成分 1 的贡献率是 96.1%，主成分 2 贡献率是 1.7%，累积贡献率为 95.8%，表明所提取信息能够反映原始数据的大部分信息。且主成分 1 的贡献率明显大于主成分 2，表明生肉以及不同贮藏条件下的调理清炸大麻哈鱼风味差异主要由主成分 1 决定。其中 1 号样品在横轴上与其他 5 组样品相距较远，说明生肉与油炸后熟肉以及各贮藏期间样品有较明显风味差异。

生肉及样品贮藏期间的总离子流图见图 7-2 ～图 7-7，GC-MS 检测结果见表 7-1。

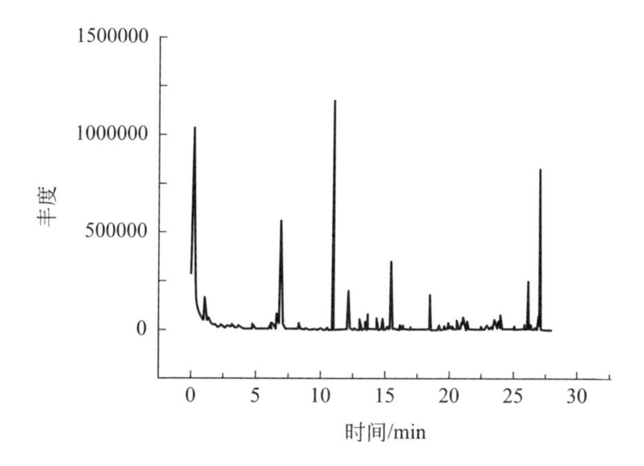

图 7-2　生肉总离子流图

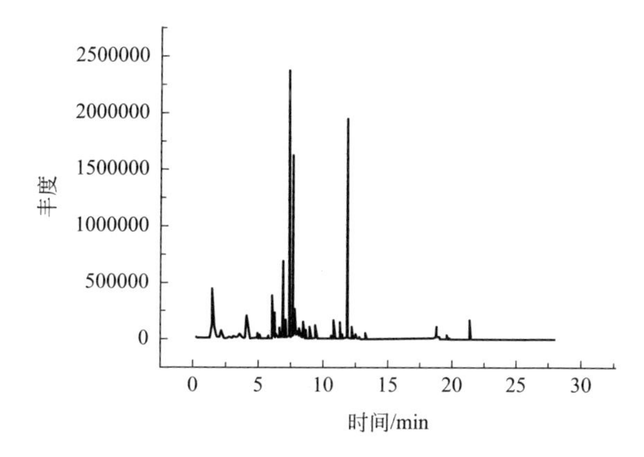

图 7-3　贮藏 0 天总离子流图

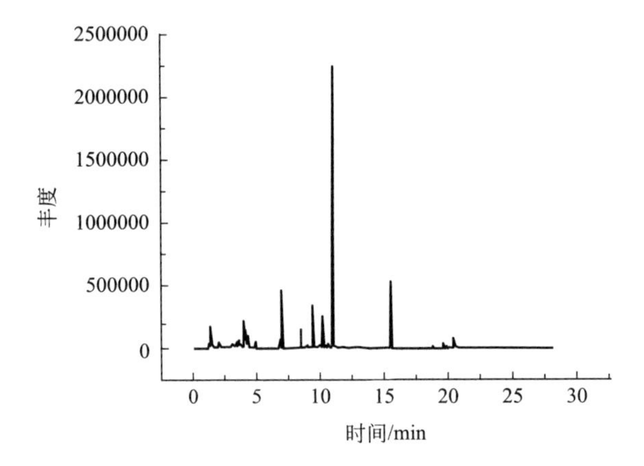

图7-4　贮藏1个月总离子流图

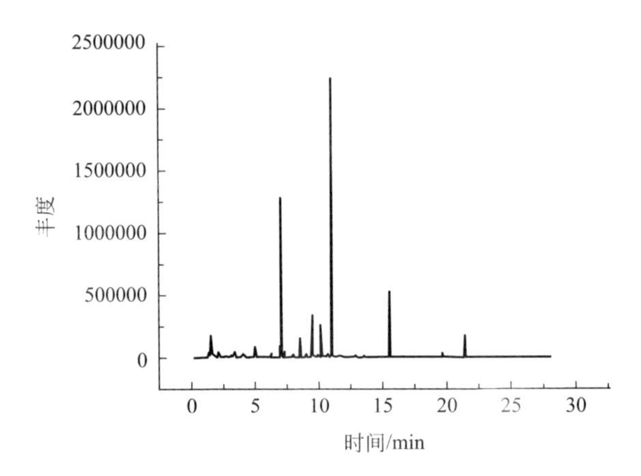

图7-5　贮藏2个月总离子流图

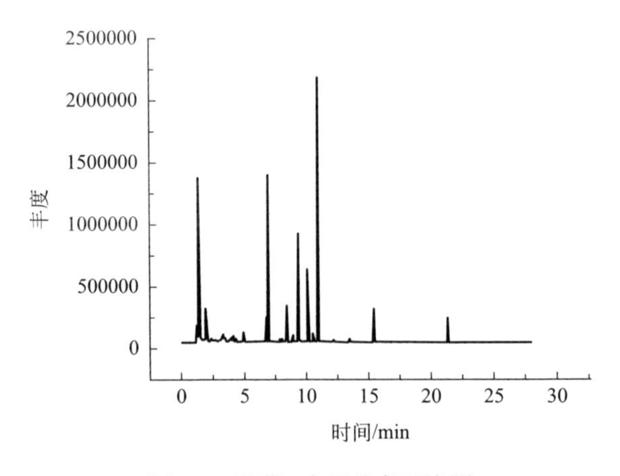

图7-6　贮藏3个月总离子流图

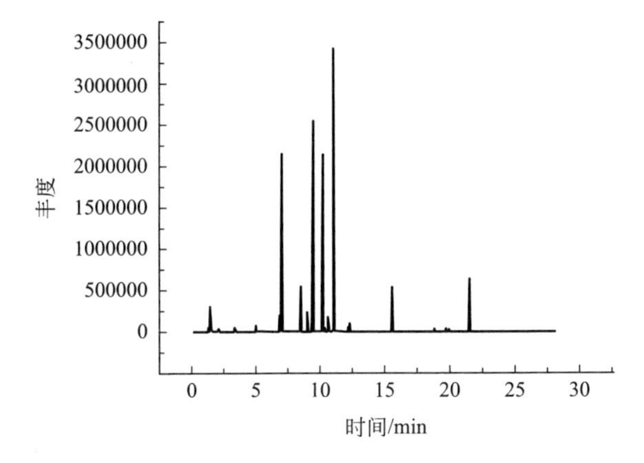

图7-7 贮藏4个月总离子流图

表 7-1 预制调理清炸大麻哈鱼挥发性风味成分 GC-MS 检测结果

种类	化合物名称	相对含量 /%					
		贮藏 0天的 生肉	贮藏 0天的 熟肉	贮藏 1个月	贮藏 2个月	贮藏 3个月	贮藏 4个月
醇类	苯甲醇	1.56	—	—	—	—	—
	乙醇	2.66	13.05	12.38	13.80	17.43	17.15
	2- 丙醇	0.52	—	—	—	—	—
	己醇	0.41	0.37	0.35	0.30	0.27	0.15
	1- 十二烷醇	—	—	—	—	—	0.05
	2- 己烯 -1- 醇	0.72	0.49	0.41	0.39	0.34	0.21
	1- 辛烯 -3- 醇	15.33	13.22	13.67	13.92	13.95	11.88
	1,6- 辛二烯 -3- 醇	0.18	0.39	0.92	0.95	0.97	0.76
醛类	苯甲醛	—	—	—	0.51	0.61	0.74
	乙醛	—	—	0.33	0.40	0.43	0.68
	丁醛	—	—	—	3.14	—	—
	己醛	9.12	5.08	3.19	2.67	1.32	0.78
	庚醛	1.62	0.43	0.39	0.24	0.29	0.68
	辛醛	1.85	1.93	0.63	0.58	0.55	0.72
	壬醛	3.48	3.59	2.38	2.40	2.41	2.49
	癸醛	0.78	0.38	—	—	—	—
	(*E*)-2- 己烯醛	1.31	1.53	1.66	1.10	0.30	0.28
	2,4- 己二烯醛	1.87	0.25	—	—	—	—
	(*E*)-2- 戊烯醛	—	0.18	—	—	—	—
	2,4- 辛二烯醛	—	1.21	1.58	1.66	1.68	2.25
	(*E,E*)-2,4- 癸二烯醛	—	0.61	0.63	0.72	0.85	0.78

续表

种类	化合物名称	相对含量 /%					
		贮藏 0天的生肉	贮藏 0天的熟肉	贮藏 1个月	贮藏 2个月	贮藏 3个月	贮藏 4个月
酸类	乙酸	0.48	0.67	1.13	1.19	1.22	1.71
	丙酸	0.35	0.74	—	—	—	—
	丁酸	—	0.21	0.19	0.18	0.18	0.17
	戊酸	0.79	—	—	—	—	—
	苯甲酸	16.74	—	—	—	—	—
	1，2- 苯二甲酸	—	0.35	—	—	—	—
	油酸	0.20	—	—	—	—	—
	草酸	2.52	1.42	0.85	0.42	0.21	8.33
	十四烷酸	0.89	—	—	—	—	—
	十六烷酸	—	—	0.16	—	—	—
	十八烷酸	—	0.32	—	—	—	—
	5- 氨基戊酸	—	—	—	—	12.59	—
酮类	3- 庚酮	0.10	0.30	0.90	1.52	1.76	2.81
	2- 壬酮	0.09	—	—	—	—	—
	3- 丁烯 -2- 酮	0.43	—	—	—	—	—
	2- 环戊烯 -1- 酮	—	—	—	—	0.15	—
	4- 环辛烯 -1- 酮	—	—	—	—	0.13	—
	1- 辛烯 -3- 酮	0.11	—	—	—	—	—
	（*Z*）-1，5- 辛二烯 -3- 酮	—	—	—	—	0.11	0.15
酯类	乙酸乙酯	—	0.62	1.33	3.14	5.52	5.72
	邻苯二甲酸二丁酯	—	0.13	—	—	—	—
烷烃类	丙烷	—	—	6.49	—	2.65	0.61
	己烷	—	0.39	—	—	—	0.08
	庚烷	—	1.45	1.14	0.33	0.29	0.27
	辛烷	—	—	—	0.26	—	0.19
	壬烷	—	0.53	—	0.28	—	0.09
	癸烷	—	1.93	1.15	0.76	0.30	0.20
	十一烷	1.73	0.72	—	0.30	—	0.62
	十二烷	0.71	0.36	—	—	—	—
	十三烷	0.69	—	—	—	—	
	十四烷	1.65	0.82	—	0.22	—	—
	十五烷	0.77	0.25	—	—	0.47	—

续表

种类	化合物名称	相对含量 /%					
		贮藏0天的生肉	贮藏0天的熟肉	贮藏1个月	贮藏2个月	贮藏3个月	贮藏4个月
烷烃类	十六烷	1.03	—	—	—	—	0.41
	十七烷	—	0.23	—	—	—	—
	环戊烷	—	—	—	—	—	0.16
	2,4- 二甲基 - 十一烷	—	—	—	—	—	0.09
	4,8- 二甲基 - 十一烷	—	—	—	—	—	0.07
	3- 乙基戊烷	—	—	—	1.11	—	—
	2,4- 二甲基庚烷	—	—	—	—	0.52	—
	4- 乙基 - 庚烷	—	—	—	—	0.29	—
	2- 氢过氧化庚烷	—	—	—	—	0.23	—
	2,2,7,7- 四甲基 - 辛烷	—	—	—	—	0.27	—
	4- 甲基 - 壬烷	—	—	—	—	—	0.07
	2,9- 二甲基 - 癸烷	—	—	—	—	—	0.08
	4- 甲基 - 癸烷	—	—	—	0.97	0.48	0.17
烯烃类	乙烯	—	—	—	—	2.48	—
	1,4- 戊二烯	—	—	—	—	—	0.33
	1,4- 己二烯	—	—	—	0.21	0.29	0.53
	1,3,5- 己三烯	—	—	—	0.06	—	—
	环庚二烯	—	1.14	1.32	0.75	2.78	0.04
	1,4- 庚二烯	—	—	—	1.56	0.22	0.78
	1,3,5- 环庚三烯	—	—	—	0.68	—	—
	1,7- 辛二烯	—	0.18	0.22	0.45	—	—
	2,5- 辛二烯	0.89	1.55	1.87	2.88	—	—
	3,5- 辛二烯	—	1.93	2.98	3.13	—	—
	1,3,7- 辛烯	—	0.68	—	—	—	—
	环己烯	—	0.95	—	—	0.12	1.02
	1,3- 环己二烯	—	—	—	0.15	0.12	0.10
	1,4- 环己二烯	—	—	—	5.24	9.19	3.99
	α- 蒎烯	—	3.97	3.92	3.48	2.33	2.76
	β- 蒎烯	—	5.64	4.63	4.91	5.33	5.59
	β- 月桂烯	—	1.27	0.78	0.35	0.46	1.74
	3- 蒈烯	—	6.70	—	—	—	—

续表

种类	化合物名称	相对含量 /%					
		贮藏0天的生肉	贮藏0天的熟肉	贮藏1个月	贮藏2个月	贮藏3个月	贮藏4个月
烯烃类	D- 柠檬烯	—	9.39	9.83	8.67	5.32	14.05
	胡椒烯	—	0.85	—	—	—	—
	石竹烯	6.58	8.02	12.11	6.48	1.66	4.39
炔烃类	6- 十六烯 -4- 炔	—	0.35	—	—	—	—
	1，7- 二炔	—	—	0.05	—	—	—
芳香类	苯	2.36	2.40	6.21	3.22	0.62	1.26
	甲苯	0.09	0.18	0.03	0.07	0.08	0.14
	对二甲苯	0.28	0.16	0.13	0.79	0.88	0.91
	邻二甲苯	—	0.03	—	—	—	—
	间二甲苯	—	0.04	—	—	—	—
	苯酚	8.67	0.85	—	—	—	—
其他	乙醚	—	—	0.06	—	—	0.04
	吡啶	—	—	0.57	—	—	—
	2- 戊基呋喃	0.43	0.31	0.33	0.23	0.22	0.18

由表 7-1 可知，在调理清炸大麻哈鱼各处理组以及生肉样品中，检测出贮藏 0 天的生肉以及不同贮藏时间鱼肉的挥发性物质数量分别为 38、54、38、47、48 及 52 种。从含量和种类上看，预制调理清炸大麻哈鱼的挥发性风味物质主要由醛类、醇类以及烷烃类构成，同时也含有少量的酮类、酯类、酸类以及芳香族化合物。

2. 调理清炸大麻哈鱼电子鼻挥发性风味物质分析

（1）调理清炸大麻哈鱼挥发性风味物质生成途径 鱼肉中挥发性风味成分十分复杂，化合物种类繁多，对鱼肉的整体风味起着至关重要的作用。鱼类的风味大致可以分为生鲜品、调理品以及加工品的气味。熟鱼肉特有的挥发性风味物质形成途径主要包括美拉德反应、氨基酸降解以及脂肪酸氧化降解等，此外贮藏期内的品质劣变（如微生物繁殖）也会影响其风味组成。

① 美拉德反应 大麻哈鱼中含有多种氨基酸，在清炸热处理后，氨基酸会与鱼肉内的还原糖（也包括添加的蔗糖经水解后生成的还原糖）通过缩合反应生成席夫碱，并通过 Amadori 重排或 Heyns 重排生成重排物，但重排物并不稳定，会继续经过烯醇化、脱氨、脱水等反应生成呋喃醛、羟基甲基呋喃醛、呋喃酮等风味前体物质。

② 氨基酸降解　氨基酸可以发生 Strecker 降解反应生成 Strecker 醛和 α- 氨基酮。α- 二羰基化合物与氨基酸经过脱羧、脱氨生成少一个碳原子的 Strecker 醛和 α- 氨基酮。α- 氨基酮自身缩合或与其他 α- 氨基酮缩合生成二氢吡嗪后再生成吡嗪。

③ 脂肪酸氧化降解　大麻哈鱼富含 ω-3 长链多不饱和脂肪酸及其他脂肪酸，在高温加热以及贮藏期间极易发生氧化，生成醛、酮、羧酸等低分子量的物质，导致鱼肉风味的变化。脂质氧化为自动催化游离基链式反应，在痕量金属、光、热的条件下，不饱和脂肪酸失去氢原子，形成脂肪酸自由基；脂肪酸自由基继续与氧气反应形成过氧化自由基，过氧化自由基与不饱和脂肪酸反应形成脂肪酸氢过氧化物；脂肪酸氢过氧化物均裂形成烷氧自由基，烷氧自由基两端的 C—C 键断裂进而形成醛类等化合物。脂肪酸氢过氧化物可再次与氧气发生反应形成次级氧化产物，也可缩合形成二聚物与聚合物，这些产物再次降解形成挥发性物质。

总体来说，不饱和醇类、醛类、不饱和酯类、烯类、杂环类阈值较低，对调理清炸大麻哈鱼风味贡献较大；直链饱和醇阈值较高，对调理清炸大麻哈鱼风味贡献不大。

（2）调理清炸大麻哈鱼挥发性风味物质分析

① 醛类物质　醛类是一种非常重要的化合物，其气味阈值通常低于醇类化合物，因此，即使是微量的醛类物质也可能会抵消其他物质的风味效应。醛类是构成鱼腥味的主要物质，其中 $C_1 \sim C_2$ 醛主要来源于脂质的氧化分解，$C_3 \sim C_5$ 醛主要来源于脂质的加热分解，$C_6 \sim C_8$ 醛主要来源于氨基酸的加热分解。大麻哈鱼经过油炸后，醛类的相对含量从 20.03% 降到 15.19%，高温油炸可使已醛（阈值为 4.50μg/kg）、壬醛（阈值为 1.00μg/kg）等含量降低，使熟肉的腥味大大减少，并出现了生肉中未检测到的 2，4- 癸二烯醛（阈值为 0.07μg/kg），该物质具有油炸食品的脂香。反式 2- 已烯醛由 n-3 脂肪酸经鱼类脂氧合酶酶解而成，但已烯醛也可通过脂肪酸的自氧化作用而生成。这两种机制都是造成生鱼肉挥发物形成的原因，但在长时间的贮存过程中，自氧化作用变得更为显著。

② 醇类物质　油炸后鱼肉中醇类的相对含量从 21.38% 上升到 27.52%，种类从 7 种降低到 5 种。醇类物质的来源主要是脂质氧化以及调味料的使用。$C_1 \sim C_3$ 的醇具有愉快的气味，$C_4 \sim C_6$ 具有麻醉的气味，C_7 以上的醇具有芳香气味。大麻哈鱼肉样品中的乙醇主要来源于调味料中料酒的使用。已醇可能是由棕榈酸和油酸氧化产生，具有水果芬芳的香气。支链醇是酵母发酵的最终产物，在酵母发酵过程中由两种不同来源产生：通过糖酵解途径产生的碳水化合物和通过 Ehrlich 途径产生的氨基酸。Ehrlich 途径始于酶催化的支链 2- 氨基酸脱羧反应生成相应的

醛。最终，醛被醇脱氢酶还原成相应的杂醇。

③ 酮类物质　油炸后酮类物质相对含量从 0.73% 下降到 0.30%，变化并不明显。酮类来源于多不饱和脂肪酸的酶降解、氨基酸或微生物氧化以及调味料。调理清炸大麻哈鱼中主要的酮类物质为 1- 辛烯 -3- 酮、3- 丁烯 -2- 酮、3- 庚酮以及 2- 壬酮。

④ 酸类物质　各样品中共检测出 12 种酸类物质。酸类物质主要来源于脂质氧化以及微生物降解糖类而产生。油酸在油炸后的大麻哈鱼肉中并未检出，因为在高温条件下油酸会发生氧化生成辛醛和壬醛。乙酸主要由微生物降解糖类而产生，在贮藏期间，由于微生物繁殖使得乙酸含量逐渐升高。

⑤ 烷烃类物质　烃类化合物可能是来源于烷基自由基的脂质自氧化过程以及调味料的使用。经过加热后烷烃的种类增多，但因其阈值较高，因此对调理清炸大麻哈鱼总体风味形成贡献较小。

⑥ 芳香类物质　鱼肉样本中检测到的苯、甲苯等芳香类化合物可能来源于环境污染，如石油物质对没有保护的鱼能产生严重的风味污染效应，但其阈值较高，对风味影响不大。

3. 调理清炸大麻哈鱼挥发性风味物质主成分分析

主成分分析法广泛应用于挥发性风味物质的研究，对生肉以及冻藏 0 ～ 4 个月的调理清炸大麻哈鱼的挥发性风味物质进行主成分分析，确定其挥发性风味物质主成分。选用样品中挥发性风味物质相同且含量较高的 29 种风味物质进行主成分分析。

由各主成分的特征值与方差贡献率（表 7-2）可知，前 3 个主成分的特征值均大于 1，累积方差贡献率为 97.367%，大于 85%，基本涵盖了大部分信息，可以较好地反映调理清炸大麻哈鱼贮藏期间风味物质变化，因此提取前三个主成分，以此来评价其主要风味物质。主成分分析碎石图见图 7-8。

表 7-2　特征值与方差贡献率

主成分	初始特征值			提取平方和载入		
	合计	方差 /%	累积方差 /%	合计	方差 /%	累积方差 /%
1	16.881	58.212	58.212	16.881	58.212	58.212
2	7.078	24.405	82.617	7.078	24.405	82.617
3	4.278	14.750	97.367	4.278	14.750	97.367
4	0.763	2.633	100.000			
5	1.008×10^{-13}	1.029×10^{-13}	100.000			

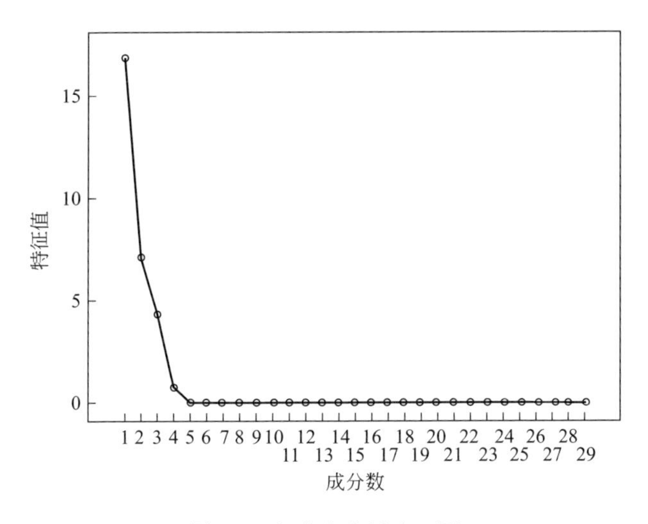

图 7-8　主成分分析碎石图

由表 7-3 可知：己醛、癸烷、2- 己烯 -1- 醇、己醇、（*E*）-2- 己烯醛、2- 戊基呋喃、丁酸、庚烷、*α*- 蒎烯、石竹烯、辛醛、壬醛、1- 辛烯 -3- 醇、甲苯、环庚二烯、苯在主成分 1 上有很高载荷，对主成分 1 起正相关作用，表征了调理清炸大麻哈鱼的特征风味物质。3- 庚酮、乙酸乙酯、对二甲苯、乙酸、2，4- 辛二烯醛、乙醇、（*E*，*E*）-2，4- 癸二烯醛、草酸、*β*- 月桂烯、庚醛、1，6- 辛二烯 -3- 醇、D- 柠檬烯、*β*- 蒎烯对主成分 1 起负相关作用。

表 7–3　主成分因子载荷矩阵

化合物编号	化合物名称	主成分		
		1	2	3
D1	3- 庚酮	−0.981	0.101	0.160
E1	乙酸乙酯	−0.979	−0.085	−0.179
B1	己醛	0.970	0.176	−0.108
F2	癸烷	0.960	0.263	−0.082
A3	2- 己烯 -1- 醇	0.955	−0.178	−0.217
A2	己醇	0.950	−0.296	−0.101
B5	（*E*）-2- 己烯醛	0.940	−0.026	0.333
H1	2- 戊基呋喃	0.938	−0.081	0.181
C2	丁酸	0.928	0.217	−0.290
G3	对二甲苯	−0.917	−0.148	−0.222
C1	乙酸	−0.915	0.061	0.397
F1	庚烷	0.915	0.300	0.044

续表

化合物编号	化合物名称	主成分		
		1	2	3
B6	2,4- 辛二烯醛	−0.913	0.175	0.368
A1	乙醇	−0.899	0.053	−0.397
B7	(*E*,*E*)-2,4- 癸二烯醛	−0.887	−0.284	−0.357
F4	*α*- 蒎烯	0.885	0.171	0.392
F8	石竹烯	0.741	0.044	0.665
C3	草酸	−0.692	0.630	0.348
B3	辛醛	0.646	0.641	−0.411
B4	壬醛	0.627	0.616	−0.474
F6	*β*- 月桂烯	−0.171	0.953	0.143
A4	1- 辛烯 -3- 醇	0.442	−0.864	−0.226
G2	甲苯	0.046	0.850	−0.505
B2	庚醛	−0.364	0.846	0.278
A5	1,6- 辛二烯 -3- 醇	−0.492	−0.807	0.326
F7	D- 柠檬烯	−0.233	0.762	0.598
F5	*β*- 蒎烯	−0.250	0.726	−0.641
F3	环庚二烯	0.114	−0.650	−0.581
G1	苯	0.605	−0.254	0.750

根据主成分因子载荷矩阵得主成分因子三维载荷图（图 7-9）。

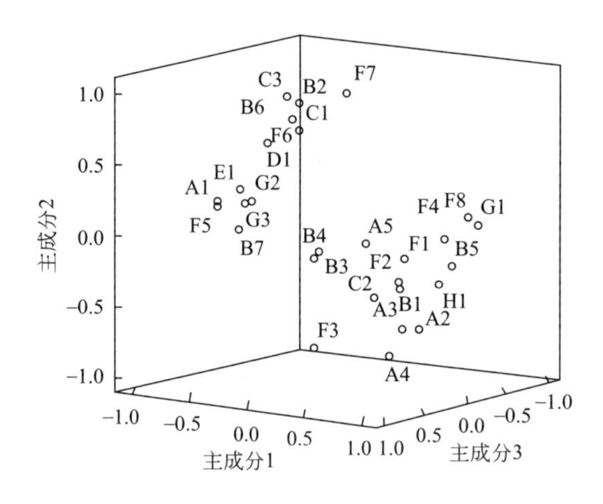

图 7-9　主成分因子三维载荷图

为更加直观地反映出各化合物占各主成分的比重，将三维载荷图上的各点投影至平面上，得到二维载荷图（图 7-10、图 7-11）。根据主成分因子得分计算综合得分（表 7-4）。

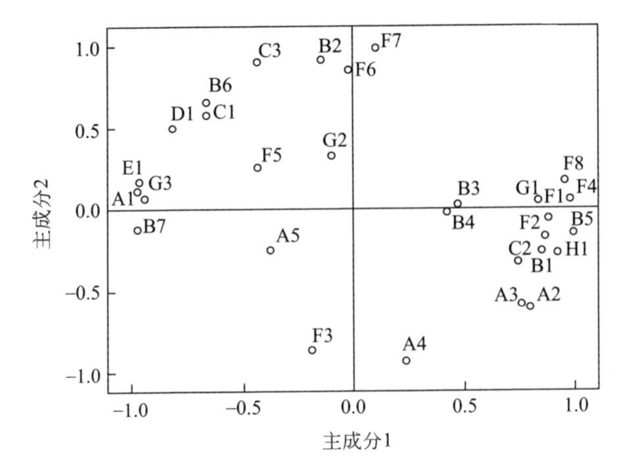

图7-10　主成分因子1和主成分因子2二维载荷图

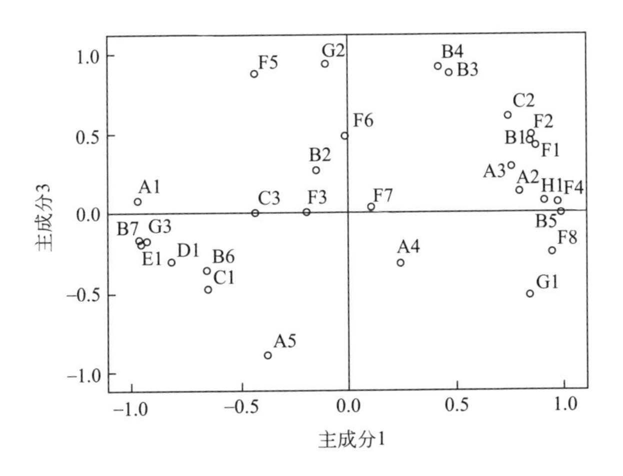

图7-11　主成分因子1和主成分因子3二维载荷图

表 7–4　主成分因子及综合得分

冻藏时间 / 月	f_1	f_2	f_3	综合得分
0	0. 833	−0.152	1.572	68.006
1	1.129	0.111	−1.041	53.108
2	0.026	0.382	−0.657	1.156
3	−0.152	−0.153	0.350	−7.408
4	−0.836	1.577	0.091	−10.466

由综合得分可知，贮藏 0 天的调理清炸大麻哈鱼综合得分最高，随着冻藏时间的增加，其品质逐渐下降，综合得分呈逐渐降低趋势，与感官评价结果相符。

综合主成分因子 1 得分、主成分因子 2 得分及其二维载荷图可知，冻藏 0 天在第四象限内，冻藏 1 ～ 2 个月在第一象限内，冻藏 3 个月在第三象限内，冻藏 4 个月在第二象限内，主成分分析能够很好地区分不同冻藏期间的调理清炸大麻哈鱼，并确定其在各个冻藏期间内主要风味物质变化，与电子鼻测定结果相一致。冻藏 0 天影响其风味的主要物质为（*E*）-2- 己烯醛、2- 戊基呋喃、丁酸、己醛、壬醛、癸烷、己醇、2- 己烯 -1- 醇、1- 辛烯 -3- 醇；冻藏 1 ～ 2 个月影响其风味的主要物质为辛醛、*α*- 蒎烯、*β*- 月桂烯、D- 柠檬烯、石竹烯、苯；冻藏 3 个月影响其风味的主要物质为 1,6- 辛二烯 -3- 醇、（*E*，*E*）-2,4- 癸二烯醛、环庚二烯；冻藏 4 个月影响其风味的主要物质为乙醇、庚醛、2,4- 辛二烯醛、乙酸、3- 庚酮、乙酸乙酯、*β*- 蒎烯、甲苯、对二甲苯。

参 考 文 献

［1］唐金艳，付瑞云，裴山. 速冻调理食品生产加工关键过程卫生与控制［M］. 北京：中国计量出版社，2009.

［2］张慜，陈卫平. 水产类调理食品加工过程品质调控理论与实践［M］. 北京：中国医药科技出版社，2013.

［3］张慜，王拥军. 休闲卤味调理食品加工专论［M］. 北京：中国医药科技出版社，2014.

［4］许波，张丽云. 我国调理食品冷链配送技术应用现状与展望［J］. 物流科技，2020，43（09）：155-157.

［5］方伟佳. 中式裹糊猪排的加工工艺及贮藏特性研究［D］. 哈尔滨：哈尔滨商业大学，2020.

［6］赵钜阳，王萌，徐滕宇. 微波加热对大麻哈鱼汤营养及感官品质的影响［J］. 肉类工业，2020，(03)：26-31.

［7］赵钜阳，姚恒喆，石长波. 不同护色剂对方便地三鲜护色效果影响［J］. 中国调味品，2020，45（03）：112-117.

［8］石长波，王萌，赵钜阳. 油炸温度与时间对预调理清炸大麻哈鱼品质的影响［J］. 食品研究与开发，2019，49（17）：142-147.

［9］赵钜阳，王萌，石长波. 菜肴类预制调理食品的开发及品质研究进展［J］. 中国调味品，2019，44（08）：193-196.

［10］赵钜阳，刘树萍，石长波. 工业化生产和传统烹饪技术对黑椒牛柳品质和风味的影响［J］. 中国调味品，2018，43（03）：1-5.

［11］赵钜阳，郑昌江，石长波，等. 预油炸虾肉上浆配料的优化［J］. 食品安全质量检测学报，2017，8（09）：3499-3506.

［12］赵钜阳，石长波，左嵩. 香辛料提取物对低温油炸肉丝软罐头的抗氧化效应研究［J］. 食品安全质量检测学报，2017，8（09）：3334-3340.

［13］赵钜阳，石长波，张琪. 微波复热功率及时间对速冻红烧肉品质的影响［J］. 食品安全质量检测学报，2017，8（09）：3519-3525.

［14］赵钜阳，刘丽美，于海龙，等. 烘烤时间对烤羊排水分分布与品质相关性的研究［J］. 食品工业，2015，36（10）：104-109.

［15］赵钜阳，于海龙，王雪，等. 油炸温度对孜然羊肉片品质与水分分布相关性的研究［J］. 食品研究与开发，2015，36（16）：4-9.

［16］赵钜阳，刘丽美，于海龙，等. 烘烤温度对烤羊排水分分布与品质相关性的研究［J］. 食品研究与开发，2015，36（15）：4-9.

［17］赵钜阳，于海龙，王雪，等. 油炸时间对鱼香羊肉丝水分分布与品质相关性的研究［J］. 食品研究与开发，2015，36（11）：6-11.

［18］王雪. 牛羊肉菜肴类方便食品的开发及品质控制［D］. 哈尔滨：东北农业大学，2015.

[19] 赵钜阳，孔保华，刘骞，等. 中式传统菜肴方便食品研究进展［J］. 食品安全质量检测学报，2015，6（04）：1342-1349.

[20] 黄梅花. 速冻调理米饭套餐配菜品质控制技术的研究［D］. 杭州：浙江大学，2014.

[21] 赵钜阳，李沛军，孔保华，等. 上浆配料对预油炸鸡肉丁半成品品质的影响［J］. 食品科技，2013，38（01）：153-158.